卓越工程师系列丛书·机械制造

机械制造工程学
课程设计指导教程

主　编　万宏强
副主编　孙　波　李福援
编　者　万宏强　孙　波　李福援
　　　　张　超　汪庆华

西北工业大学出版社

【内容简介】 本书是机械设计制造及其自动化专业的本科生的实践课程教材。全书共分7章，内容为设计总体要求、零件工艺分析与毛坯设计、工艺规程编制、切削用量计算、机床夹具设计、计算机辅助工艺过程设计和课程设计示例等。在附录中给出了轴杆类、轮盘类、支架类、支座类、箱体类、杆叉类零件设计参考题目共34个，全部配有Pro/E，Solid Works，UG/NX，CATIA等三维模型及AutoCAD图。

本书可作为高等院校本科、高职高专、等机械类专业学生的“机械制造工程学课程设计”教学用书，也可作为该专业“国家卓越工程师计划”实验班教材，亦适合机械制造企业的工程技术人员参考。

图书在版编目(CIP)数据

机械制造工程学课程设计指导教程/万宏强主编. —西安：西北工业大学出版社，2013.12(2025.1重印)
(卓越工程师系列丛书·机械制造)
ISBN 978-7-5612-3883-7

Ⅰ.①机… Ⅱ.①万… Ⅲ.①机械制造工艺—课程设计—高等学校—教学参考资料 Ⅳ.①TH16-41

中国版本图书馆CIP数据核字(2013)第315297号

出版发行：西北工业大学出版社
通信地址：西安市友谊西路127号　　邮编：710072
电　　话：(029)88493844　88491757
网　　址：www.nwpup.com
印 刷 者：西安五星印刷有限公司
开　　本：787 mm×1 092 mm　　1/16
印　　张：14.375
字　　数：348千字
版　　次：2013年12月第1版　　2025年1月第6次印刷
定　　价：48.00元

前　言

机械制造工程学课程设计是机械类专业重要的实践教学环节，旨在培养学生设计机械加工工艺规程和机床夹具的工程实践能力，使学生能综合运用机械制造工程学理论知识和金工实习、生产实习中的实践知识，独立地分析和解决机械加工工艺问题；能根据被加工零件的技术要求，运用夹具设计的基本原理和方法，拟订夹具设计方案，完成夹具结构设计；能熟悉并运用设计手册、图表、规范等有关技术资料进行技术文件的编写。

本书编写了课程设计的内容和要求，介绍了机械加工工艺规程的制定及计算的步骤和方法，对常用工艺装备的选用、加工余量的计算、切削余量的确定作了详细的说明，并叙述了机床专用夹具的设计方法，提供了一些常用元件的图表参数供学生进行课程设计时参考。

全书共分 7 章。第 1 章介绍了课程设计总体要求，为配合三维软件的普及，在课程设计的总体要求中加入了三维设计的内容，要求学生使用三维软件完成部分设计任务；为配合数控机床的教学，要求学生在编制工艺时能考虑到数控机床的使用，并编写数控加工工艺；有可能时，在教学安排上与综合专业实践相结合，对零件进行实际加工，并对加工完成后的零件尺寸精度、形状精度、位置精度等进行测量实践。第 2 章对零件工艺分析与毛坯设计进行指导。第 3 章为编制工艺规程指导，主要讲述了加工方法选择过程、工序加工余量计算过程及相关数据、常用机床设备及其相关参数、常用金属切削刀具及其相关参数、常用量具及其相关参数、常用切削液类型及其相关参数、机械加工定位与夹紧符号、工艺文件填写有关图表等。第 4 章给出了车削、铣削、插削、拉削、孔加工等切削用量计算公式及有关参数。第 5 章为机床夹具设计指导，并列举了机床夹具常用定位件、夹紧件和其他标准件的相关选型数据及三维模型图。本章内容配有选型数据库及三维图库（Pro/E，Solid Works，UG/NX，CATIA 等三维模型）。第 6 章为计算机辅助工艺过程设计，主要介绍了 CAXA 工艺图表使用方法。第 7 章为典型设计题目与夹具示例，给出了 CA6140 车床后托架、法兰盘及 5 个拨叉的典型夹具的三维模型。附录中共给出了 8 个典型零件图，以及 34 个轴杆类、轮盘类、支架类、支座类、箱体类、杆叉类零件设计参考题目，并全部配有 Pro/E，Solid Works，UG/NX，CATIA 等三维模型及 AutoCAD 图（全部资料可通过 wanhq@xatu.edu.cn 索取）。

本书由西安工业大学万宏强任主编。具体编写分工如下：李福援编写第 1，2 章，万宏强编写第 3，5 章，孙波编写第 4 章，张超编写第 6 章，汪庆华编写第 7 章。全书的附录由万宏强收集。感谢西安工业大学教改实验 070216，080216，090216 班同学所做的工作。

本书参阅了国内外相关的资料、文献和教材，尤其是附录中的设计参考题目全部引自参考文献，我们将其一一列出，并向这些参考资料的作者表示谢意！

由于水平有限，本书难免有不妥之处，敬请读者批评指正。

编　者

2013 年 2 月

目　　录

第 1 章　课程设计总体要求

1.1　课程设计的目的

通过“机械制造工程学课程设计”的教学，使学生在加深理解、消化、巩固课堂所学知识的同时，了解传统和现代机械加工手段及其对应的工艺装备，掌握机械制造工艺的编制、机床夹具的三维 CAD/CAM、数控编程的基本原理、利用主流三维 CAD 软件的设计方法以及零件的制造精度测试方法，锻炼操作数控机床、特种加工机床等先进制造装备的能力，培养学生的工程实践能力，为今后的工作和学习奠定坚实的基础。其目的在于：

(1)掌握机器零件机械加工工艺的一般过程，学会机械加工工艺规程的编制思想和方法。

(2)通过机械加工专用夹具的设计课题，掌握机床夹具的一般设计方法。

(3)学会使用有关标准、手册、图册以及其他技术资料，学会分析和解决设计中的各种问题。

(4)综合运用所学课程知识，进一步提高机械设计、分析计算、机械制图、编写工艺技术文件及独立的技术工作能力。

(5)熟悉主流三维软件的基本使用方法，强化三维设计能力的训练。

(6)熟悉主流 CAPP 软件，学会用 CAXA 等软件实现计算机辅助工艺的编制。

1.2　课程设计的内容

机械制造工程学课程设计内容包括下述各项。

1. 工艺分析

熟悉零件的结构，用三维软件对零件建模，并绘出零件二维工程图。

零件的加工工艺审查。

设计毛坯，分析计算毛坯余量，用三维软件对毛坯建模，并导出毛坯二维工程图。

2. 工艺编制

编制零件的工艺流程，适当工序使用先进加工设备。

填写工艺卡片(可使用电子版)。

3. 夹具设计

设计某道工序使用的夹具，确定使用专用夹具或组合夹具，进行夹具结构设计。

利用参考文献中的《机床夹具手册与三维图库》和《组合夹具手册与三维图库》，选取夹具所用的标准零件，并设计专用零件。

夹具的三维装配，并提交夹具的二维工程图(装配图)。

4. 零件制造

参考所编工艺文件，指导实践，完成该零件的加工。

5. 数控加工

对零件进行手工编程（或用 Mastercam 等软件实现自动编程）。

熟悉数控机床操作面板上各控制键的操作（如加工中心、数控慢走丝线切割机床、数控雕刻加工机床、数控电火花成型机等）。

加工仿真或实际加工。

6. 测试实验

对加工完成后的零件的尺寸精度、形状精度、位置精度等进行测量，提交测量结果报告。

把测量结果和零件设计图进行比较，分析加工工艺。

撰写《课程设计说明书》1 份。其内容包括：①零件分析；②工艺规程的编制与各种参数的计算；③机床夹具定位方案的选择，定位误差的计算与分析；④机床夹具夹紧形式的选择，夹紧力的计算与确定；⑤机床夹具的使用及其他事项的说明；⑥其他应包括的内容。

1.3 课程设计的要求

(1)产品零件工程图：1 张；

(2)产品三维模型：1 个；

(3)产品毛坯工程图：1 张；

(4)产品毛坯三维模型：1 个；

(5)机械加工工序卡片：1 套；

(6)夹具总装工程图：1 张；

(7)夹具装配三维模型：1 套(可选)；

(8)夹具主要零件工程图：若干张；

(9)测量结果报告：1 份；

(10)加工完成的零件：每组 1 件；

(11)设计说明书(含数控代码)：1 份。

1.4 成绩考核

该课程设计最终成绩按各项目的成绩综合计算，各项目的考核占分比例：设计工程图、三维模型、设计说明书等计入理论成绩，占总分的 60%；实验、操作成绩计入实践成绩，占总分的 20%；答辩成绩占总分的 20%。

课程设计的成绩分为优秀、良好、中等、及格和不及格等 5 级，成绩评定主要取决于下述几个方面：

(1)编制工艺规程的技术完整性、可操作性、工程适用性；

(2)设计夹具工作量的大小及其难易程度；

(3)夹具结构设计合理性、可行性，绘图质量；

(4)设计说明书内容的完整性、分析计算的准确性,技术语言的运用能力;
(5)答辩时对问题的分析、理解能力;
(6)分析问题、解决问题和独立工作能力。

1.5 设计步骤

课程设计总时间为 4 周,少学时可依据实际情况对内容进行删减,设计步骤流程图如图 1-1所示,可分为以下几个阶段。

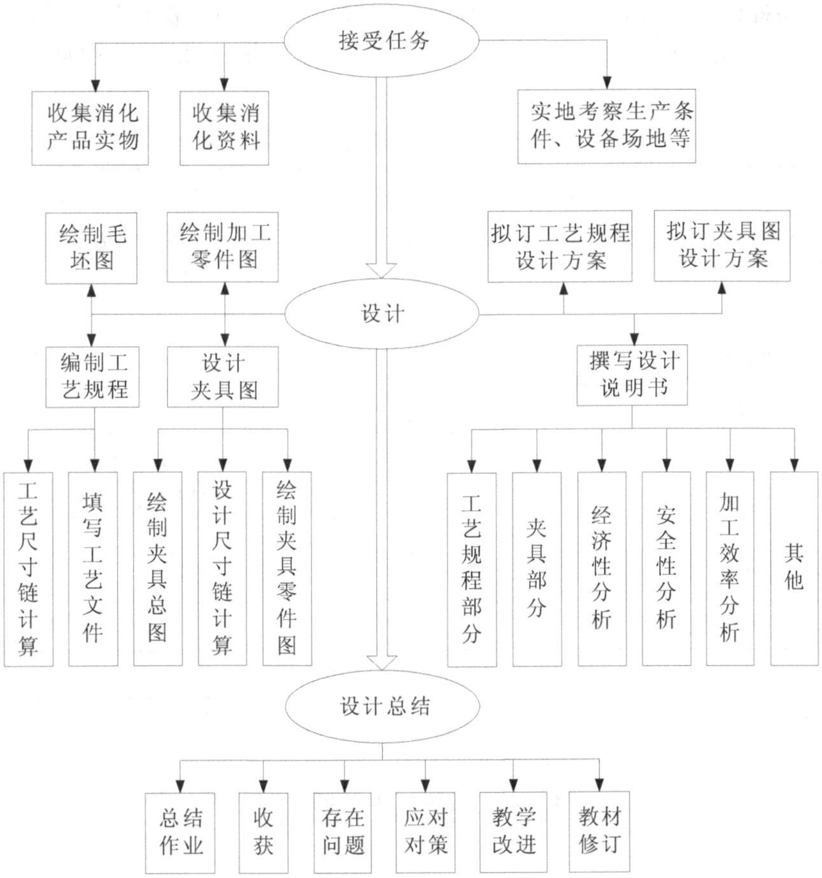

图 1-1 设计步骤流程图

1. 设计准备阶段

学生分组,接受设计任务,明确设计内容和要求;
收集资料、消化资料;
参观生产现场,了解机器零件的具体结构和使用要求。

2. 设计阶段

(1)绘制零件的零件图和毛坯图。分析零件结构,进行工艺性审查;审查零件图中有无差错或不合理之处;根据零件的材料和生产纲领,选择适当的毛坯制造方法;通过查表和简单计算，确定各表面的加工余量；按规定的画法绘制毛坯图图样。

(2)编制工艺规程。首先，拟订工艺路线，主要的工作有选择加工方法，确定机床和工艺装备；确定工序内容和安排工艺顺序；确定工序余量、工序尺寸及其偏差。

其次，技术经济分析。

再次，填写工艺文件。

(3)设计、绘制夹具装配图及零件图。

(4)撰写设计说明书。

3. 设计总结阶段

学生进行课程设计答辩，对存在问题作进一步修正，教师对本次设计情况作出全面总结。

课程设计的具体时间安排可参考表 1-1，实际进行设计时，也可按零件加工难度和工作进度作小幅调整。

表 1-1　时间安排参考表

序号	课程设计内容	计划学时/d	备 注
1	任务布置，收集、消化资料	1	在“机械制造工程学”课程中进行
2	工艺分析(零件的设计与工艺分析，毛坯图的设计)	3	
3	工艺编制	4	
4	夹具设计	5	
5	零件制造	2	掌握生产进度，指导生产
6	数控加工	1	按照零件制造进度，自由安排该内容
7	测试实验	1	
8	撰写设计说明书及答辩	3	
合 计		20	

1.6 设计题目

课程设计的题目由指导教师给出，年生产纲领为 5 000 件/年。

同学可在指导教师的带领下参观、讨论，了解各零件的作用、关键尺寸、重要表面等，为后续的加工工艺作准备。

第2章 零件工艺分析与毛坯设计

2.1 概 述

正确的设计来源于正确的设计思想。就解决工艺问题而言，设计者必须正确理解和处理好“质量、效率和经济性”这三者间的辩证关系，即在保证零件加工质量要求的前提下，满足用户对生产效率的要求，力求最高经济效益。若加工质量达不到设计要求，效益就失去了基础，生产效率的高低也就没有意义了。

生产效率和经济性之间的关系，主要体现在“批量法则”这一概念之下，诸如确定毛坯形式、选择加工方法和工艺装备、各种工艺措施，其生产效率的高低，都应与生产类型相适应。如表2-1所示为各种生产类型的工艺特征，表2-2所示为不同产品生产类型的划分。

表2-1 各种生产类型的工艺特征

工艺特征	生产类型		
	单件生产	成批生产	大量生产
零件生产形式	事先不确定是否重复生产	周期地成批生产	长时间连续生产
毛坯制造方法及加工余量	铸件用木模手工造型，锻件用自由锻工艺。毛坯精度低，加工余量大	部分采用金属模铸造或模锻，毛坯精度和加工余量中等	广泛采用金属模机器造型、模锻或其他高效方法。毛坯精度高，加工余量小
机床设备及布置	采用通用机床，按机群式布置	采用部分通用机床及部分高生产效率专用机床，按零件类别分工段安排	广泛采用高生产效率专业机床及自动机床，按流水线排列或采用自动线
夹具	多用通用夹具，靠划线和试切法保证加工精度	用专用夹具，部分靠划线和试切法保证加工精度	广泛采用高生产效率的专用夹具，靠夹具及调整法保证加工精度
刀具及量具	采用通用刀具及万能量具	较多采用专用刀具及万能量具	广泛采用高生产率专用刀具及量具
工艺文件	只编制简单的工艺过程卡片	编制较详细的工序卡片	编制工序卡片，有详细的工艺文件

必须牢固树立安全生产的思想，特别是设计夹具时，要时刻牢记：没有安全保证的设计是毫无使用价值的。

表 2-2 不同产品生产类型的划分

生产类型	同种零件生产纲领/(件·年$^{-1}$)		
	轻型机械产品 零件质量小于 100 kg	中型机械产品 零件质量为 100～200 kg	重型机械产品 零件质量大于 200 kg
单件生产	＜100	＜20	＜5
小批生产	100～500	20～200	5～100
中批生产	500～5 000	200～500	100～300
大批生产	5 000～50 000	500～5 000	300～1 000
大量生产	＞50 000	＞5 000	＞1 000

2.2 零件工艺分析

2.2.1 零件图绘制

确定了设计课题，就可开始绘制零件图。绘图比例一般取 1∶1，若图样简单，也可按实际情况进行缩小绘制，国家标准规定的比例可选 1∶2，1∶5，1∶10 等。

图纸幅面如图 2-1 所示，图中尺寸为外图框尺寸，外框线用细实线绘制，内框线用粗实线绘制。

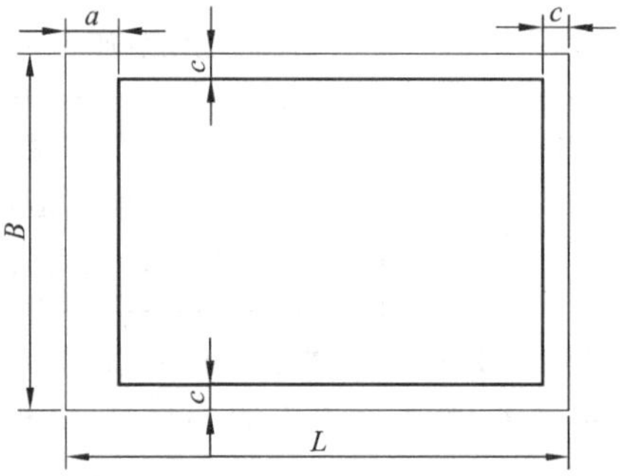

幅面代号	$B \times L$	c	a
0	841×1 189	10	25
1	594×841		
2	420×594		
3	297×420	5	
4	210×297		

注：在 CAD 绘图中，对图纸有加长加宽的要求时，其加长量应按基本幅面的短边成整数倍增加。

图 2-1 图纸幅面

标题栏一般由更改区、签字区、其他区、名称及代号区组成(见图 2-2)。

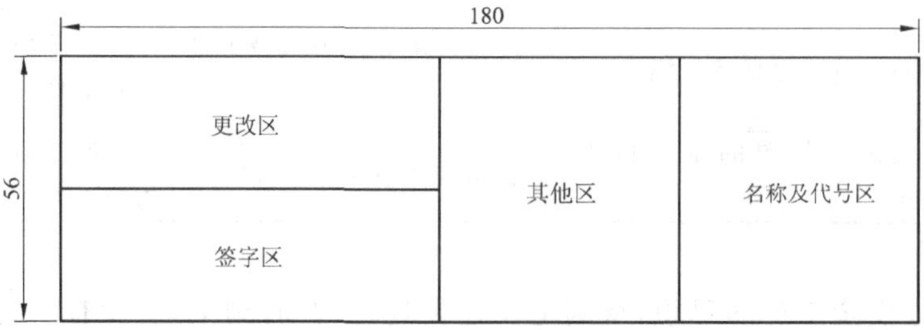

图 2-2 标题栏各区

工程图中的标题栏应遵守 GB/T10609.1—2008 中的有关规定，每张 CAD 工程图均应配置标题栏，并应配置在图框的右下角。CAD 工程图中标题栏的格式如图 2-3 所示。注意：标题栏绘制时的线型区别，带括号的字符要用实际字符代替，“标记”栏项目不填写，字体选用仿宋。

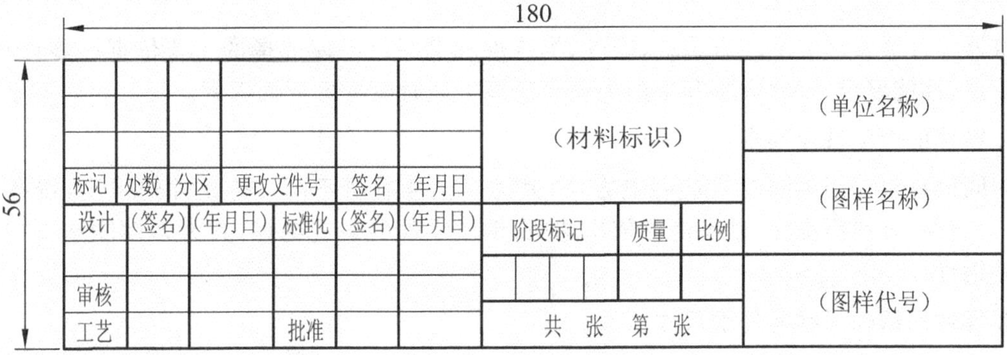

图 2-3　标题栏

CAD 工程图中的明细栏应遵守 GB/T10609.2—2009 中的有关规定，CAD 工程图中的装配图上一般应配置明细栏。明细栏如图 2-4 所示，明细栏一般配置在装配图中标题栏的上方，按由下而上的顺序填写，当由下而上延伸位置不够时，可紧靠在标题栏的左边自下而上延续。明细栏中的序号自下向上排列；“代号”栏如果有零件图，则填写零件图的图样代号，标准件则填写完整的国标代号。

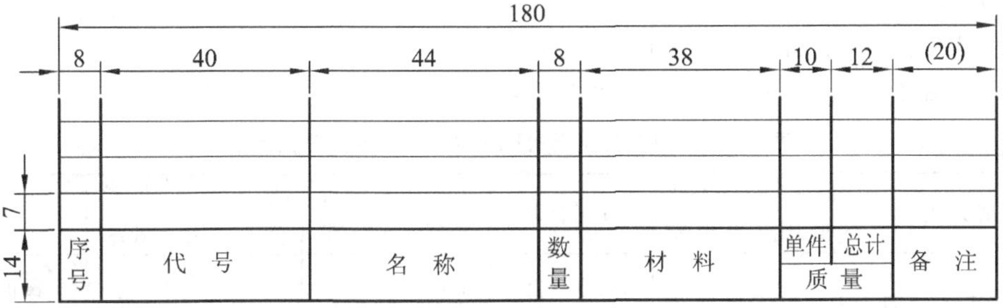

图 2-4　装配图明细栏

2.2.2　零件工艺分析

在绘制零件图的同时，要进行零件的工艺分析和审查。

(1)了解零件的性能、用途及其工作条件。

(2)参考表 2-1 和表 2-2，根据零件的质量型别和生产纲领，并适当考虑零件的复杂程度、加工面的多少和难易程度确定零件的生产类型。

(3)分清零件的加工表面和不加工表面，找出主要加工表面和主要质量要求。

(4)了解零件的材料和热处理要求及其他技术要求。

(5)审查零件图中有无差错或不合理之处，若有，可在指导教师同意下作适当处置。

2.3 毛坯设计

2.3.1 毛坯制造方法

机器零件最常用的毛坯有铸件、锻件、焊接件和型材。毛坯选择的主要依据是零件材料、结构特点、性能要求、尺寸大小和生产类型。选择毛坯时应考虑下列因素。

1. 零件的力学性能要求

相同的材料采用不同的毛坯制造方法，其力学性能有所不同。铸铁件的强度，按离心浇注、压力浇注、金属型浇注、砂型浇注依次递减；钢质零件的锻造毛坯，其力学性能高于钢质棒料和铸钢件。

2. 零件的结构形状和外廓尺寸

直径相差不大的阶梯轴宜采用棒料，而当直径相差较大时宜采用锻件。形状复杂、力学性能要求不高的零件可采用铸钢件。形状复杂和薄壁的毛坯不宜采用金属型铸造。尺寸较大的毛坯，不宜采用模锻、压铸和精铸，多采用砂型铸造和自由锻造。外形复杂的小零件宜采用精密铸造方法。

3. 生产纲领和批量

生产纲领大时宜采用高精度与高生产率的毛坯制造方法；生产纲领小时，宜采用设备投资小的毛坯制造方法。

4. 现场生产条件和发展

毛坯制造方法的选择应经过技术经济分析和论证。

选择毛坯制造方法可参考表 2-3 和表 2-4。

表 2-3 热加工毛坯制造方法与工艺特点

毛坯制造方法		最大质量/kg	形状复杂程度	适用材料	生产类型	精度等级 CT	毛坯尺寸公差/mm	生产效率	应用
铸造	木模手工砂型	无限制	最复杂	铁碳合金/有色金属	单件小批	11～13	1～8	低	表面有气孔、砂眼
	金属模机械型	≤250	最复杂	铁碳合金/有色金属	大批大量	8～10	1～3	高	设备复杂
	金属型浇注	≤100	一般	铁碳合金/有色金属	大批大量	7～9	0.1～0.5	高	结构细密，能承受较大压力
	离心铸造	≤200	回转体	铁碳合金/有色金属	大批大量		1～8	高	力学性能好，砂眼少，壁厚均匀

续 表

毛坯制造方法		最大质量/kg	形状复杂程度	适用材料	生产类型	精度等级 CT	毛坯尺寸公差/mm	生产效率	应用
锻造	自由锻造	不限制	简单	碳素钢/合金钢	单件小批	14～16	1.5～10	低	要求工人技术水平高
	模锻(锤锻)	≤100	和锻模有关	碳素钢/合金钢	成批大量	12～14	0.2～2	高	锻件力学性能好,强度高
	精密模锻	≤100	和锻模有关	碳素钢/合金钢	成批大量	11～12	0.05～0.1	高	精度高,加热条件好,变形小
焊接	熔化焊 压焊	不限制	简单	碳素钢/合金钢	单件成批	14～16	4～8		制造简单,生产周期短

表 2-4　冷加工毛坯制造方法与工艺特点

毛坯制造方法		最大质量/kg	形状复杂程度	适用材料	生产类型	精度等级	毛坯尺寸公差/mm	表面粗糙度 Ra/μm	生产效率	应用
冷挤压		小型零件	简单	碳素钢/合金钢/有色金属	大批量	6～7	0.02～0.05	1.6～0.8	高	精度高的小零件,不需机械加工
板料冷冲压		板厚0.2～6	复杂	各种板材	大批量	9～12	0.05～0.5	1.6～0.8	高	有一定的尺寸形状精度
型材	热轧		简单	碳素钢/合金钢	各种批量	4～15	1～2.5	12.5～6.3	高	普通精度,采用热轧
	冷轧		简单	碳素钢/合金钢	大批量	9～12	0.05～1.5	3.2～1.6	高	精度高,价格贵,适于自动及转塔车床

2.3.2　毛坯设计

1. 铸造毛坯

铸造毛坯图一般包括以下内容:铸造毛坯的形状、尺寸及公差、加工余量与工艺余量、铸造斜度及圆角、分型面、浇冒口残根位置、工艺基准及其他有关技术要求。铸造毛坯图上技术条件一般包括下列内容:

(1)材料牌号。

(2)铸造方法。

(3)铸造的精度等级。

(4)未注明的铸造斜度及圆角半径。

除此之外还包括铸件综合技术条件;铸件的检验等级;铸件交货状态:如允许浇冒口残根大小等;铸件是否进行气压或液压试验;热处理硬度等。

绘制铸造毛坯图时应注意:

(1)铸造孔的最小尺寸。在铸造工艺上为制造方便,一般当铸造孔径较小时可不铸出,如果零件上的孔难以机械加工,小孔也可铸出。

(2)铸造斜度。对于砂型铸件其铸造斜度常选用3°,压铸件常选用1°30′～2°,待加工表面的斜度数值可以大一些,非加工表面斜度数值可适当减小,但最小铸造斜度可参照表2-5选取。为便于模具制造及造型,各面斜度数值应尽量一致。

(3)圆角半径。各种铸造方法的铸造圆角,对于砂型及金属型铸件的铸造圆角一般用$R3 \sim R5$,对压铸件的铸造圆角用$R1 \sim R2$。

表2-5 各种铸造方法的铸件最小铸造斜度

斜度位置	铸造方法			
	砂型	金属型	壳型	压铸
外表面	30′	30′	20′	15′
内表面	1°	1°	20′	30′

2. 锻造毛坯

锻造毛坯图的设计步骤:阅读零件图样,了解零件材料、结构特点、使用要求;审核零件结构的模锻工艺性,协调基准,工艺凸台等冷、热加工工艺要求;选择锻造方法和分模位置;绘制图形,加放余量、确定拔模角、圆角、孔腔形状;校核壁厚。

3. 型材毛坯

型材截面形状有圆形、方形、六角形及特形,并有冷拔和热轧之分。冷拔精度较高,用于自动夹紧、送料加工,加工可靠性好;热轧精度较低,用于一般要求的机器零件。

2.3.3 毛坯图绘制与加工余量的确定

1. 总体要求

(1)对于非切削加工表面,毛坯尺寸即为零件尺寸,公差值也保持不变。

(2)对于切削表面,铸件和锻件毛坯尺寸的确定有两种方案:其一为根据毛坯制造方法,直接在《机械设计与工艺手册》上查取毛坯总余量,同时也可得到公差;其二为待各工序加工余量确定后,计算出加工总余量及其公差。

(3)绘制毛坯图时,毛坯零件图按一般零件绘制方法绘出,即轮廓线用粗实线表示,对毛坯零件进行完整的尺寸及公差标注,技术要求也正常注出。

(4)在毛坯图上,零件的轮廓用双点画线绘制,仅绘出主要轮廓,不标注尺寸等技术要求。另外,在毛坯图中的零件轮廓也可以用彩色线绘制,加工余量也可以用网纹线表达。

2. 铸件机械加工余量

《铸件机械加工余量》(GB/T11351—1989)规定了铸件机械加工余量的数值、确定方法及检验与评定规则。

该标准适用于砂型铸造、金属型铸造、压力铸造、低压铸造和熔模铸造等方法所生产的各种金属及合金铸件。

加工余量代号用“MA”表示。等级由精到粗分为 A,B,C,D,E,F,G,H,J 共 9 个等级。常用余量数值如表 2－6 所示。

表 2－6　铸件机械加工余量(GB/T11350—1989)

尺寸公差等级 CT		6	7		8			9		
加工余量等级 MA		E	E	F	F	G	H	F	G	H
基本尺寸/mm		加工余量数值/mm								
大于	至									
0	100	1.0 0.8	1.5 0.9	2.0 1.5	2.0 1.5	2.5 2.0	3.0 2.5	2.5 2.0	3.0 2.5	3.5 3.0
100	160	1.5 1.5	2.0 1.5	2.5 2.0	2.5 2.0	3.0 2.5	4.0 3.5	3.0 2.5	3.5 3.0	4.5 4.0
160	250	2.0 2.0	2.0 2.0	3.0 2.5	3.0 2.5	4.0 3.5	5.0 4.5	3.5 3.0	4.5 4.0	5.5 5.0
250	400	2.5 2.0	2.5 2.0	3.5 3.0	4.0 3.5	5.0 4.5	6.5 6.0	4.5 4.0	5.5 5.0	7.0 6.0
400	630	2.5 2.5	3.0 2.5	4.0 3.5	4.5 4.0	5.5 5.0	7.5 7.0	5.0 4.0	6.0 5.0	7.5 7.0

尺寸公差等级 CT		10		11		12			13		
加工余量等级 MA		G	H	G	H	G	H	J	G	H	J
基本尺寸/mm		加工余量数值/mm									
大于	至										
0	100	3.5 2.5	4.0 3.0	4.0 3.0	4.5 3.5	4.5 3.0	5.0 3.5	6.0 4.5	6.0 4.0	6.5 4.5	7.5 5.5
100	160	4.0 3.0	5.0 4.0	4.5 3.5	5.5 4.5	5.5 4.0	6.5 5.0	7.5 6.0	7.0 4.5	8.0 5.5	9.0 6.5
160	250	5.0 4.0	6.0 5.0	6.0 4.5	7.0 5.5	7.0 5.0	8.0 6.0	9.5 7.5	8.5 6.0	9.5 7.0	11 8.5
250	400	6.0 5.0	7.5 6.5	7.0 5.5	8.5 7.0	8.0 6.0	9.5 7.5	11 9.0	9.5 6.5	11 8.0	13 10
400	630	6.5 5.5	8.5 7.5	7.5 6.0	9.5 8.0	9.0 6.5	11 8.5	14 11	11 7.5	13 9.5	16 12

注意问题：

(1)基本尺寸应按有加工要求的表面上最大基本尺寸和该表面距它的加工基准间尺寸中较大的尺寸确定。旋转体基本尺寸取其直径或高度(长度)中的较大尺寸。

(2)表 2-6 中每栏有两个加工余量数值，上面的数值是以一侧为基准、进行单侧加工的加工余量值。下面的数值为进行双侧加工时单侧加工余量值。

(3)砂型铸造的铸件，顶面(相对浇注位置)的加工余量等级，比底面、侧面的加工余量等级须降低一级选用。

(4)砂型铸造孔的加工余量等级可选用与顶面相同的等级。

(5)对单体和小批生产的铸件上不同加工表面，也允许采用相同的加工余量数值。

(6)一般情况下，一种铸件只能选取一个尺寸公差等级和一个加工余量等级。

3. 铸件尺寸公差及偏差

《铸件尺寸公差与机械加工余量》(GB/T6414—1999)对铸件尺寸公差的代号、公差等级和各级公差数值的规定如表 2-7、表 2-8 所示，此规定适用于砂型铸造、金属型铸造、低压铸造、压力铸造和熔模铸造等铸造工艺方法生产的各种铸造金属及合金铸件的尺寸公差。

铸件基本尺寸包括机械加工余量，应在铸件图上或技术文件中注明。

标注示例：机械加工余量按 GB/T11350 CT10—MAH/G 执行。
其中，MAH/G 斜线上为顶面加工余量等级，斜线下为底面、侧面加工余量等级。

铸件尺寸公差的公差带对称于铸件基本尺寸设置。有特殊要求时，也可采用非对称设置，但应在图样上注明。

表 2-7 铸件机械加工余量等级(GB/T11350—1989)和尺寸公差等级(GB/T6414—1999)

生产类型	工艺方法	尺寸公差 加工余量	加工余量等级		
			铸钢	灰铸铁	球墨铸铁
成批 大量生产	砂型手工造型	CT	11～13	11～13	11～13
		MA	J	H	H
	砂型机器造型及壳型	CT	8～10	8～10	8～10
		MA	H	G	G
	金属型	CT		7～9	7～9
		MA		F	F
	低压铸造	CT		7～9	7～9
		MA		F	F
	熔模铸造	CT	5～7	5～7	5～7
		MA	E	E	E
小批 单件生产	干、湿砂型	CT	13～15	13～15	13～15
		MA	J	H	H
	自硬砂	CT	12～14	11～13	12～13
		MA	J	H	H

表 2-8　铸件尺寸公差数值(GB/T6414—1999)　单位:mm

铸件基本尺寸		公差等级 CT									
大于	至	5	6	7	8	9	10	11	12	13	14
	10	0.36	0.52	0.74	1.0	1.5	2.0	2.8	4.2		
10	16	0.38	0.54	0.78	1.1	1.6	2.2	3.0	4.4		
16	25	0.42	0.58	0.82	1.2	1.7	2.4	3.2	4.6	6	8
25	40	0.46	0.64	0.90	1.3	1.8	2.6	3.6	5.0	7	9
40	63	0.50	0.70	1.0	1.4	2.0	2.8	4.0	6.6	8	10
63	100	0.56	0.78	1.1	1.6	2.2	3.2	4.4	6	9	11
100	160	0.62	0.88	1.2	1.8	2.5	3.6	5.0	7	10	12
160	250	0.70	1.0	1.4	2.0	2.8	4.0	5.6	8	11	14
250	400	0.78	1.1	1.6	2.2	3.2	4.4	6.2	9	12	16
400	630	0.90	1.2	1.3	2.6	3.6	5	7	10	14	18
630	1 000	1.0	1.4	2.0	2.8	4.0	6	8	11	16	20

第3章　工艺规程编制

3.1　工艺规程编制过程

1. 选择加工方法，确定机床和工艺装备

选择加工方法的主要依据是零件的结构特点、尺寸大小、加工精度和表面质量要求，零件的材料和热处理状态以及零件的生产类型。要注意“经济精度”及“批量法则”等概念的应用，要进行必要的方案对比和优化。

确定机床应力求做到：①生产效率与生产类型相适应；②机床精度与零件的加工质量要求相适应；③机床的规格型号与零件的结构特点和尺寸大小相适应；④机床的功率、进给量等与零件的工序要求相适应。

在成批或大量生产条件下，一般要求用专用夹具。

刀具的选择：包括刀具材料、结构类型、尺寸规格和精度级别方面的选择。

量具的选择：包括量具的名称、类型、规格和精度等级方面的选择。

2. 确定工序内容和安排工序顺序

在成批生产条件下，如果机床功能允许，工序可以适当集中，工序顺序要遵循先粗后精、先主后次、先面后孔和先基准后其他等原则。如果零件加工质量要求高，则应当划分加工阶段。一些次要表面也可以在主要工序中穿插进行，退刀、倒角等次要表面的加工工序一般作为工步安插在半精加工工序中而不单独安排工序。

热处理工序安排可参考3.3节。

课程设计中，检验工序安排要求不得少于两道，即至少安排一次中间检验工序和终检工序，其他工序，如去毛刺、刻线、电镀等，应在适当位置安排，不可缺少。

3. 工序余量、工序尺寸及其偏差的确定

工序余量一般可查表得到，也可以凭经验估定。工序余量的计算法很少应用，但在课程设计中，要求用计算法做一例作为练习，以掌握计算的方法。

对于不需要进行尺寸换算的工序尺寸，算出基本尺寸后，按经济加工精度查取其公差值，工序尺寸按偏差入体原则标注偏差，即外尺寸注下偏差，上偏差为零；内尺寸注上偏差，下偏差为零；孔距尺寸注双向对称偏差。

对于基准不重合的尺寸换算，应通过建立和解算尺寸链，确定有关的工序尺寸及其偏差。

4. 技术经济分析

在制定工艺规程中，当同时满足被加工零件的加工精度和表面质量的要求时，通常可以有几种不同的工艺路线，其中有的方案可具有很高的生产率，但设备和工夹具方面的投资较大，有的方案则可能投资节省，但生产率较低。因此，不同的工艺路线就有不同的经济效果。为了选取在给定的生产条件下最经济合理的方案，应对已拟订的至少两个工艺路线进行技术经济分析和评比。

5. 填写工艺文件

工艺文件有工序卡片、工序目录卡片、专用工装明细表等多种。

工艺规程制定后，要以表格或卡片的形式确定下来，以便指导工人操作和用于生产、工艺管理。机械加工工艺规程卡片的种类很多，如机械加工工艺过程卡片、机械加工工序卡片等。在单件小批量生产中，一般只填写简单的工艺过程卡片；在大、中批量生产中，每个零件的每个工序还都要有工序卡片；成批生产中只要求主要零件的每个工序有工序卡片，而一般零件仅是关键工序有工序卡片。

机械加工工艺过程卡片和机械加工工序卡片应按照 JB/Z187.3—1998 中规定的格式及原则填写。

工序卡片中的工序简图应按加工位置绘制，一般不要求严格的比例关系，但应大体上成比例，不可过分失真，工序简图中应注明本道工序应达到的质量要求，如尺寸精度、形状精度、位置精度以及表面粗糙度等。加工表面用粗实线表示，非加工表面用细实线绘制，并用定位和夹紧符号在相应位置标明定位和夹紧情况。

工序号可以用自然数 1，2，3，…的顺序表达，但也常用 5，10，15，…的顺序数表示，以便于使用过程中工序的增改。在加工中只要更换机床或工作地，就意味着另一工序的开始。

6. 审核

在完成制定机械加工工艺规程各步骤后，应对整个工艺规程进行一次全面的审核。首先应按各项内容审核设计的正确性和合理性，如基准的选择、加工方法的选择是否正确、合理，加工余量、切削用量等工艺参数是否合理，工艺图等图样是否完整、准确等。此外，还应审查工艺文件是否完整、全面，工艺文件中各项内容是否符合相应标准的规定。

3.2 加工方法选择

对工件表面进行机械加工时，要在加工经济精度和经济表面粗糙度条件下选择加工方法，同时还要兼顾生产批量、零件用途、工件材料及本企业的生产条件，进行合理选用。

各种加工方法所能达到的经济精度和经济表面粗糙度等级，以及各种典型表面的加工方法都已有推荐值，使用时可按实际情况进行合理选用。

3.2.1 典型表面的加工方法

典型表面的加工方法及最终能达到的经济精度和表面粗糙度等级分别如下：

平面加工的经济精度与表面粗糙度如表 3-1 所示。

表 3-1 平面加工的经济精度与表面粗糙度

序号	加工方法	经济精度 IT	表面粗糙度 $Ra/\mu m$	适用范围
1	粗车	10～11	12.5～6.3	未淬硬钢、铸铁、有色金属端面加工
2	粗车→半精车	8～9	6.3～3.2	
3	粗车→半精车→精车	6～7	1.6～0.8	
4	粗车→半精车→磨削	7～9	0.8～0.2	钢、铸铁端面加工
5	粗刨(粗铣)	12～14	12.5～6.3	未淬硬平面
6	粗刨(粗铣)→半精刨(半精铣)	11～12	6.3～1.6	
7	粗刨(粗铣)→精刨(精铣)	7～9	6.3～1.6	
8	粗刨(粗铣)→半精刨(半精铣)→精刨	7～8	3.2～1.6	
9	粗铣→拉	6～9	0.8～0.2	大量生产未淬硬小平面
10	粗刨(铣)→精刨(铣)→宽刃刀精刨	6～7	0.8～0.2	未淬硬钢件、铸铁件及有色金属件
11	粗刨(粗铣)→半精刨(半精铣)→精刨(精铣)→宽刃刀低速精刨	5	0.8～0.2	
12	粗刨(粗铣)→精刨(精铣)→刮研	5～6	0.8～0.1	
13	粗刨(粗铣)→半精刨(半精铣)→精刨(精铣)→刮研			
14	粗刨(粗铣)→精刨(精铣)→磨削	6～7	0.8～0.2	淬硬或未淬硬黑色金属工件
15	粗刨(粗铣)→半精刨(半精铣)→精刨(精铣)→磨削	5～6	0.4～0.2	
16	粗铣→精铣→磨削→研磨	5 级以上	<0.1	

内圆表面加工的经济精度与表面粗糙度如表 3-2 所示。外圆表面加工的经济精度与表面粗糙度如表 3-3 所示。

表 3-2 内圆表面加工的经济精度与表面粗糙度

序号	加工方法	经济精度 IT	表面粗糙度 $Ra/\mu m$	适用范围
1	钻	12～13	12.5	未淬火钢及铸铁的实心毛坯，有色金属，孔径小于 15～20 mm
2	钻→铰	8～10	3.2～1.6	
3	钻→粗铰→精铰	7～8	1.6～0.8	
4	钻→扩	10～11	12.5～6.3	未淬火钢及铸铁的实心毛坯，有色金属，孔径大于 15～20 mm
5	钻→扩→粗铰→精铰	7～8	1.6～0.8	
6	钻→扩→铰	8～9	3.2～1.6	
7	钻→扩→机铰→手铰	6～7	0.4～0.1	
8	钻→(扩)→拉	7～9	1.6～0.1	大批量生产

续 表

序号	加工方法	经济精度 IT	表面粗糙度 $Ra/\mu m$	适用范围
9	粗镗(或扩孔)	11～13	12.5～6.3	毛坯有铸孔或锻孔的未淬火钢及铸件
10	粗镗(粗扩)→半精镗(精扩)	9～10	3.2～1.6	
11	扩(镗)→铰	9～10	3.2～1.6	
12	粗镗(扩)→半精镗(精扩)→精镗(铰)	7～8	1.6～0.8	
13	镗→拉	7～9	1.6～0.1	
14	粗镗(扩)→半精镗(精扩)→精镗→浮动镗刀块精镗	6～7	0.8～0.4	
15	粗镗→半精镗→磨孔	7～8	0.8～0.2	淬火钢或非淬火钢
16	粗镗(扩)→半精镗→粗磨→精磨	6～7	0.2～0.1	
17	粗镗→半精镗→精镗→金刚镗	6～7	0.4～0.05	有色金属精加工
18	钻→(扩)→粗铰→精铰→珩磨	6～7	0.2～0.025	黑色金属高精度大孔
	钻→(扩)→拉→珩磨			
	粗镗→半精镗→精镗→珩磨			
19	以研磨代替上述方案中的珩磨	6 级以上	0.1 以下	

表 3-3　外圆表面加工的经济精度与表面粗糙度

序号	加工方法	经济精度 IT	表面粗糙度 $Ra/\mu m$	适用范围
1	粗车	11～13	25～6.3	淬火钢以外的各种金属
2	粗车→半精车	8～10	6.3～3.2	
3	粗车→半精车→精车	6～9	1.6～0.8	
4	粗车→半精车→精车→滚压(或抛光)	6～8	0.2～0.025	
5	粗车→半精车→磨削	6～8	0.8～0.4	淬火钢、未淬火钢
6	粗车→半精车→粗磨→精磨	5～7	0.4～0.1	
7	粗车→半精车→粗磨→精磨→超精加工	5～6	0.1～0.012	
8	粗车→半精车→精车→精磨→研磨	5 级以上	<0.1	
9	粗车→半精车→粗磨→精磨→超精磨(镜面磨)	5 级以上	<0.05	
10	粗车→半精车→精车→金刚石车	5～6	0.2～0.025	有色金属

3.2.2　常用加工方法与形位公差的经济精度

表 3-4～表 3-7 所示为形位公差的经济精度。

表 3－8 所示为型面加工的经济精度。

表 3－9～表 3－10 所示为花键等加工的经济精度和表面粗糙度等级。

表 3－4　直线度、平面度的经济精度

加工方法	超精密加工	精密加工		精加工	半精加工	粗加工
	超精磨、精研、精密刮	精密磨、研磨、精刮	精密车、磨、刮	精车、铣、刨、拉、粗磨	半精车、铣刨插	各种粗加工方法
公差等级	1～2	3～4	5～6	7～8	9～10	11～12

表 3－5　圆度、圆柱度的经济精度

加工方法	超精密加工	精密加工	精加工	半精加工	粗加工
	研磨、精密磨、金刚镗	精密车、精密镗、精密磨、金刚镗、研磨、珩磨	精车、精镗、珩磨、拉、精铰	半精车、镗、铰、拉、精扩及钻	粗车及镗、钻
公差等级	1～2	3～4	5～6	7～8	9～10

表 3－6　平行度、倾斜度、垂直度的经济精度

加工方法	超精密加工	精密加工	精加工	半精加工	粗加工
	超精研、精密磨、精刮、金刚石加工	精密车、研磨、精磨、刮、珩	精车、镗、铣、刨、磨、刮、珩、坐标镗	半精车、镗、铣、刨、粗磨、导套钻、铰	各种粗加工方法
公差等级	1～2	3～4	5～7	8～10	11～12

表 3－7　同轴度、圆跳动、全跳动的经济精度

加工方法	超精密加工	精密加工	精加工	半精加工	粗加工
	研磨、精密磨、精密金刚石加工、珩磨	精密车、精密磨、内圆磨(一次安装)、珩磨、研磨	精车、磨、内圆磨及镗(一次安装加工)	半精车、镗、铰、拉、粗磨	粗车、镗、钻
公差等级	1～2	3～4	5～6	7～9	10～12

表 3－8　型面加工的经济精度

加工方法		按样板手动加工	用机床加工	按划线刮或刨	按划线铣	用靠模铣床		靠模车	成形刀车	仿形磨
						机械控制	随动系统			
径向形状误差/mm	经济的	0.2	0.1	2	3	0.4	0.06	0.4	0.10	0.04
	可达到的	0.06	0.04	0.40	1.60	0.16	0.02	0.06	0.02	0.02

表 3－9　花键加工的经济精度　　单位：mm

花键的最大直径	轴				孔			
	用磨制的滚铣刀		成形磨		拉削		插削	
	花键宽	底圆直径	花键宽	底圆直径	花键宽	底圆直径	花键宽	底圆直径
18～30	0.025	0.05	0.013	0.027	0.013	0.018	0.008	0.012
>30～50	0.040	0.075	0.015	0.032	0.016	0.026	0.009	0.015
>50～80	0.050	0.10	0.017	0.042	0.016	0.030	0.012	0.019
>80～120	0.075	0.125	0.019	0.045	0.019	0.035	0.012	0.023

表 3－10　螺纹、齿轮、花键加工的表面粗糙度

加工方法			表面粗糙度 $Ra/\mu m$	加工方法			表面粗糙度 $Ra/\mu m$
螺纹加工	切削	板牙、丝锥、自开式板牙头	3.2～0.8	齿轮及花键加工	切削	精插	1.6～0.8
		车刀或梳刀车、铣	6.3～0.8			精刨	3.2～0.8
		磨	0.8～0.2			拉	3.2～1.6
		研磨	0.8～0.05			剃	0.8～0.2
	滚轧	搓丝模	1.6～0.8			磨	0.8～0.1
		滚丝模	1.6～0.2			研	0.4～0.2
齿轮及花键加工	切削	粗滚	3.2～1.6		滚轧	热轧	0.8～0.4
		精滚	1.6～0.8			冷轧	0.2～0.1

未注形位公差按 GB/T1184—1996 标准给出。

(1)机械加工未注形位公差一般选用“K”级。

(2)钣金加工未注形位公差一般选用“L”级。

表 3－11 所列为直线度和平面度未注公差值。表 3－12 所列为垂直度未注公差值。表 3－13所列为对称度未注公差值。表 3－14 所列为圆跳动的未注公差值。

表 3－11　直线度和平面度未注公差值(GB/T1184－1996)　　单位：mm

公差等级	直线度和平面度基本长度的范围					
	～10	>10～30	>30～100	>100～300	>300～1 000	>1 000～3 000
H	0.02	0.05	0.1	0.2	0.3	0.4
K	0.05	0.1	0.2	0.4	0.6	0.8
L	0.1	0.2	0.4	0.8	1.2	1.6

表 3-12　垂直度未注公差值(GB/T1184—1996)　单位:mm

公差等级	垂直度公差短边基本长度的范围			
	～100	>100～300	>300～1 000	>1 000～3 000
H	0.2	0.3	0.4	0.5
K	0.4	0.6	0.8	1
L	0.5	1	1,5	2

表 3-13　对称度未注公差值(GB/T1184—1996)　单位:mm

公差等级	对称度公差基本长度的范围			
H	～100	>100～300	>300～1 000	>1 000～3 000
K	0.5	0.6	0.8	1
L	0.6	1	1.5	2

表 3-14　圆跳动的未注公差值(GB/T1184—1996)　单位:mm

公差等级	圆跳动一般公差值
H	0.1
K	0.2
L	0.5

3.2.3　各种加工方法的加工经济精度

表 3-15 所列为各种加工方法的加工经济精度。

表 3-15　各种加工方法的加工经济精度

加工方法		经济精度	加工方法		经济精度
外圆表面	粗车	IT11～13	内孔表面	钻孔	IT12～13
	半精车	IT8～10		钻头扩孔	IT11
	精车	IT7～8		粗扩	IT12～13
	细车	IT5～6		精扩	IT10～11
	粗磨	IT8～9		一般铰孔	IT10～11
	精磨	IT6～7		精铰	IT7～9
	细磨	IT5～6		细铰	IT6～7
	研磨	IT5		粗拉毛孔	IT10～11

续 表

加工方法		经济精度	加工方法		经济精度
平面	粗车端面	IT11～13	内孔表面	精拉	IT7～9
	精车端面	IT7～9		粗镗	IT11～13
	细车端面	IT6～8		精镗	IT7～9
	粗铣	IT9～13		金刚镗	IT5～7
	精铣	IT7～11		粗磨	IT9
	细铣	IT6～9		精磨	IT7～8
	拉	IT6～9		细磨	IT6
	粗磨	IT7～10		研磨	IT6
	精磨	IT6～9			
	细磨	IT5～7			
	研磨	IT5			

3.3　热处理工序安排

热处理可提高材料的力学性能、改善金属的加工性能及消除残余应力，制定工艺规程时，由工艺人员根据设计和工艺要求全面考虑。

表 3－16 所列为金属热处理方法及其应用。表 3－17 所列为热处理工序安排参考。

表 3－16　金属热处理方法及其应用

热处理方法	解释	应用
退火	将钢件(或钢坯)加热到临界温度以上 30～50℃保温一段时间，然后再缓慢地冷却下来(一般用炉冷)	消除铸铁件的内应力和组织不均匀及晶粒粗大等现象，消除冷轧坯件的冷硬现象和内应力，降低硬度以便切削
正火	将坯件加热到临界温度以上，保温一段时间后在空气中冷却，冷却速度比退火快	处理低碳和中碳结构钢件及渗碳机件，使其组织细化，增加强度与韧性，减少内应力，改善低碳钢的切削性能
回火	将淬火的钢件加热到临界温度以下某一温度后，保温一定时间，然后在空气中或油中冷却下来	消除淬火后的脆性和内应力，提高钢的冲击韧度
淬火	将钢件加热到临界温度以上，保温一段时间后，在水、盐水或油中(个别材料在空气中)急冷下来，使其得到高硬度	用来提高钢的硬度和强度，但淬火时会引起内应力，使钢变脆，因此，淬火后必须回火
表面淬火	使零件表面获得高硬度和耐磨性，而芯部则保持塑性和韧性	在动负荷及摩擦条件下工作的齿轮、凸轮轴、曲轴及销子等

续 表

热处理方法	解　释	应　用
调质	淬火后高温回火	使钢获得高的韧性和足够的强度，很多重要零件都是要经过调质处理的
渗碳	向钢表面层的渗碳过程，使低碳钢或低碳合金钢表面含碳质量分数增高到0.8%～1.2%，表面层得到高硬度和耐磨性	为了保证芯部的高塑性和韧性，通常采用含碳质量分数为0.08%～0.25%的低碳钢和低合金钢，如齿轮、凸轮及活塞销等
渗氮	目前，钢表面层渗氮，常采用气体渗化法，即利用氨气加热时分解的活性氮原子渗入到钢中	渗氮后不再进行热处理，用于某种含铬、钼或铝的特种钢，以提高硬度和耐磨性，提高疲劳强度及抗蚀能力
发蓝	使钢的表面形成氧化膜的方法	提高钢铁表面抗腐蚀能力和使外表美观，但其抗腐蚀能力并不理想

表 3－17　热处理工序安排参考

热处理的作用		热处理工序的种类	热处理工序的位置	备　注
改善切削性能		退火	粗加工前	
		正火	粗加工前	常用
			粗加工后	很少用
消除内应力	毛坯制造中产生的	退火	粗加工前	
		时效	粗加工前	
			粗加工后	较重要的零件
	机械加工中产生的	时效	粗加工之后	精度要求较高的零件
			粗加工、半精加工后和最终精加工前多次安排	精度要求特别高的零件（如精密丝杠）
提高材料的强度和硬度		正火	粗加工前	常用
			粗加工后	较少用
		调质	粗加工前	较少用、不重要零件
			粗加工后	常用、较重要零件
		淬火-回火	磨削加工前	常用
			终磨之后	很少用、作最终热处理
		渗碳淬火-回火	精切前	较少用，精切前渗碳、磨前淬火
			粗磨前	常用
			粗、精磨之间	很少用，要严格控制层深与变形
		氮化	粗、精磨之间	很少用
			精磨之后	常用

3.4　工序加工余量

工艺路线拟定之后要进行工序设计，确定各工序的具体内容。首先要确定各工序加工应达到的尺寸——工序尺寸及其公差，这就要进行合理的加工余量的确定及计算。

下面对工序加工余量的确定方法进行分析。

对于不需要进行尺寸换算的工序尺寸，计算顺序如下：

（1）根据手册确定各工序余量的基本尺寸。

（2）根据各种加工方法的经济精度表格确定各工序公差，工序尺寸的公差都按各工序经济精度确定，并按“入体原则”确定上、下偏差，即外尺寸注下偏差，上偏差为零；内尺寸注上偏差，下偏差为零；孔距尺寸注双向对称偏差。

（3）由后道工序往前道工序逐个计算工序尺寸，即由零件上的设计尺寸开始，直到毛坯尺寸，最后得到各工序尺寸及其公差和表面粗糙度。

对于基准不重合时的尺寸换算，应通过建立和解算尺寸链，确定有关的工序尺寸及其偏差。

表 3－18 所列为某工件各加工表面的加工余量、工序尺寸及其公差。

表 3－18　某工件各加工表面的加工余量、工序尺寸及其公差

工序	工序内容	单边余量/mm	工序尺寸/mm	表面粗糙度 $Ra/\mu m$
10	1. 车拨叉头端面 2. 钻 ϕ15H8 孔 3. 镗 ϕ15H8 孔 4. 铰 ϕ15H8 孔 5. 倒角孔口	2.5 7 0.8 0.2 1	30 $\phi14$ $\phi14.8$ $\phi15H8(^{+0.027}_{0})$ $1\times45°$	12.5 12.5 6.3 3.2 12.5
20	粗铣拨叉脚两端面	3.2	$7.6^{0}_{-0.10}$	12.5
30	铣拨叉脚内端面	3.5	$50H12(^{+0.25}_{0})$	12.5
40	铣操纵槽	6.5	$13^{+0.2}_{0}$	12.5
50	铰 ϕ5H14 孔	2.5	$5H14(^{+0.3}_{0})$	12.5
60	磨拨叉脚两端面	0.3	$7^{-0.15}_{-0.65}$	6.3

3.4.1　标准公差等级

表 3－19 所列为常用标准公差等级的数值。

表 3-19　标准公差等级(GB/T1800.3—1998)

基本尺寸/mm		公差等级									
大于	至	IT5	IT6	IT7	IT8	IT9	IT10	IT11	IT12	IT13	IT14
—	3	4	6	10	14	25	40	60	0.10	0.14	0.25
3	6	5	8	12	18	30	48	75	0.12	0.18	0.30
6	10	6	9	15	22	36	58	90	0.15	0.22	0.36
10	18	8	10	18	27	42	70	110	0.18	0.27	0.43
18	30	9	13	21	33	52	84	130	0.21	0.33	0.52
30	50	11	16	25	39	62	100	160	0.25	0.39	0.62
50	80	13	19	30	46	74	120	190	0.30	0.46	0.74
80	120	15	22	35	54	87	140	220	0.35	0.54	0.87
120	130	18	25	40	63	100	160	250	0.40	0.63	1.00
180	250	20	29	46	72	115	185	290	0.46	0.72	1.15
250	315	23	32	52	81	130	210	320	0.52	0.81	1.30
315	400	25	36	57	89	140	230	360	0.57	0.89	1.40
400	500	27	40	63	97	155	250	400	0.63	0.97	1.55
500	630	30	44	70	110	175	280	440	0.70	1.10	1.75
630	800	35	50	80	125	200	320	500	0.80	1.25	2.00
800	1 000	40	56	90	140	230	360	560	0.90	1.40	2.30

注：表中 IT5～IT11 数值单位为 μm，IT12～IT14 数值单位为 mm。

未注尺寸公差按 GB/T1804—2000 给出。

(1)机械加工未注尺寸公差一般选用 m 级。

(2)钣金加工未注尺寸公差一般选用 c 级。

表 3-20 所示为线性尺寸的极限偏差数值。

表 3-21 所示为倒圆半径和倒角高度尺寸的极限偏差数值。

表 3-22 所示为角度尺寸的极限偏差数值。

表 3-20　线性尺寸的极限偏差数值(GB/T1804—2000)　　单位：mm

公差等级	尺寸分段							
	0.5～3	3～6	6～30	30～120	120～400	400～1 000	1 000～2 000	2 000～4 000
f(精密级)	±0.05	±0.05	±0.1	±0.15	±0.2	±0.3	±0.5	—
m(中等级)	±0.1	±0.1	±0.2	±0.3	±0.5	±0.8	±1.2	±2
c(粗糙级)	±0.2	±0.3	±0.5	±0.8	±1.2	±2	±3	±4
v(最粗级)		±0.5	±1.5	±1.5	±2.5	±4	±6	±8

表 3－21　倒圆半径和倒角高度尺寸的极限偏差(GB/T1804—2000)　单位:mm

公差等级	尺寸分段			
	0.5～3	>3～6	>6～30	>30
f(精密级) m(中等级)	±0.2	±0.5	±1	±2
c(粗糙级) v(最粗级)	±0.4	±1	±2	±4

注:倒圆半径与倒角高度的含义见 GB6403.4—2008(零件倒圆与倒角)。

表 3－22　角度尺寸的极限偏差数值(GB/T1804—2000)

公差等级	长度/mm				
	≤10	>10～60	>60～120	>120～400	>400
m(中等级)	±1°	±30′	±20′	±20′	±5′
c(粗糙级)	±1°30′	±1°	±30′	±30′	±10′
v(最粗级)	±3°	±2°	±1°	±1°	±20′

3.4.2　平面的工序加工余量

平面的工序加工余量如表 3－23 所示。

凹槽的工序加工余量如表 3－24 所示。

表 3－23　平面加工余量　单位:mm

加工性质	加工面长度	加工面宽度					
		≤100		>100～300		>300～1 000	
		余量	公差	余量	公差	余量	公差
粗加工后,精刨或精铣	≤300	1	0.3	1.5	0.5	2	0.7
	>300～1 000	1.5	0.5	2	0.7	2.5	1.0
	>1 000～2 000	2	0.7	2.5	1.2	3	1.2
精加工后磨削,零件在装置时未经校准	≤300	0.3	0.1	0.4	0.12		
	>300～1 000	0.4	0.12	0.5	0.15	0.6	0.15
	>1 000～2 000	0.5	0.15	0.6	0.15	0.7	0.15
精加工后磨削,零件装置在夹具中,或用百分表校准	≤300	0.2	0.1	0.25	0.2		
	>300～1 000	0.25	0.12	0.3	0.15	0.4	0.15
	>1 000～2 000	0.3	0.15	0.4	0.15	0.4	0.15

注:(1)如几个零件同时加工,长度(宽度)系指装置在一起的各零件长度(宽度)及各零件之间的间隙的总和。

(2)精刨或精铣时,最后一次行程前留的余量应大于等于 0.5mm。

(3)对于热处理的零件,磨前加工余量应按表中数值乘以 1.2。

(4)磨削及刮削的加工余量和公差用于有公差的表面加工。

表 3－24　凹槽加工余量及偏差　　单位：mm

凹槽尺寸			宽度余量		宽度偏差	
长	深	宽	粗铣后半精铣	半精铣后磨	粗铣(IT12～IT13)	半精铣(IT11)
≤80	≤60	3～6	1.5	0.5	0.12～0.18	0.075
		6～10	2.0	0.7	0.15～0.22	0.09
		10～18	3.0	1.0	0.18～0.27	0.11
		18～20	3.0	1.0	0.21～0.33	0.13
		30～50	3.0	1.0	0.25～0.39	0.16
		50～80	4.0	1.0	0.30～0.46	0.19
		80～120	4.0	1.0	0.35～0.54	0.22

注：(1)半精铣后磨凹槽的加工余量，适用于半精铣后经热处理和未经热处理的零件。

(2)宽度余量指双面余量(即每面余量是表中所列数值的 1/2)。

3.4.3　外圆的工序加工余量

外圆的工序加工余量如表 3－25～表 3－28 所示。其中：

表 3－25 所示为轴在粗车外圆后精车外圆的余量。

表 3－26 所示为外圆磨削余量。

表 3－27 所示为端面精车及磨削余量。

表 3－28 所示为外圆抛光余量。

表 3－25　轴在粗车外圆后精车外圆的余量　　单位：mm

轴的直径 d	零件长度 L					粗车外圆公差 IT13
	≤100	>100～250	>250～500	>500～800	>800～1 200	
	直径余量					
≤10	0.8	0.9	1.0			
>10～18	0.9	0.9	1.0	1.1		0.24
>18～30	0.9	1.0	1.1	1.3	1.4	0.27
>30～50	1.0	1.0	1.1	1.3	1.5	0.33
>50～80	1.1	1.1	1.2	1.4	1.6	0.39
>80～120	1.1	1.2	1.2	1.4	1.6	0.46
>120～180	1.2	1.2	1.3	1.5	1.7	0.54
>180～250	1.3	1.3	1.4	1.6	1.8	0.63
>250～315	1.3	1.4	1.5	1.7	1.9	0.72
>315～400	1.4	1.5	1.5	1.7	1.9	0.81

注：在单件或小批生产中，本表数值须乘上系数 1.3，并化成 1 位小数，这时的粗车外圆公差带为 h15。

表 3－26　外圆磨削余量　　　　单位：mm

轴径 *d*	热处理状态	长度			
		≤100	>100～250	>250～500	>500～800
≤10	未淬硬	0.2	0.2	0.3	—
	淬硬	0.3	0.3	0.4	—
>10～18	未淬硬	0.2	0.3	0.3	0.3
	淬硬	0.3	0.3	0.4	0.5
>18～30	未淬硬	0.3	0.3	0.3	0.4
	淬硬	0.3	0.4	0.4	0.5
>30～50	未淬硬	0.3	0.3	0.4	0.5
	淬硬	0.4	0.4	0.5	0.6
>50～80	未淬硬	0.3	0.4	0.4	0.5
	淬硬	0.4	0.5	0.5	0.6
>80～120	未淬硬	0.4	0.4	0.5	0.5
	淬硬	0.5	0.5	0.6	0.6
>120～180	未淬硬	0.4	0.5	0.6	0.6
	淬硬	0.5	0.6	0.7	0.8
>180～260	未淬硬	0.5	0.6	0.6	0.7
	淬硬	0.6	0.7	0.7	0.8
>260～360	未淬硬	0.6	0.6	0.7	0.7
	淬硬	0.7	0.7	0.8	0.9
>360～500	未淬硬	0.7	0.7	0.8	0.8
	淬硬	0.8	0.8	0.9	0.9

注：在单件或小批生产中，本表数值须乘上系数 1.2，并化成一位小数。

表 3－27　端面精车及磨削余量　　　　单位：mm

轴径 *d*	零件全长									
	≤18		13～50		50～120		120～260		260～500	
	精车	磨削	精车	磨削	精车	磨削	精车	磨削	精车	磨削
≤30	0.5	0.2	0.6	0.2	0.7	0.3	0.8	0.4	1.0	0.5
>30～60	0.5	0.3	0.6	0.3	0.7	0.4	0.8	0.4	1.0	0.5
>50～120	0.7	0.3	0.7	0.3	0.8	0.4	1.0	0.5	1.2	0.6
>120～260	0.8	0.4	0.8	0.4	1.0	0.5	1.0	0.5	1.2	0.6
>250～500	1.0	0.5	1.0	0.5	1.2	0.5	1.2	0.6	1.4	0.7
>500	1.2	0.6	1.2	0.6	1.4	0.6	1.4	0.7	1.5	0.8

表 3－28　外圆抛光余量　　　　单位：mm

轴径 *d*	余量
≤100	0.10
>100～200	0.30
>200～700	0.40

3.4.4　孔的工序加工余量

孔的工序加工余量如表 3－29～表 3－35 所示。

表 3-29 孔加工(扩、镗、铰)余量 单位:mm

孔的直径 d	扩或镗	粗铰	精铰
3~6		0.1	0.04
>6~10	0.8~1.0	0.1~0.15	0.05
>10~18	1.0~1.5	0.1~0.15	0.05
>18~30	1.5~2.0	0.15~0.2	0.06
>30~50	1.5~2.0	0.2~0.3	0.08
>50~80	1.5~2.0	0.4~0.5	0.10
>80~120	1.5~2.0	0.5~0.7	0.15
>120~180	1.5~2.0	0.5~0.7	0.2

表 3-30 磨孔余量 单位:mm

孔的直径 d	热处理状态	孔的长度				
		≤50	>50~100	>100~200	>200~300	>300~500
≤10	未淬硬	0.2				
	淬硬	0.2				
>10~18	未淬硬	0.2	0.3			
	淬硬	0.3	0.4			
>18~30	未淬硬	0.3	0.3	0.4		
	淬硬	0.3	0.4	0.4		
>30~50	未淬硬	0.3	0.3	0.4	0.4	
	淬硬	0.4	0.4	0.4	0.5	
>50~80	未淬硬	0.4	0.4	0.4	0.4	
	淬硬	0.4	0.5	0.5	0.5	
>80~120	未淬硬	0.5	0.5	0.5	0.5	0.6
	淬硬	0.5	0.5	0.6	0.6	0.7
>120~180	未淬硬	0.6	0.6	0.6	0.6	0.6
	淬硬	0.6	0.6	0.6	0.6	0.7
>180~260	未淬硬	0.6	0.6	0.7	0.7	0.7
	淬硬	0.7	0.7	0.7	0.7	0.8
>260~360	未淬硬	0.7	0.7	0.7	0.8	0.8
	淬硬	0.7	0.8	0.8	0.8	0.9
>360~500	未淬硬	0.8	0.8	0.8	0.8	0.8
	淬硬	0.8	0.8	0.8	0.9	0.9

表 3-31 矩形花键的精加工余量 单位:mm

花键轴小径 *d*	精铣花键			磨花键		
	花键的长度					
	≤100	>100～200	>200～350	≤100	>100～200	>200～350
	加工余量					
10～18	0.4～0.6	0.5～0.7		0.1～0.2	0.2～0.3	
>18～30	0.5～0.7	0.6～0.8	0.7～0.9	0.1～0.2	0.2～0.3	0.2～0.4
>30～50	0.6～0.8	0.7～0.9	0.8～1.0	0.2～0.3	0.2～0.4	0.3～0.5
>50	0.7～0.9	0.8～1.0	0.9～1.2	0.2～0.4	0.3～0.5	0.3～0.5

表 3-32 基孔制 7 级孔加工 单位:mm

加工孔的直径 *d*	直径			
	钻	扩孔钻	粗铰	精铰
3	2.9			3H7
4	3.9			4H7
5	4.8			5H7
6	5.8		7.96	6H7
8	7.8		9.96	8H7
10	9.8		11.95	10H7
12	11.0	11.85	12.95	12H7
13	12.0	12.85	13.95	13H7
14	13.0	13.85	14.95	14H7
15	14.0	14.85	15.95	15H7
16	15.0	15.85	17.94	16H7
18	17.0	17.85	19.94	18H7

加工孔的直径 *d*	钻		用车刀镗后	扩孔钻	粗铰	精铰
	第一次	第二次				
20	18.0		19.8	19.8	19.94	20H7
22	20.0		21.8	21.8	21.94	22H7
24	22.0		23.8	23.8	23.94	24H7
25	23.0		24.8	24.8	24.49	25H7
26	24.0		25.8	25.8	25.94	26H7
28	26.0		27.8	27.8	27.94	28H7
30	15.0	28.0	29.8	29.8	29.93	30H7
32	15.0	30.0	31.7	31.75	31.93	32H7
35	20.0	33.0	34.7	34.75	34.93	35H7
38	20.0	36.0	37.7	37.75	37.93	38H7
40	25.0	38.0	39.7	39.75	39.93	40H7
42	25.0	40.0	41.7	41.75	41.93	42H7
45	25.0	43.0	44.7	44.75	44.93	45H7
48	25.0	46.0	47.7	47.75	47.93	48H7
50	25.0	48.0	49.7	49.75	49.93	50H7

续表

加工孔的直径 d	钻		用车刀镗后	扩孔钻	粗铰	精铰
	第一次	第二次				
60	30	55.0	59.5	59.5	59.9	60H7
70	30	65.0	69.5	69.5	69.9	70H7
80	30	75.0	79.5	79.5	79.9	80H7
90	30	80.0	89.3		89.8	90H7
100	30	80.0	99.3		99.8	100H7
120	30	80.0	119.3		119.8	120H7

注：(1)在铸铁上加工直径到 15 mm 的孔时，不用扩钻镗孔。

(2)在铸铁上加工直径为 30 mm 与 32 mm 的孔时，仅用直径为 28 mm 与 30 mm 的钻头钻一次。

(3)当用磨削作为孔的最后加工方法时，精镗以后的直径根据表 3-29 查得。

(4)如仅用一次铰孔，则铰孔的加工余量为本表中粗铰与精铰的加工余量之和。

表 3-33　花键孔拉削余量　　单位：mm

花键规格		定心方式	
键数	外径	外径定心	内径定心
6	35～42	0.4～0.5	0.7～0.8
6	45～50	0.5～0.6	0.8～0.9
6	55～90	0.6～0.7	0.9～1.0
10	30～42	0.4～0.6	0.7～0.8
10	45	0.5～0.6	0.8～0.9
16	38	0.4～0.6	0.7～0.8
16	50	0.5～0.6	0.8～0.9

表 3-34　攻螺纹前钻孔用麻花钻直径(JB/T 9987—1999)　　单位：mm

基本直径 D	螺距 P	普通螺纹内螺纹小径 D_1				麻花钻直径 d
		$5H_{max}$	$6H_{max}$	$7H_{max}$	$(5H,6H,7H)_{min}$	
5.0	0.8	4.294	4.324	4.384	4.134	4.20
6.0	1	5.107	5.153	5.217	4.917	5.00
7.0		6.107	6.153	6.217	5.917	6.00
8.0	1.25	6.859	6.912	6.932	6.647	6.80
9.0		7.359	7.912	7.982	7.647	7.80
10.0	1.5	8.612	8.676	8.751	8.376	8.50
11.0		9.612	9.676	9.751	9.376	9.50
12.0	1.75	10.371	10.441	10.531	10.106	10.20

续 表

基本直径 D	螺距 P	普通螺纹内螺纹小径 D_1				麻花钻直径 d
		$5H_{max}$	$6H_{max}$	$7H_{max}$	$(5H,6H,7H)_{min}$	
14.0	2	12.135	12.210	12.310	11.835	12.00
16.0		14.135	14.210	14.310	13.835	14.00
18.0	2.5	15.649	15.744	15.854	15.294	15.50
20.0		17.649	17.744	17.854	17.294	17.50
22.0		19.649	19.744	19.854	19.294	19.50
24.0	3	21.152	21.252	21.382	20.752	21.00
27.0		24.152	24.252	24.382	23.752	24.00

表 3－35 圆孔拉削余量 单位:mm

直径 D	拉削余量	直径 D	拉削余量
10～12	0.4	>30～40	0.8
>12～18	0.5	>40～60	1.0
>18～25	0.6	>60～100	1.2
>25～30	0.7	>100～160	1.4

3.5 机床设备选择

在工艺文件中,需要规定每一工序所使用的机床及刀具、夹具和量具。机床及工艺装备的选用应当既要保证加工质量,又要经济合理。在成批生产条件下,一般采用通用机床和专用工艺装备。

3.5.1 卧式车床

卧式车床的主要技术参数如表 3－36 和表 3－37 所示。

表 3－36 常用卧式车床的主要技术参数 单位:mm

技术规格		型号		
		C620—1	CA6140	C630
最大加工直径/mm	在床身上	400	400	615
	在刀架上	210	210	345
棒料		37	48	68
最大加工长度/mm		650	750	
		900	1 000	1 210
		1 300	1 500	2 800
		1 900	2 000	

续 表

技术规格		型号		
		C620—1	CA6140	C630
主轴孔径/mm		38	48	70
刀架进给量/($mm\cdot r^{-1}$)	纵向	0.08～1.59	0.028～6.33	0.15～2.65
	横向	0.027～0.52	0.014～3.16	0.05～0.9
主电动机功率/kW		7	7.5	10

表 3－37 卧式车床的主轴转速和刀架进给量

主轴转速/($r\cdot min^{-1}$)	C620—1	正转	12,15,19,24,30,38,46,58,76,90,120,150,185,230,305,370,380,460,480,600,610,760,955,1 200
		反转	8,30,48,73,121,190,295,485,590,760,970,1 520
	CA6140	正转	10,12.5,16,20,25,32,40,50,63,80,100,125,160,200,250,320,400,450,500,560,710,900,1 120,1 400
		反转	14,22,36,56,90,141,226,362,565,633,1 018,1 580
	C630	正转	14,18,24,30,37,47,57,72,95,119,149,188,229,288,380,478,595,750
		反转	22,39,60,91,149,234,361,597,945
刀架进给量/($mm\cdot r^{-1}$)	C620—1	纵向	0.08,0.09,0.10,0.11,0.12,0.13,0.14,0.15,0.16,0.18,0.20,0.22,0.24,0.26,0.28,0.30,0.33,0.35,0.40,0.45,0.48,0.50,0.55,0.60,0.65,0.71,0.81,0.91,0.96,1.01,1.11,1.21,1.28,1.46,1.59
		横向	0.027,0.029,0.023,0.038,0.04,0.042,0.046,0.05,0.054,0.058,0.067,0.075,0.078,0.084,0.092,0.10,0.11,0.12,0.13,0.15,0.16,0.17,0.18,0.20,0.22,0.23,0.27,0.30,0.32,0.33,0.37,0.40,0.41,0.48,0.52
	CA6140	纵向	0.028,0.032,0.036,0.039,0.043,0.046,0.050,0.054,0.08,0.09,0.10,0.11,0.12,0.13,0.14,0.15,0.16,0.18,0.20,0.23,0.24,0.26,0.28,0.30,0.33,0.36,0.41,0.46,0.48,0.51,0.56,0.61,0.66,0.71,0.81,0.91,0.94,0.06,1.02,1.03,1.09,1.12,1.15,1.22,1.29,1.47,1.59,1.71,1.87,2.05,2.16,2.28,2.57,2.93,3.16,3.42,3.74,4.11,4.32,4.56,5.14,5.87,6.33
		横向	0.014,0.016,0.018,0.019,0.021,0.023,0.025,0.027,0.040,0.045,0.050,0.055,0.060,0.065,0.070,0.075,0.08,0.09,0.10,0.11,0.12,0.13,0.14,0.15,0.16,0.17,0.20,0.22,0.24,0.25,0.28,0.30,0.33,0.35,0.40,0.43,0.45,0.47,0.48,0.50,0.51,0.54,0.56,0.57,0.61,0.64,0.73,0.79,0.86,0.94,1.02,1.08,1.14,1.28,1.46,1.58,1.72,1.88,2.04,2.16,2.28,2.56,2.92,3.16
	C630	纵向	0.15,0.17,0.19,0.21,0.24,0.27,0.30,0.33,0.38,0.42,0.48,0.54,0.60,0.65,0.75,0.84,0.96,1.07,1.2,1.33,1.5,1.7,1.9,2.15,2.4,2.65
		横向	0.05,0.06,0.065,0.07,0.08,0.09,0.10,0.11,0.12,0.14,0.16,0.18,0.20,0.22,0.25,0.28,0.32,0.36,0.40,0.45,0.50,0.56,0.64,0.72,0.81,0.9

3.5.2　钻床

钻床的主要技术参数如表 3－38～表 3－43 所示。

表 3－38　台式钻床的主要技术参数

技术规格	型号		
	Z406	Z512	Z512—A
最大钻孔直径/mm	6	12	12
主轴行程/mm	65	100	100
主轴中心线至立柱表面距离/mm	140	190	200
主轴端面至工作台面距离/mm	125～225	130～430	170～335
主轴转速/($r \cdot min^{-1}$)	1 450～5 800	460～4 250	480～4 100
工作台面尺寸/mm	250×250	350×350	265×265
主电动机功率/kW	0.37	0.55	0.37

表 3－39　台式钻床的主轴转速　　单位：r/min

转速	Z406	1 450，2 900，5 800
	Z512	460，620，650，1 220，1 610，2 280，3 150，4 250
	Z512—A	480，800，1 400，2 440，4 100

表 3－40　摇臂钻床的主要技术参数

技术规格	型号		
	Z3025	Z33S—1	Z35
最大钻孔直径/mm	25	35	50
主轴中心线至立柱表面距离/mm	280～900	350～1 200	450～1 600
主轴最大行程/mm	250	300	350
主轴转速/($r \cdot min^{-1}$)	50～2 500	50～1 600	34～1 700
主轴进给量/($mm \cdot r^{-1}$)	0.05～1.6	0.06～1.2	0.03～1.2
主轴最大扭转力矩/(N·m)	196.2		735.75
主轴箱水平移动距离/mm	630	850	1 150
横臂升降距离/mm	525	730	680
横臂回转角度/(°)	360	360	360
主电动机功率/kW	2.2	2.8	4.5

表 3-41　摇臂钻床的主轴转速和主轴进给量

主轴转速/r·min⁻¹	Z3025	50,80,125,200,250,315,400,500,630,1 000,1 600,2 500
	Z33S—1	50,100,200,400,800,1 600
	Z35	34,42,52,67,85,105,132,170,265,335,420,530,670,850,1 050,1 320,1 700
进给量/mm·r⁻¹	Z3025	0.05,0.08,0.12,0.16,0.2,0.25,0.3,0.4,0.5,0.63,1.00,1.60
	Z33S—1	0.06,0.12,0.24,0.3,0.6,1.2
	Z35	0.03,0.04,0.05,0.07,0.09,0.12,0.14,0.15,0.19,0.20,0.25,0.26,0.32,0,40,0.56,0.67,0.90,1.2

表 3-42　立式钻床的主要技术参数

技术规格	型号		
	Z525	Z525B	Z535
最大钻孔直径/mm	25	25	37
主轴端面至工作台面距离/mm	0～700	0～415	0～750
主轴行程/mm	175	200	225
主轴转速/(r·min⁻¹)	97～1 360	85～1 500	68～1 100
主轴箱行程/mm	200	-	200
进给量/(mm·r⁻¹)	0.1～0.81	0.13～0.52	0.11～1.6
工作台行程/mm	325	385	325
工作台工作面积/mm²	500×375	ϕ400	450×500
主电动机功率/kW	2.8	2.2	4.5

表 3-43　立式钻床的主轴转速和主轴进给量

转速/(r·min⁻¹)	Z525	97,140,195,272,392,545,680,960,1 360
	Z525B	85,150,265,475,850,1 500
	Z535	68,100,195,275,400,530,750,1 100
进给量/(mm·r⁻¹)	Z525	0.10,0.13,0.17,0.2,0.28,0.36,0.48,0.62,0.81
	Z525B	0.13,0.21,0.32,0.52
	Z535	0.11,0.15,0.20,0.25,0.32,0.43,0.57,0.72,0.96,1.22,1.60

3.5.3　铣床

铣床的主要技术参数如表 3-44～表 3-47 所示。

表 3－44 立式铣床的主要技术参数

技术规格		型号		
		X52K	X53K	X53T
主轴端面至工作台面距离/mm		30～400	30～500	0～500
主轴中心线至床身垂直导轨面距离/mm		350	450	450
主轴孔径/mm		29	29	69.85
刀杆直径/mm		32～50	32～50	40
立铣头最大回转角度		±45°	±45°	±45°
主轴转速/($r\cdot min^{-1}$)		30～1 500	30～1 500	18～1 400
主轴轴向移动量/mm		70	85	90
工作台面积(长×宽)/mm		1 250×320	1 600×400	2 000×425
工作台最大行程/mm	纵向	700/680	900/880	1 260/1 250
	横向	255/240	315/300	410/400
	升降	370/350	385/365	410/400
工作台 T 型槽	槽数	3	3	3
	宽度/mm	18	18	18
	槽距/mm	70	90	90
主电动机功率/kW		7.5	10	10

表 3－45 立式铣床的主轴转速和工作台进给量

主轴转速 / $r\cdot min^{-1}$	X52K X53K		30,37.5,47.5,60,75,95,118,150,190,235,300,375,475,600,750,950,1 180,1 500
	X53T		22,28,35,45,56,71,90,112,140,180,224,270,355,450,560,710,900,1 120,1 400
工作台进给量 / $mm\cdot min^{-1}$	X52K X53K	纵向	23.5,30,37.5,47.5,60,75,95,118,150,190,235,300,375,475,600,750,950,1 180
		横向	15,20,25,31,40,50,63,78,100,126,156,200,250,316,400,500,634,786
		升降	8,10,12.5,15.5,20,25,31.5,39,50,63,78,100,125,158,200,250,317,394
	X53T	纵向及横向	10,14,60,28,40,56,80,110,160,220,315,450,630,900,1 250
		升降	2.5,3.5,5,7,10,14,20,27.5,40,55,78.5,112.5,157.5,225,315

表 3-46　卧式(万能)铣床的主要技术参数　　单位:mm

技术规格		型号			
		X60[X60W]	X61[X61W]	X62[X62W]	X63[X63W]
主轴轴线至工作台面距离/mm		0～300	30～360 [30～330]	30～390 [30～350]	30～420 [30～380]
床身垂直导轨面至工作台距离/mm			165～365	215～470	255～570
主轴轴线至悬梁下平面的距离/mm		140	150	155	190
刀杆直径/mm		—	22.27,32.40	22,27,32	32,50
主轴转速/(r·min^{-1})		50～2 240	22～1 800	30～1 500	30～1 500
工作台面积(长×宽)/mm		800×200	1 000×250	1 250×320	1 600×400
工作台最大行程/mm	纵向(手动/机动)	500	620/620	700/680	900/880
	横向(手动/机动)	160	190[185]/170	255/240	315/300
	升降(手动/机动)	320	330/330[300]	360[320]/340[300]	390[350]/370[330]
工作台T型槽	槽数		3	3	3
	宽度/mm		14	18	18
	槽距/mm		50	70	90
工作台最大回转角度		无[±45°]	无[±45°]	无[±45°]	无[±45°]
主电动机功率/kW		2.8	4	7.5	10

表 3-47　卧式(万能)铣床的主轴转速和工作台进给量

主轴转速 r·min^{-1}	X60,X60W		50,71,100,140,200,280,400,560,800,1 120,1 600,2 240
	X61,X61W		65,80,100,125,160,210,255,300,380,490,590,725,945,1 225,1 500,1 800
	X62,X62W X63,X53W		30,37.5,47.5,60,75,95,118,150,390,235,300,375,475,600,750,950,1 180,1 500
	X63T,X63WT		18,22,28,35,45,56,71,90,112,140,180,224,280,355,450,560,710,900,1 120,1 400
工作台进给量 mm·min^{-1}	X60,X60W	纵向	22.4,31.5,45,63,90,125,180,250,355,500,710,1 000
		横向	16,22.4,31.5,45,63,90,125,180,250,355,500,710
		升降	8,11.2,16,22.4,31.5,45,63,90,125,180,250,355
	X61,X61W	纵向	35,40,50,65,85,105,125,165,205,250,300,390,510,620,755,980
		横向	25,30,40,50,65,80,100,130,150,190,230,320,400,480,585,765
	X61,X61W	升降	12,15,20,25,33,40,50,65,80,95,115,160,200,240,290,380
	X62,X62,WX63,X53W	纵向及横向	23.5,30,37.5,47.5,60,75,95,118,160,190,235,300,375,475,600,750,950,1180
	X63T,X63WT	纵向及横向	10,14,20,28,40,56,80,110,160,220,315,450,630,900,1250
		升降	2.5,3.5,5,7,10,14,20,27.5,40,55,78,75,112,157.5,225,315

3.5.4　磨床

磨床的主要技术参数如表 3－48 和表 3－49 所示。

表 3－48　万能外圆磨床的主要技术参数

技术规格		型号			
		M114W	M115W	M120W	M131W
磨削工件直径/mm		4～140	150	7～200	8～315
用中心架时磨削工件的直径/mm			8～40		8～60
可磨内圆直径/mm		10～25	80	18～50	13～125
磨削外圆的最大长度/mm		180;350	650	500	710,1 000,1 400
磨削内圆的最大长度/mm		50	75	75	125
中心高/mm		80	100	110	170
头架主轴转速/($r \cdot min^{-1}$)		200,300,400,510,600,1 020	45,70,115,175,275,450	80,165,250,330,500	35,70,140,280
头架回转角度		90°	90°	＋90°,－30°	＋90°,－30°
砂轮尺寸(外径×宽度×内径)/mm		(160～250)×20×7	300×40×127	(220～300)×40×127	(280～400)×50×203
砂轮主轴转速/($r \cdot min^{-1}$)		2 667,3 340	2 200	2 200	1 990,2 670
内圆磨砂轮尺寸(外径×宽度×内径)/mm			(12～35)×(13～25)×(4～10)	(15～40)×(16～32)	(12～80)×(16～32)×(5～20)
内圆磨主轴转速/($r \cdot min^{-1}$)		17 000	10 000	12 500,21 600	10 000,20 000
工作台最大移动量/mm		300;400	740	590	780,1 100,1 540
工作台移动速度/($mm \cdot min^{-1}$)		200～6 000(无级)	500～5 000(无级)	100～6 000(无级)	100～6 000
工作台最大回转角	顺时针	7°	5°	7°	3°
	逆时针	5°	5°	6°	3°,6°,9°
砂轮轴电动机功率/kW		1.5	2.8	3	4

表 3－49　卧轴矩台平面磨床的主要技术参数

技术规格		型号			
		M7120A	M7130	M7130K	M7140
磨削工件最大尺寸(长×宽×高)/mm		630×200×320	1 000×300×400	1 600×300×400	2 000×400×600
磨头中心线至工作台面距离/mm		100～445	135～575	135～575	
磨头最大移动量/mm	横向	250	350	350	550
	垂直	345	400	440	600

续 表

技术规格		型号			
		M7120A	M7130	M7130K	M7140
磨头横向连续进给量/(m·min^{-1})		0.3～3	0.5～4.5	0.5～4.5	0.5～5
磨头横向间歇进给量/(mm·单行程$^{-1}$)		1～12	3～30	3～30	3～50
磨头主轴转速/(r·min^{-1})		3 000,3 600	1 500	1 500	1 440
手轮每转一格磨头进给量/mm	垂直	0.005	0.01	0.01	0.005
	横向	0.01	0.01	0.01	0.002
工作台面积(长×宽)/mm		630×200	1 000×300	1 600×300	2 000×400
工作台纵向移动量/mm		780	200～1 100	200～1 650	800～2 100
工作台纵向移动速度/(m·min^{-1})		1～18	3～18	2～20	5～30
砂轮尺寸(外径×宽度×内径)/mm		(170～250)×25×75	(270～350)×40×127	(270～350)×40×127	(375～500)×(60～100)×305
主电动机功率/kW		3	4.5	4.5	28

3.5.5 插床和拉床

插床和卧式内拉床的主要技术参数如表 3-50 和表 3-51 所示。

表 3-50 插床的主要技术参数

技术规格	型号			
	B5020	B35032	B5050	B50100
最大插削长度/mm	200	320	500	1 000
工件最大尺寸(长×高)/mm	485×200	600×320	900×750	2 000(外径)
工件最大质量/kg	400	500	600	5 000
刀具支承面至床身前壁间的距离/mm	485	600	1 000	1 120
工作台面至滑枕导轨下端的距离/mm	320	490	750	1 140
滑枕行程/mm	25～220	50～340	125～580	300～1 000
滑枕垂直调整量/mm	230	315	260	840
滑枕最大回转角度/(°)	8	8	10	
滑枕工作行程速度/(m·min^{-1})	1.7～27.5	1.9～21.2	5～22	4～30
插刀最大尺寸(宽×高)/mm	25×40	25×40	30×55	
工作台直径/mm	500	630	800	1 250
主电动机功率/kW	3	4	10	30

表 3－51　卧式内拉床的主要技术参数

型　号	主要技术参数						
	规格		溜板行程速度(无级)/(m·min⁻¹)		工作台孔径/mm	花盘孔径/mm	工作精度
	额定拉力/kN	溜板最大行程/mm	工作	返回			试件拉削后,每 200 mm 孔轴线对基面的垂直度/mm
L6106/1	63	800	1.5～7	7～20	125	80	0.08
L6110A	100	1 250	2～11	7～20	150	100	0.08
L6120C	200	1 600	1.5～11	7～20	200	130	0.08
L6140B	400	2 000	1.5～7	7～20	250	150	0.08
L61100	1 000	2 000	1～3	7～12	400	320	0.08

3.6　金属切削刀具

3.6.1　孔加工刀具

1. 麻花钻

麻花钻是通过其相对固定轴线的旋转切削以钻削工件的圆孔的工具。因其容屑槽成螺旋状而形似麻花而得名。螺旋槽有 2 槽、3 槽或更多槽,但以 2 槽最为常见。麻花钻可被夹持在手动、电动的手持式钻孔工具或钻床、铣床、车床乃至加工中心上使用。钻头材料一般为高速工具钢或硬质合金。

直柄麻花钻(GB/T6135.3—2008)参数如表 3－52 所示。

表 3－52　直柄麻花钻(GB/T6135.3—2008)参数　　单位:mm

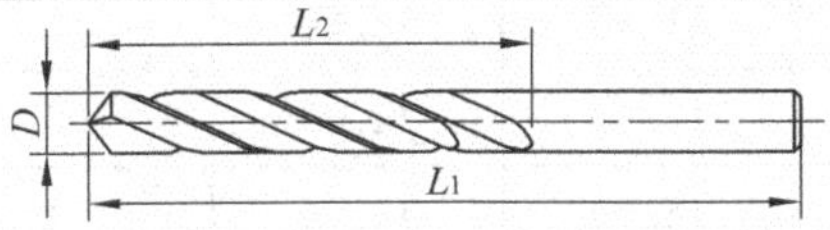

D(h8)	L_1	L_2	D(h8)	L_1	L_2
0.20	19	2.5	7.00	109	69
0.50	22	6	8.00	117	75
0.60	24	7	9.00	125	81
0.70	28	9	10.00	133	87
0.80	30	10	11.00	142	94
0.90	32	11	12.00	151	101
1.00	34	12	13.00	151	101
1.50	40	18	14.00	160	108

续 表

D(h8)	L_1	L_2	D(h8)	L_1	L_2
2.00	49	24	15.00	169	114
3.00	61	33	16.00	178	120
4.00	75	43	17.00	184	125
5.00	86	52	18.00	191	130
6.00	93	57	18.50	198	135

2. 扩孔钻

在一个直径范围分段内，总长 l 和切削刃长 l_1 允许变化的最小和最大极限值，等于相邻上、下两个直径范围分段规定的长度。

示例：直径为 15 mm 的直柄扩孔钻，切削刃长 l_1 的公称值为 114 mm，可在 108～120 mm 之间变化；总长 l 的公称值为 169 mm，可在 160～178 mm 之间变化。

直柄扩孔钻(GB/T4256—2004)参数如表 3－53 所示。

表 3－53 直柄扩孔钻(GB/T4256—2004)参数 单位：mm

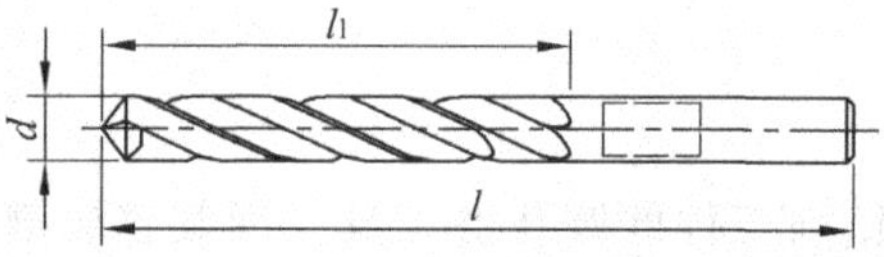

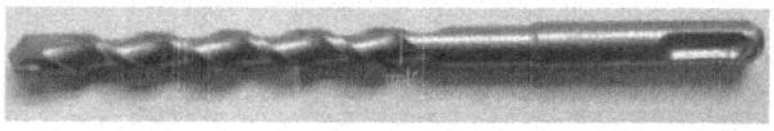

直径范围 d		相应长度		直径范围 d		相应长度	
大于	至	l_1	l	大于	至	l_1	l
	3.00	33	61	9.50	10.60	87	133
3.00	3.35	36	65	10.60	11.80	94	142
3.35	3.75	39	70	11.80	13.20	101	151
3.75	4.25	43	75	13.20	14.00	108	160
4.25	4.75	47	80	14.00	15.00	114	169
4.75	5.30	52	85	15.00	16.00	120	178
5.30	6.00	57	93	16.00	17.00	125	184
6.00	6.70	63	101	17.00	18.00	130	191
6.70	7.50	69	109	18.00	19.00	135	198
7.50	8.50	75	117	19.00	20.00	140	205
8.50	9.50	81	125				

锥柄扩孔钻(GB/T4256—2004)参数如表 3－54 所示。

表 3-54 锥柄扩孔钻(GB/T1141—2004)参数 单位:mm

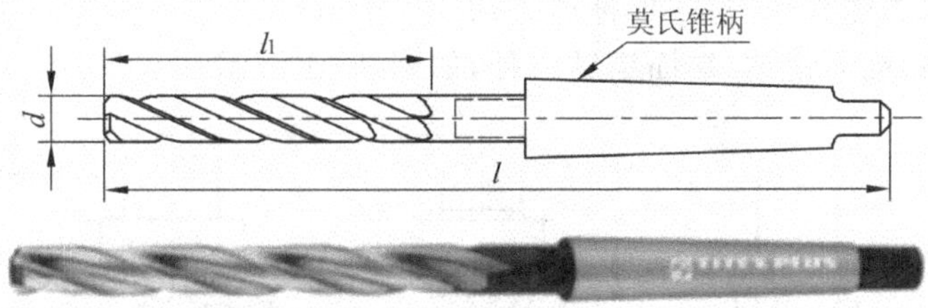

直径范围 d		相应长度			直径范围 d		相应长度		
大于	至	l_1	l	莫氏锥柄号	大于	至	l_1	l	莫氏锥柄号
7.50	8.50	75	156		23.02	23.60	155	276	
8.50	9.50	81	162		23.60	25.00	160	281	
9.50	10.60	87	168	1	25.00	26.50	165	286	3
10.60	11.80	94	175		26.50	28.00	170	291	
11.80	13.20	101	182		28.00	30.00	175	296	
13.20	14.00	108	189		30.00	31.50	180	301	
14.00	15.00	114	212		31.50	31.75	185	306	
15.00	16.00	120	218		31.75	33.50	185	334	
16.00	17.00	125	223		33.50	35.50	190	339	
17.00	18.00	130	228		35.50	37.50	195	344	
18.00	19.00	135	233	2	37.50	40.00	200	349	4
19.00	20.00	140	238		40.00	42.50	205	354	
20.00	21.20	145	243		42.50	45.00	210	359	
21.20	22.40	150	248		45.00	47.50	215	364	
22.40	23.02	155	253		47.50	50.00	220	369	

预加工用扩孔钻推荐的加工余量按表 3-55 计算。

表 3-55 扩孔加工余量(GB/T4256—2004) 单位:mm

直径 d		加工余量
大于	至	
	10	0.20
10	18	0.25
18	30	0.30
30	50	0.40

3. 锪钻

锪钻是一种用以锪埋头孔的钻，也称埋头钻。

锪钻分柱形锪钻、锥面锪钻、端面锪钻三种，如图 3-1 所示。

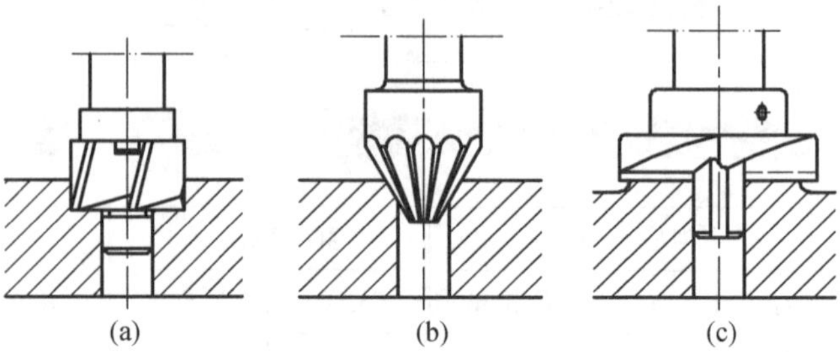

图 3-1 锪钻类型

(a)柱形锪钻；(b)锥面锪钻；(c)端面锪钻

(1)柱形锪钻用于锪圆柱形埋头孔。柱形锪钻起主要切削作用的是端面刀刃，螺旋槽的斜角就是它的前角。锪钻前端有导柱，导柱直径与工件已有孔为紧密的间隙配合，以保证良好的定心和导向。这种导柱是可拆的，也可以把导柱和锪钻做成一体。

(2)锥面锪钻用于锪锥形孔。锪面锪钻的锥角按工件锥形埋头孔的要求不同，有 60°，75°，90°，120°四种。其中 90°的用得最多。

(3)端面锪钻专门用来锪平孔口端面。端面锪钻可以保证孔的端面与孔中心线的垂直度。当已加工的孔径较小时，为了使刀杆保持一定强度，可将刀杆头部的一段直径与已加工孔设计为间隙配合，以保证良好的导向作用。

锪钻是标准工具，由专业厂生产，可根据锪孔的种类选用，也可以用麻花钻改磨成锪钻。

60°，90°，120°莫氏锥柄锥面锪钻(GB/T1143—2004)直径系列如表 3-56 所示。

表 3-56 60°，90°，120°莫氏锥柄锥面锪钻(GB/T1143—2004)直径系列 单位：mm

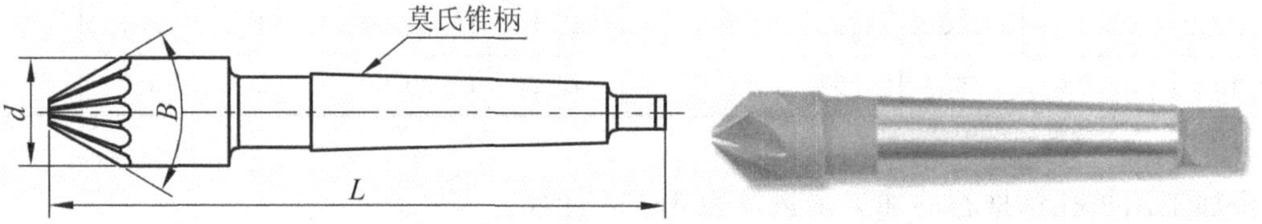

直径 d(h12)	刀具总长 L		直径 d(h12)	刀具总长 L	
	60°	90°，120°		60°	90°，120°
16	97	93	40	160	150
20	120	116	50	165	153
25	125	121	63	200	185
31.5	132	124	80	215	196

60°，90°，120°直柄锥面锪钻(GB/T4528—2004)直径系列如表 3-57 所示。

表 3-57　60°,90°,120°直柄锥面锪钻(GB/T4528—2004)直径系列　　单位:mm

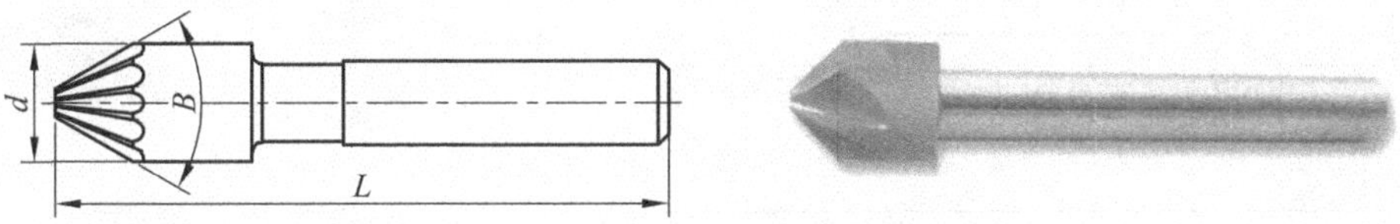

直径 d(h12)	刀具总长 L		直径 d(h12)	刀具总长 L	
	60°	90°,120°		60°	90°,120°
8	48	44	16	60	56
10	50	46	20	64	60
12.5	52	48	25	69	65

带导柱直柄平底锪钻(GB/T4260—2004)直径系列如表 3-58 所示。

标记示例:直径 d_1=10 mm,导柱直径 d_2=5.5 mm 的带整体导柱的直柄平底锪钻:直柄平底锪钻 10×5.5 GB/T4260—2004。

表 3-58　带导柱直柄平底锪钻(GB/T4260—2004)　　单位:mm

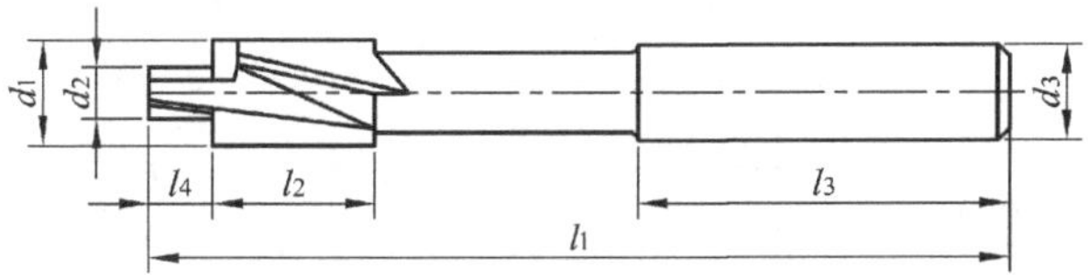

切削直径 d_1(z9)	导柱直径 d_2(c8)	柄部直径 d_3(h9)	总长 l_1	刃长 l_2	柄长 l_3≈	导柱长 l_4
$2 \leqslant d_1 \leqslant 3.15$	按引导孔直径配套要求规定(最小直径为 $d_2=1/3d_1$)	$=d_1$	45	7		$\approx d_2$
$3.15 < d_1 \leqslant 5$			56	10		
$5 < d_1 \leqslant 8$			71	14	31.5	
$8 < d_1 \leqslant 10$			80	18	35.5	
$10 < d_1 \leqslant 12.5$		10				
$12.5 < d_1 \leqslant 20$		12.5	100	22	40	

4. 中心钻

中心钻主要用于轴类等零件端面上的中心孔加工。中心钻切削轻快、排屑好。中心钻有两种型号:A 型:不带护锥的中心钻;B 型:带护锥的中心钻。当加工直径 d 为 1~10mm 的中心孔时,通常采用不带护锥的中心钻(A 型);工序较长、精度要求较高的工件,为了避免 60°定心锥被损坏,一般采用带护锥的中心钻(B 型)。

不带护锥的中心钻(A 型)(GB/T6078.1—1998)直径系列如表 3-59 所示。

带护锥的中心钻(B 型)(GB/T6078.2—1998)直径系列如表 3-60 所示。

表 3-59 不带护锥的中心钻 A 型(GB/T6078.1—1998)直径系列 单位:mm

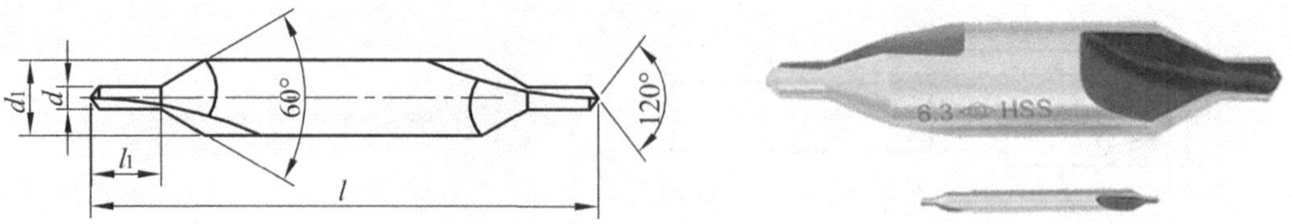

d(k12)	d_1(h9)	l(基本尺寸)	l(极限偏差)	l_1
(0.50)	3.15	31.5	±2	0.8
(0.63)				0.9
(0.80)				1.1
1.00				1.3
(1.25)				1.6
1.60	4.00	35.5		2.0
2.00	5.00	40.0		2.5
2.50	6.30	45.0		3.1
3.15	8.00	50.0		3.9
4.00	12.5	63.0	±3	5.0
(5.00)	12.5	63.0		6.3
6.30	16.0	71.0		8.0
(8.00)	20.0	80.0		10.1
10.00	25.0	100.0		12.8

注:括号内尺寸尽量不采用。

表 3-60 带护锥的中心钻 B 型(GB/T6078.2—1998)直径系列 单位:mm

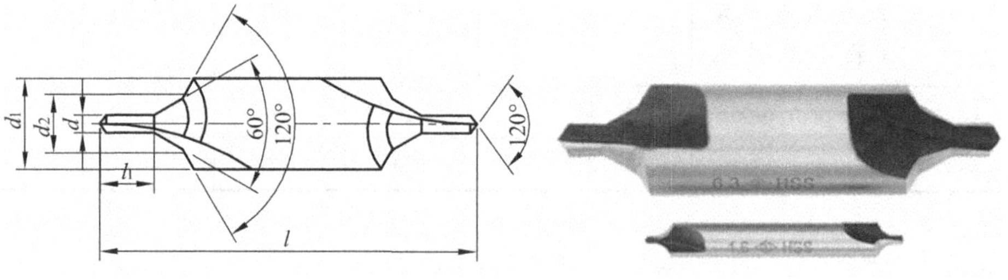

d(k12)	d_1(h9)	d_2(k12)	l(基本尺寸)	l(极限偏差)	l_1
1.00	4.00	2.12	35.5	±2	1.3
(1.25)	5.00	2.65	40.0		1.6
1.60	6.30	3.35	45.0		2.0
2.00	8.00	4.25	50.0		2.5

续表

d(k12)	d_1(h9)	d_2(k12)	l(基本尺寸)	l(极限偏差)	l_1
2.50	10.00	5.30	56.0	±3	3.1
3.15	11.2	6.70	60.0		3.9
4.00	12.5	8.50	67.0		5.0
(5.00)	16.0	10.60	75.0		6.3
6.30	20.0	13.20	80.0		8.0
(8.00)	25.0	17.00	100.0		10.1
10.00	31.5	21.20	125.0		12.8

注:括号内尺寸尽量不采用。

5. 铰刀

铰刀具有一个或者多个刀齿,用以切除孔已加工表面薄金属层的旋转刀具。经过绞刀加工后的孔可以获得精确的尺寸和形状。

铰刀用于铰削工件上已钻削(或扩孔)加工后的孔,主要是为了提高孔的加工精度,降低其表面的粗糙度,是用于孔的精加工和半精加工的刀具,加工余量一般很小。

用来加工圆柱形孔的铰刀比较常用。用来加工锥形孔的铰刀是锥形铰刀,比较少用。按使用情况来看,铰刀有手用铰刀和机用铰刀两种,机用铰刀又可分为直柄铰刀和锥柄铰刀。手用的铰刀则是直柄型的。

较常用的标准铰刀有手用铰刀(GB/T1131—2004)、直柄机用铰刀(GB/T1132—2004)、莫氏锥柄机用铰刀(GB/T1139—2004)等。

手用铰刀一般材质为合金工具钢(9SiCr),机用铰刀材料为高速钢(HSS)。

铰刀精度有 D4,H7,H8,H9 等精度等级。

米制系列手用铰刀的推荐直径和相应尺寸如表 3-61 所示。

直柄机用铰刀(GB/T1131—2004)优先采用的尺寸如表 3-62 所示。

直柄机用铰刀标注:

直径 d=10 mm,公差为 m6 的直柄机用铰刀:直柄机用铰刀 10 GB/T1132—2004。

直径 d=10 mm,加工 H8 级精度孔的直柄机用铰刀:直柄机用铰刀 10 H8 GB/T1132—2004。

直径 d=10 mm,公差为 m6 的莫氏锥柄机用铰刀:莫氏锥柄机用铰刀 10 GB/T1132—2004。

直径 d=10 mm,加工 H8 级精度孔的莫氏锥柄机用铰刀:莫氏锥柄机用铰刀 10 H8 GB/T1132—2004。

表 3－61　米制系列手用铰刀的推荐直径和相应尺寸(GB/T1131—2004) 单位:mm

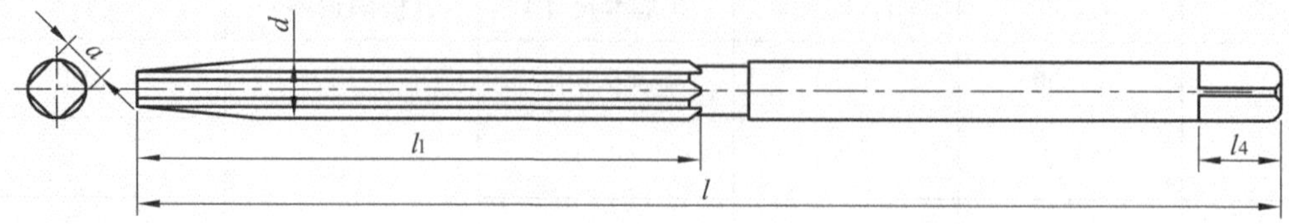

d	l_1	l	a	l_4
(1.5)	20	41	1.12	4
1.6	21	44	1.25	
1.8	23	47	1.40	
2.0	25	50	1.60	
2.2	27	54	1.80	
2.5	29	58	2.00	
2.8	31	62	2.24	5
3.0				
3.5	35	71	2.80	
4.0	38	76	3.15	6
4.5	41	81	3.55	
5.0	44	87	4.00	7
5.5	47	93	4.50	
6.0	47	93	4.50	
7.0	54	107	5.60	8
8.0	58	115	6.30	9
9.0	62	124	7.10	10
10.0	66	133	8.00	11
11.0	71	142	9.00	12
12.0	76	152	10.00	13
(13.0)				
14.0	81	163	11.20	14
(15.0)				
16.0	87	175	12.50	16
(17.0)				
18.0	93	188	14.00	18
(19.0)				
20.0	100	201	16.00	20
(21.0)				

d	l_1	l	a	l_4
22	107	215	18.00	22
(23)				
(24)	115	231	20.00	24
25				
(26)				
(27)	124	247	22.40	26
28				
(30)				
32	133	265	25.00	28
(34)	142	284	28.00	31
(35)				
36				
(38)	152	305	31.5	34
40				
(42)				
(44)	163	326	35.50	38
45				
(46)				
(48)	174	347	40.00	42
50				
(52)				
(55)	184	367	45.00	46
56				
(58)				
(60)				
(62)	194	387	50.00	51
63				
67	203	406	56.00	56
71				

注:括号内尺寸尽量不采用。

表 3-62　直柄机用铰刀(GB/T1131—2004)优先采用的尺寸　　单位:mm

直径 $d \leqslant 3.75$

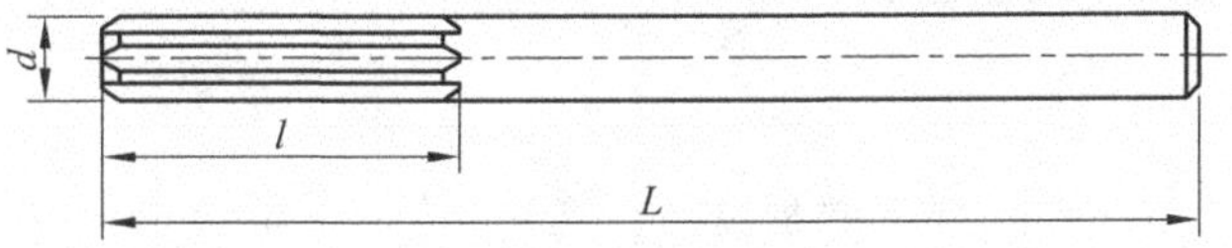

直径 $d > 3.75$

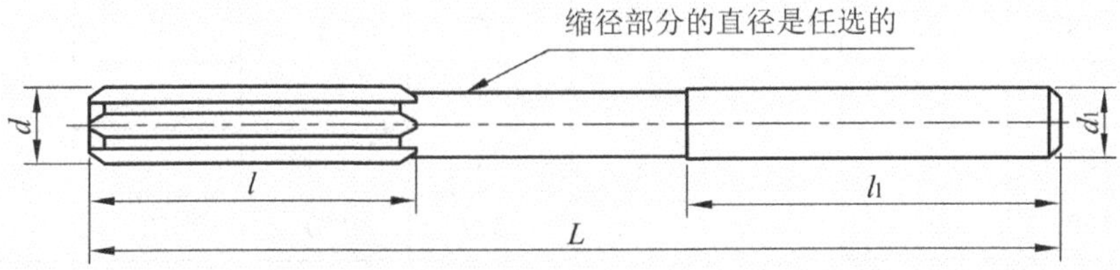

d	d_1	L	l	l_1	d	d_1	L	l	l_1
1.4	1.4	40	8		6	5.6	93	26	36
(1.5)	1.5				7	7.1	109	31	40
1.6	1.6	43	9		8	8.0	117	33	42
1.8	1.8	46	10		9	9.0	125	36	44
2.0	2.0	49	11		10	10.0	133	38	46
2.2	2.2	53	12		11		142	41	
2.5	2.5	57	14		12		151	44	
2.8	2.8	61	15		(13)				
3.0	3.0				14	12.5	160	47	50
3.2	3.2	65	16		(15)		162	50	
3.5	3.5	70	18		16		170	52	
4.0	4.0	75	19	32	(17)	14.0	175	54	52
4.5	4.5	80	21	33	18		182	56	
5.0	5.0	86	23	34	(19)	16.0	189	58	58
5.5	5.6	93	26	36	20		195	60	

注:括号内尺寸尽量不采用。

莫氏锥柄机用铰刀优先采用的尺寸如表 3-63 所示。

表 3-63　莫氏锥柄机用铰刀优先采用的尺寸(GB/T1132—2004)　单位:mm

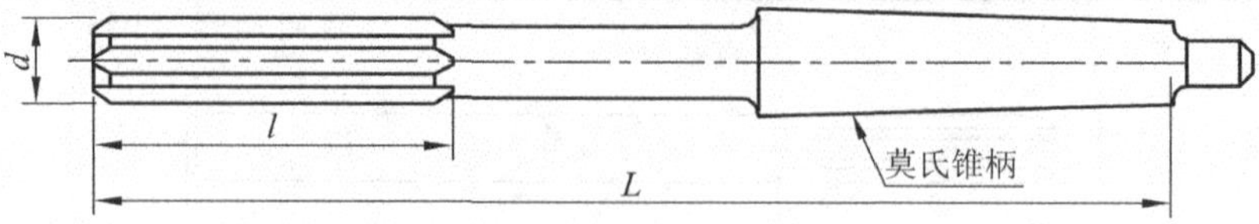

d	L	l	莫氏锥柄号	d	L	l	莫氏锥柄号
5.5	138	26	1	(24)	268	68	3
6	138	26		25	268	68	
7	150	31		(26)	273	70	
8	156	33		28	277	71	
9	162	36		(30)	281	73	
10	168	38		32	317	77	4
11	176	41		(34)	321	78	
12	182	44		(35)	321	78	
(13)	182	44		36	325	79	
14	189	47		(38)	329	81	
15	204	50	2	40	329	81	
16	210	52		(42)	333	82	
(17)	214	54		(44)	336	83	
18	219	56		(45)	336	83	
(19)	223	58		(46)	340	84	
20	228	60		(48)	344	86	
22	237	64		50	344	86	

注:括号内尺寸尽量不采用。

3.6.2　铣刀

1.概述

铣刀是用于铣削加工的、具有一个或多个刀齿的旋转刀具。工作时各刀齿依次间歇地切去工件的余量。铣刀主要用于在铣床上加工平面、台阶、沟槽、成形表面和切断工件等。

(1)铣刀按用途区分有多种常用的形式,如:

1)圆柱形铣刀。它用于卧式铣床上加工平面。刀齿分布在铣刀的圆周上,按齿形分为直齿和螺旋齿两种。按齿数分粗齿和细齿两种。螺旋齿粗齿铣刀齿数少,刀齿强度高,容屑空间大,适用于粗加工;细齿铣刀适用于精加工。

2)面铣刀。它用于立式铣床、端面铣床或龙门铣床上加工平面,端面和圆周上均有刀齿,也有粗齿和细齿之分。其结构有整体式、镶齿式和可转位式 3 种。

3)三面刃铣刀。它用于加工各种沟槽和台阶面,其两侧面和圆周上均有刀齿。

4)角度铣刀。它用于铣削成一定角度的沟槽，有单角和双角铣刀两种。

5)锯片铣刀。它用于加工深槽和切断工件，其圆周上有较多的刀齿。为了减少铣切时的摩擦，刀齿两侧有 15′～1°的副偏角。此外，还有键槽铣刀、燕尾槽铣刀、T 形槽铣刀和各种成形铣刀等。

6)立铣刀。它用于加工沟槽和台阶面等，刀齿在圆周和端面上，工作时不能沿轴向进给。当立铣刀上有通过中心的端齿时，可轴向进给。

立铣刀分为以下几种：

a. 平头铣刀，进行粗铣，去除大量毛坯，小面积水平平面或者轮廓精铣。

b. 球头铣刀，进行曲面半精铣和精铣；小刀可以精铣陡峭面/直壁的小倒角。

c. 平头铣刀带倒角，可做粗铣去除大量毛坯，还可精铣细平整面(相对于陡峭面)小倒角。

d. 成形铣刀包括倒角刀、T 形铣刀或叫鼓形刀、齿形刀、内 R 刀。

e. 倒角刀外形与倒角形状相同，分为铣圆倒角和斜倒角的铣刀。

f. T 形刀，可铣 T 形槽。

g. 齿形刀，铣出各种齿形，比如齿轮。

h. 粗皮刀，针对铝铜合金切削设计的粗铣刀，可快速加工。

(2)铣刀的结构分为 4 种：

1)整体式：刀体和刀齿制成一体。

2)整体焊齿式：刀齿用硬质合金或其他耐磨刀具材料制成，并钎焊在刀体上。

3)镶齿式：刀齿用机械夹固的方法紧固在刀体上。这种可换的刀齿可以是整体刀具材料的刀头，也可以是焊接刀具材料的刀头。刀头装在刀体上刃磨的铣刀称为体内刃磨式；刀头在夹具上单独刃磨的称为体外刃磨式。

4)可转位式：这种结构已广泛用于面铣刀、立铣刀和三面刃铣刀等。

2. 圆柱形铣刀

圆柱形铣刀尺寸如表 3-64 所示。

表 3-64　圆柱形铣刀尺寸(GB/T1115.1—2002)　　单位：mm

D(js16)	d(H7)	L(js16)						
		40	50	63	70	80	100	125
50	22	*		*		*		
63	27		*		*			
80	32			*			*	
100	40				*			*

注：* 表示有此规格。

3. 锯片铣刀

锯片铣刀的标准如表 3-65 和表 3-66 所示。

4. 莫氏锥柄立铣刀

莫氏锥柄立铣刀的形式和尺寸如图 3-2 和表 3-67 所示。

莫氏锥柄立铣刀按其柄部形式不同分为两种，按其刃长不同分为标准系列和长系列。

Ⅰ组莫氏锥柄立铣刀的柄部尺寸和公差按 GB/T1443—1996。Ⅱ组莫氏锥柄立铣刀的柄部尺寸和公差按 GB/T4133—1984。

标记示例：

直径 d=12 mm，总长 L=96 mm 的标准系列中齿莫氏锥柄立铣刀：

中齿 莫氏锥柄立铣刀 12×96 GB/T6117.2—1996。

直径 d=12 mm，总长 L=123 mm 的长系列中齿莫氏锥柄立铣刀：

中齿 莫氏锥柄立铣刀 12×123 GB/T6117.2—1996。

直径 d=50 mm，总长 L=200 mm 的标准系列Ⅰ组中齿莫氏锥柄立铣刀：

中齿 莫氏锥柄立铣刀 50×200 GB/T6117.2—1996。

直径 d=50 mm，总长 L=298 mm 的长系列Ⅱ组中齿莫氏锥柄立铣刀：

中齿 莫氏锥柄立铣刀 50×298 Ⅱ GB/T6117.2—1996。

表 3-65　粗齿锯片铣刀尺寸(GB/T6120—1996)　单位：mm

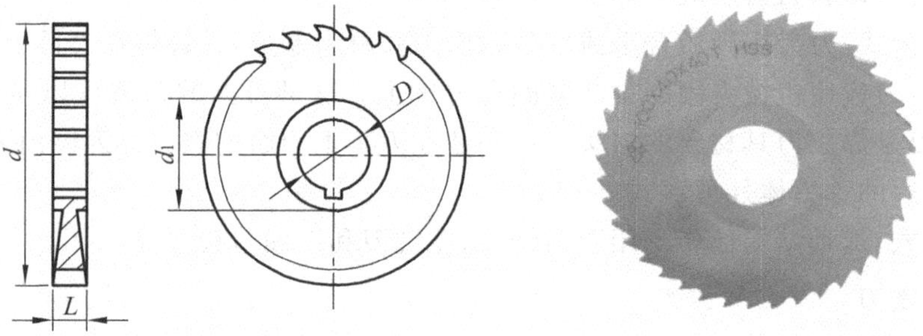

<table>
<tr><td>d(js16)</td><td>50</td><td>63</td><td>80</td><td>100</td><td>125</td><td>160</td><td>200</td><td>250</td><td>315</td></tr>
<tr><td>D(H7)</td><td>13</td><td>16</td><td>22</td><td colspan="2">22(27)</td><td colspan="3">32</td><td>40</td></tr>
<tr><td>d_{1min}</td><td colspan="2"></td><td>34</td><td colspan="2">34(40)</td><td>47</td><td colspan="2">63</td><td>80</td></tr>
<tr><td>L(js11)</td><td colspan="9">齿数(参考)</td></tr>
<tr><td>0.80</td><td rowspan="3">24</td><td rowspan="2">32</td><td>40</td><td rowspan="3">40</td><td></td><td></td><td rowspan="3"></td><td rowspan="4"></td><td rowspan="5"></td></tr>
<tr><td>1.00</td><td rowspan="3">32</td><td>48</td><td>48</td></tr>
<tr><td>1.20</td><td rowspan="3">24</td><td rowspan="3">40</td><td rowspan="3">40</td></tr>
<tr><td>1.60</td><td rowspan="3">20</td><td rowspan="3">32</td><td rowspan="3">48</td></tr>
<tr><td>2.00</td><td rowspan="3">24</td><td>64</td></tr>
<tr><td>2.50</td><td rowspan="3">20</td><td rowspan="3">32</td><td rowspan="3">32</td><td rowspan="3">48</td><td rowspan="2">64</td></tr>
<tr><td>3.00</td><td rowspan="3">16</td><td rowspan="3">24</td><td rowspan="3">40</td></tr>
<tr><td>4.00</td><td rowspan="3">20</td><td rowspan="3">48</td></tr>
<tr><td>5.00</td><td rowspan="2">16</td><td rowspan="2">24</td><td rowspan="2"></td><td rowspan="2">40</td></tr>
<tr><td>6.00</td><td></td><td>20</td><td>32</td></tr>
</table>

表 3-66 中齿锯片铣刀尺寸(GB/T6120—1996) 单位:mm

<table>
<tr><td>d(js16)</td><td>32</td><td>40</td><td>50</td><td>63</td><td>80</td><td>100</td><td>125</td><td>160</td><td>200</td><td>250</td><td>315</td></tr>
<tr><td>D(H7)</td><td>8</td><td>10(13)</td><td>13</td><td>16</td><td>22</td><td colspan="2">22(27)</td><td colspan="3">32</td><td>40</td></tr>
<tr><td>d_{1min}</td><td colspan="4"></td><td>34</td><td colspan="2">34(40)</td><td>47</td><td colspan="2">63</td><td>80</td></tr>
<tr><td>L(js11)</td><td colspan="11">齿数(参考)</td></tr>
<tr><td>0.30</td><td rowspan="2">40</td><td>48</td><td>64</td><td rowspan="3">64</td><td rowspan="3"></td><td rowspan="4"></td><td rowspan="5"></td><td rowspan="6"></td><td rowspan="7"></td><td rowspan="8"></td><td rowspan="9"></td></tr>
<tr><td>0.40</td><td rowspan="3">40</td><td rowspan="3">48</td></tr>
<tr><td>0.50</td><td rowspan="3">32</td></tr>
<tr><td>0.60</td><td rowspan="3">48</td><td rowspan="2">64</td></tr>
<tr><td>0.80</td><td rowspan="3">32</td><td rowspan="3">32</td><td rowspan="2">64</td></tr>
<tr><td>1.00</td><td rowspan="3">24</td><td rowspan="3">48</td><td>80</td></tr>
<tr><td>1.20</td><td rowspan="3">40</td><td rowspan="3">48</td><td rowspan="3">64</td><td rowspan="2">80</td></tr>
<tr><td>1.60</td><td rowspan="3">24</td><td rowspan="3">24</td><td rowspan="3">80</td></tr>
<tr><td>2.00</td><td>20</td><td rowspan="3">40</td><td rowspan="3">64</td><td></td></tr>
<tr><td>2.50</td><td rowspan="2"></td><td rowspan="3">32</td><td rowspan="3">40</td><td rowspan="3">48</td><td rowspan="3">80</td><td rowspan="2">100</td></tr>
<tr><td>3.00</td><td rowspan="3">20</td><td rowspan="3">20</td><td rowspan="3">64</td></tr>
<tr><td>4.00</td><td rowspan="3"></td><td rowspan="3">32</td><td rowspan="3">48</td><td rowspan="3">80</td></tr>
<tr><td>5.00</td><td rowspan="2">24</td><td>32</td><td rowspan="2">40</td><td rowspan="2">64</td></tr>
<tr><td>6.00</td><td></td><td></td><td></td><td>48</td></tr>
</table>

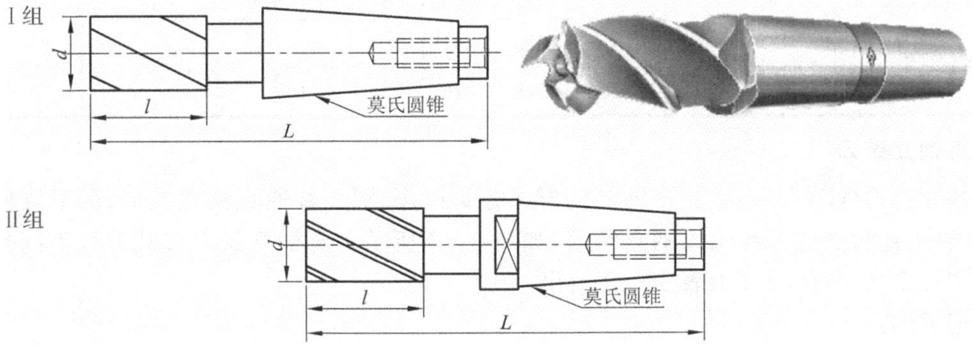

图 3-2 莫氏锥柄立铣刀的形式(GB/T6117.2—1996)

表 3-67 莫氏锥柄立铣刀的尺寸(GB/T6117.2—1996) 单位:mm

直径范围 d		推荐直径 d		l		L				莫氏圆锥号	齿数		
				标准系列	长系列	标准系列		长系列					
>	≤					Ⅰ组	Ⅱ组	Ⅰ组	Ⅱ组		粗齿	中齿	细齿
5	6	6		13	24	83		94		1	3	4	
6	7.5		7	16	30	86		100					
7.5	9.5	8		19	38	89		108					
			9										5
9.5	11.8	10	11	22	45	92		115					
11.8	15	12	14	26	53	96		123					
						111		138		2			
15	19	16	18	32	63	117		148					6
19	23.6	20	22	38	75	123		160					
						140		177		3			
23.6	30	25	28	45	90	147		192					
30	37.5	32	36	53	106	155		208			4	5	8
						178	201	231	254	4			
37.5	47.5	40	45	63	125	188	211	250	273				
						221	249	283	311	5			
47.5	60	50		75	150	200	223	275	298	4			
						233	261	308	336	5			
			56			200	223	275	298	4	6	8	10
						233	261	308	336	5			
60	75	63		90	180	248	276	338	366				

5. 直柄立铣刀

直柄立铣刀(GB/T6117.1—1996)的形式有 4 种,分别为普通直柄立铣刀、削平直柄立铣刀、2°斜削平直柄立铣刀和螺纹柄立铣刀,如图 3-3 所示。直柄立铣刀按其刃长不同分为标准系列和长系列,具体尺寸由表 3-68 给出。

标记示例:

直径 d=8 mm,中齿,柄径 d_1=8 mm 的普通直柄标准系列立铣刀:

中齿 直柄立铣刀 8 GB/T6117.1—1996。

直径 d=8 mm,中齿,柄径 d_1=8 mm 的螺纹柄标准系列立铣刀:

中齿 直柄立铣刀 8 螺纹柄 GB/T6117.1—1996。

直径 d=8 mm,中齿,柄径 d_1=8 mm 的削平直柄长系列立铣刀:

中齿 直柄立铣刀 8 削平柄 10 GB/T6117.1—1996。

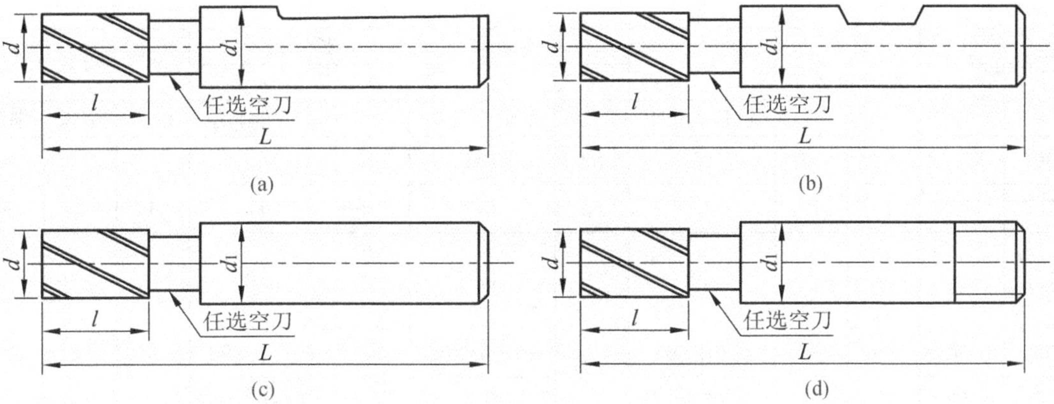

图 3－3　直柄立铣刀形式(GB/T6117.1—1996)

(a)2°斜削平直柄立铣刀；(b)削平直柄立铣刀；(c)普通直柄立铣刀；(d)螺纹柄立铣刀

表 3－68　直柄立铣刀尺寸(GB/T6117.1—1996)　　单位：mm

<table>
<tr><th colspan="2" rowspan="2">直径范围 d</th><th colspan="2" rowspan="3">推荐直径 d</th><th colspan="2" rowspan="2">d1</th><th colspan="3">标准系列</th><th colspan="3">长系列</th><th colspan="3" rowspan="2">齿数</th></tr>
<tr><th>l</th><th colspan="2">L</th><th>l</th><th colspan="2">L</th></tr>
<tr><th>></th><th>≤</th><th>Ⅰ组</th><th>Ⅱ组</th><th></th><th>Ⅰ组</th><th>Ⅱ组</th><th></th><th>Ⅰ组</th><th>Ⅱ组</th><th>粗齿</th><th>中齿</th><th>细齿</th></tr>
<tr><td>1.9</td><td>2.36</td><td>2</td><td rowspan="2"></td><td rowspan="5">4</td><td rowspan="5">6</td><td>7</td><td>39</td><td>51</td><td>10</td><td>42</td><td>54</td><td rowspan="17">3</td><td rowspan="17">4</td><td rowspan="10"></td></tr>
<tr><td rowspan="2">2.36</td><td rowspan="2">3</td><td>2.5</td><td rowspan="2">8</td><td rowspan="2">40</td><td rowspan="2">52</td><td rowspan="2">12</td><td rowspan="2">14</td><td rowspan="2">56</td></tr>
<tr><td>3</td><td>3.5</td></tr>
<tr><td>3</td><td>3.75</td><td></td><td rowspan="2"></td><td>10</td><td>42</td><td>54</td><td>15</td><td>47</td><td>59</td></tr>
<tr><td>3.75</td><td>4</td><td>4</td><td rowspan="2">11</td><td>43</td><td>55</td><td rowspan="2">19</td><td>51</td><td>63</td></tr>
<tr><td>4</td><td>4.75</td><td>—</td><td></td><td rowspan="2">5</td><td rowspan="2">6</td><td>45</td><td>55</td><td>53</td><td>63</td></tr>
<tr><td>4.75</td><td>5</td><td>5</td><td></td><td rowspan="2">13</td><td>47</td><td>57</td><td rowspan="2">24</td><td>58</td><td>68</td></tr>
<tr><td>5</td><td>6</td><td>6</td><td></td><td colspan="2">6</td><td colspan="2">57</td><td colspan="2">68</td></tr>
<tr><td>6</td><td>7.5</td><td></td><td>7</td><td rowspan="2">8</td><td rowspan="2">10</td><td>16</td><td>60</td><td>66</td><td>30</td><td>74</td><td>80</td></tr>
<tr><td>7.5</td><td>8</td><td>8</td><td></td><td rowspan="2">19</td><td>63</td><td>69</td><td rowspan="2">38</td><td>82</td><td>88</td></tr>
<tr><td>8</td><td>9.5</td><td></td><td>9</td><td colspan="2" rowspan="2">10</td><td colspan="2">69</td><td colspan="2">88</td><td rowspan="4">5</td></tr>
<tr><td>9.5</td><td>10</td><td>10</td><td></td><td rowspan="2">22</td><td colspan="2">72</td><td rowspan="2">45</td><td colspan="2">95</td></tr>
<tr><td>10</td><td>11.8</td><td></td><td>11</td><td colspan="2" rowspan="2">12</td><td colspan="2">79</td><td colspan="2">102</td></tr>
<tr><td>11.8</td><td>15</td><td>12</td><td>14</td><td>26</td><td colspan="2">83</td><td>53</td><td colspan="2">110</td></tr>
<tr><td>15</td><td>19</td><td>16</td><td>18</td><td colspan="2">16</td><td>32</td><td colspan="2">92</td><td>63</td><td colspan="2">123</td><td rowspan="3">6</td></tr>
<tr><td>19</td><td>23.6</td><td>20</td><td>22</td><td colspan="2">20</td><td>38</td><td colspan="2">104</td><td>75</td><td colspan="2">141</td></tr>
<tr><td>23.6</td><td>30</td><td>25</td><td>28</td><td colspan="2">25</td><td>45</td><td colspan="2">121</td><td>90</td><td colspan="2">166</td></tr>
</table>

续表

直径范围 d		推荐直径 d		d_1		标准系列			长系列			齿数		
						l	L		l	L				
>	≤			Ⅰ组	Ⅱ组		Ⅰ组	Ⅱ组		Ⅰ组	Ⅱ组	粗齿	中齿	细齿
30	37.5	32	36	32		53	133		106	186		4	6	8
37.5	47.5	40	45	40		63	155		125	217				
47.5	60	50		50		75	177		150	252				
			56									6	8	10
60	67	63		60	63	90	192	202	180	282	292			
67	75		71	63			202			292				

6. 直柄键槽铣刀

直柄键槽铣刀的形式有 4 种，分别为普通直柄键槽铣刀、削平直柄键槽铣刀、2°斜削平直柄键槽铣刀和螺纹柄键槽铣刀，如图 3－4 所示。直柄键槽铣刀按其刃长不同分为标准系列和短系列，尺寸由表 3－69 给出。

标记示例：

直径 d=10 mm，e8 偏差的标准系列普通直柄键槽铣刀：

直柄键槽铣刀 10e8 GB/T1112.1—1997。

直径 d=10 mm，e8 偏差的短系列削平直柄键槽铣刀：

直柄键槽铣刀 10e8 短削平柄 GB/T1112.1—1997。

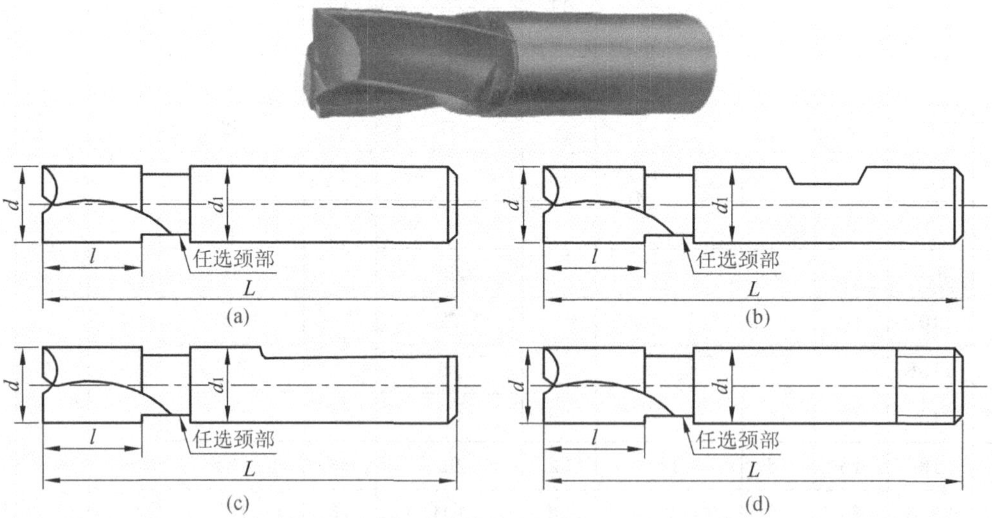

图 3－4 直柄键槽铣刀形式(GB/T1112.1—1997)

(a)普通直柄键槽铣刀； (b)削平直柄键槽铣刀； (c)2°斜削平直柄键槽铣刀； (d)螺纹柄键槽铣刀

表 3-69　直柄键槽铣刀尺寸(GB/T1112.1—1997)　　单位:mm

<table>
<tr><th colspan="3">d</th><th colspan="2" rowspan="3">d_1</th><th colspan="2">l</th><th colspan="2">L</th></tr>
<tr><th rowspan="2">基本尺寸</th><th colspan="2">极限偏差</th><th>短系列</th><th>标准系列</th><th>短系列</th><th>标准系列</th></tr>
<tr><th>e8</th><th>d8</th><th colspan="2">基本尺寸</th><th colspan="2">基本尺寸</th></tr>
<tr><td>2</td><td rowspan="2">−0.014
−0.028</td><td rowspan="2">−0.020
−0.034</td><td rowspan="2">3</td><td rowspan="2">4</td><td>4</td><td>7</td><td>36</td><td>39</td></tr>
<tr><td>3*</td><td>5</td><td>8</td><td>37</td><td>40</td></tr>
<tr><td>4</td><td rowspan="3">−0.020
−0.038</td><td rowspan="3">−0.030
−0.048</td><td colspan="2">4</td><td>7</td><td>11</td><td>39</td><td>43</td></tr>
<tr><td>5</td><td colspan="2">5</td><td rowspan="2">8</td><td rowspan="2">13</td><td>42</td><td>47</td></tr>
<tr><td>6</td><td colspan="2">6</td><td>52</td><td>57</td></tr>
<tr><td>7*</td><td rowspan="3">−0.025
−0.047</td><td rowspan="3">−0.040
−0.062</td><td colspan="2" rowspan="2">8</td><td>10</td><td>16</td><td>54</td><td>60</td></tr>
<tr><td>8</td><td>11</td><td>19</td><td>55</td><td>63</td></tr>
<tr><td>10</td><td colspan="2">10</td><td>13</td><td>22</td><td>63</td><td>72</td></tr>
<tr><td>12</td><td rowspan="4">−0.032
−0.059</td><td rowspan="4">−0.050
−0.077</td><td colspan="2">12</td><td rowspan="2">16</td><td rowspan="2">26</td><td rowspan="2">73</td><td rowspan="2">83</td></tr>
<tr><td>14*</td><td>12</td><td>14</td></tr>
<tr><td>16</td><td colspan="2">16</td><td rowspan="2">19</td><td rowspan="2">32</td><td rowspan="2">79</td><td rowspan="2">92</td></tr>
<tr><td>18</td><td>16</td><td>18</td></tr>
<tr><td>20</td><td>−0.040
−0.073</td><td>−0.065
−0.098</td><td colspan="2">20</td><td>22</td><td>38</td><td>88</td><td>104</td></tr>
</table>

注:(1)带 * 号的尺寸不推荐采用;如采用应与相同规格的键槽铣刀相区别。

(2)当 $d \leqslant 14$ mm 时,根据用户要求,e8 级的普通直柄键槽铣刀柄部直径偏差允许按圆周刃部直径的偏差制造,并须在标记和标志上予以注明。

3.7　量具选用

1. 实物类量具

用标准直接与实物去比较,此类量具叫实物类量具。该类量具如图 3-5 所示。

(1)量块。量块是对长度测量仪器、卡尺等量具进行检定和调整的工具。

(2)塞规(试针)。塞规是测量孔内径和孔深度的工具。

(3)塞尺(厚薄规)。塞尺是测量产品的变形和段差的工具。

(4)R 规。R 规主要用来测量圆角的工具。

(5)螺纹规:螺纹规主要是用来测量螺纹中径的工具。

2. 卡尺类量具

(1)游标卡尺(见图 3-6)。

1)深度游标卡尺。它用来测量工件的深度尺寸,例如阶梯的长度、槽深、不通孔的深度。

2)高度游标卡尺。它用来测量工件的高度尺寸、相对位置。

3)游标卡尺。它用来测量工件的内、外径和深度尺寸。

(2)表盘卡尺。

(3)电子卡尺。

(4)高度尺。它用来测量长度、宽度、两柱及两孔之间中心距、台阶、柱高、槽深、平面度等，分度值为 0.01 mm。

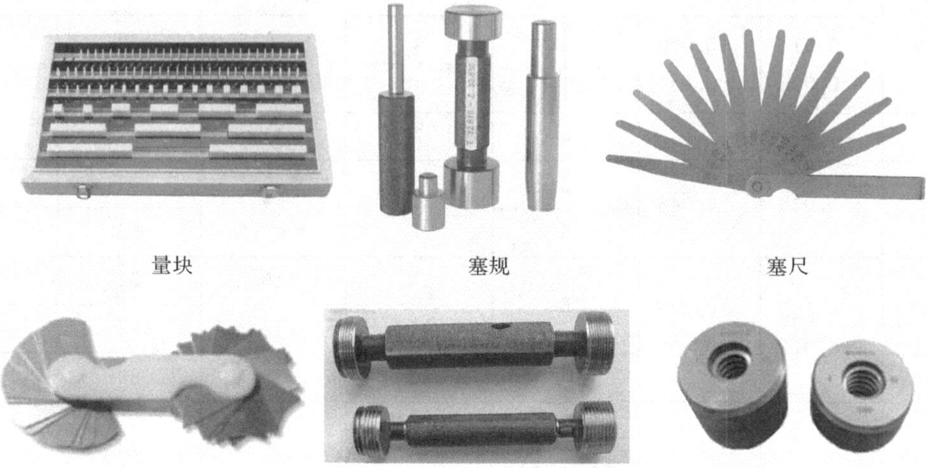

量块　　塞规　　塞尺

R规　　螺纹塞规　　螺纹环规

图 3-5　实物类量具

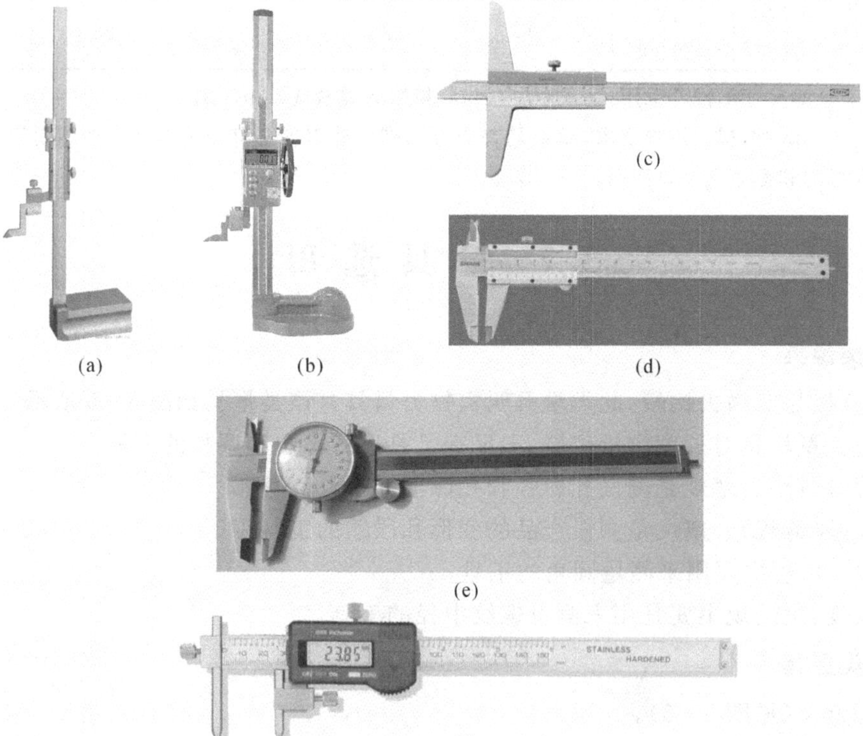

(a)　(b)　(c)　(d)　(e)　(f)

图 3-6　卡尺类量具

(a)高度游标卡尺；(b)电子高度尺；(c)深度游标卡尺；(d)游标卡尺；(e)表盘卡尺；(f)电子卡尺

3. 千分尺类量具

千分尺类量具也叫螺旋测微仪，主要用于测量柱外径及精确度比较高的尺寸，允许误差值±0.01 mm，专用于检定试针、杠杆百分表等。主要包括以下种类：

(1)外径千分尺。

(2)内径千分尺。

(3)电子千分尺。

(4)杠杆千分尺。其测量范围一般为 0～25 mm，25～50 mm，50～75 mm，75～100 mm。其结构主要由外径千分尺的微分头部分及杠杆测微机构组成。杠杆千分尺用途一般与外径千分尺相同，但是测量精度较高，如应用量块作比较测量，还可进一步提高测量精度。

该类量具如图 3-7 所示。

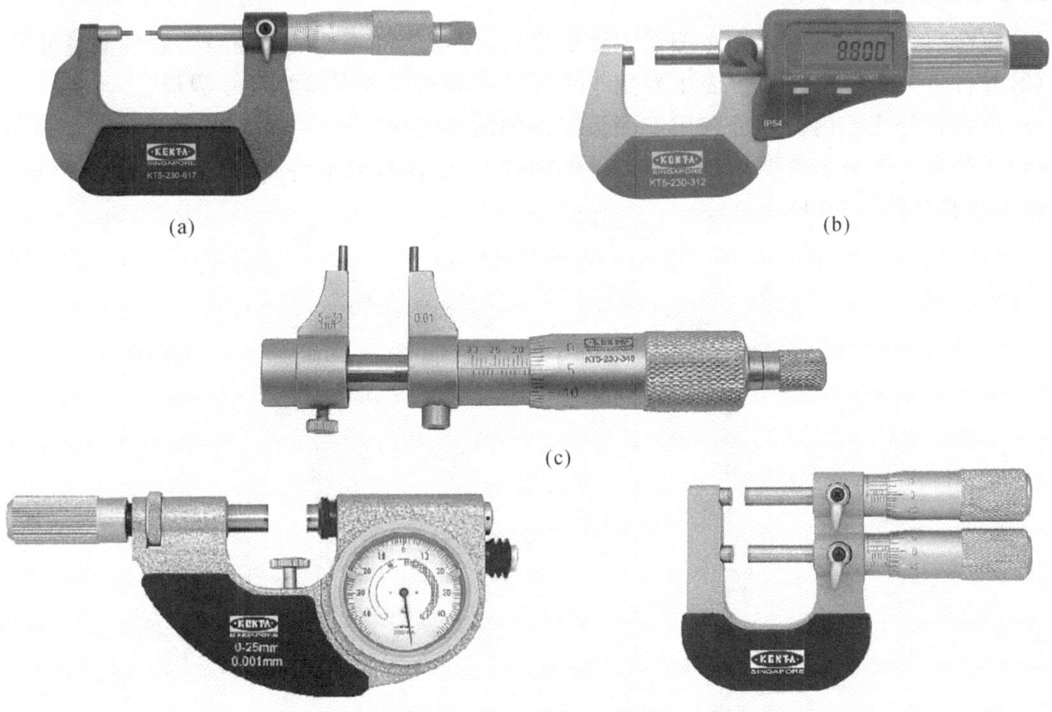

(a)　(b)　(c)　(d)

图 3-7　千分尺类量具

(a)外径千分尺；(b)电子千分尺；(c)内径千分尺；(d)杠杆千分尺

4. 角度类量具

万能角度尺简称角度尺，是对工件进行内、外角度测量的一种角度测量工具，测量范围为 0～320°，分度值为 2，5 等，利用游标原理进行读数。它主要由基尺、主尺、直尺、角尺各工作面进行组合，可测量 0～320°之间 4 个角度段内(0°～50°，50°～140°，140°～230°，230°～320°)的任意角度值。角度类量具主要包括角度尺和万能角度规等。该类量具如图 3-8 所示。

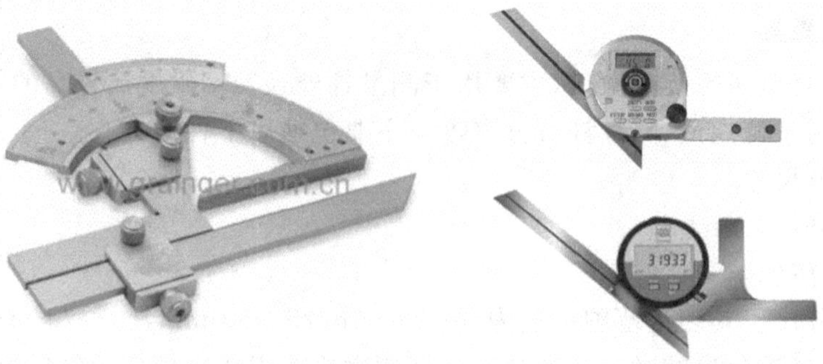

(a) (b)

图 3-8 角度类量具

(a)万能角度规； (b)角度尺

5. 指示表类量具

(1)百分表。百分表主要用来测量工件的形状、位置等尺寸或某些测量装置的测量元件。

(2)杠杆百分表。杠杆百分表主要用于工件的形状和位置误差等尺寸测量。

(3)内径百分表。内径百分表用于测量工件的内径尺寸。

(4)千分表。千分表主要用于测量工件的形状、位置误差或某些测量装置的指示部位。

该类量具如图 3-9 所示。

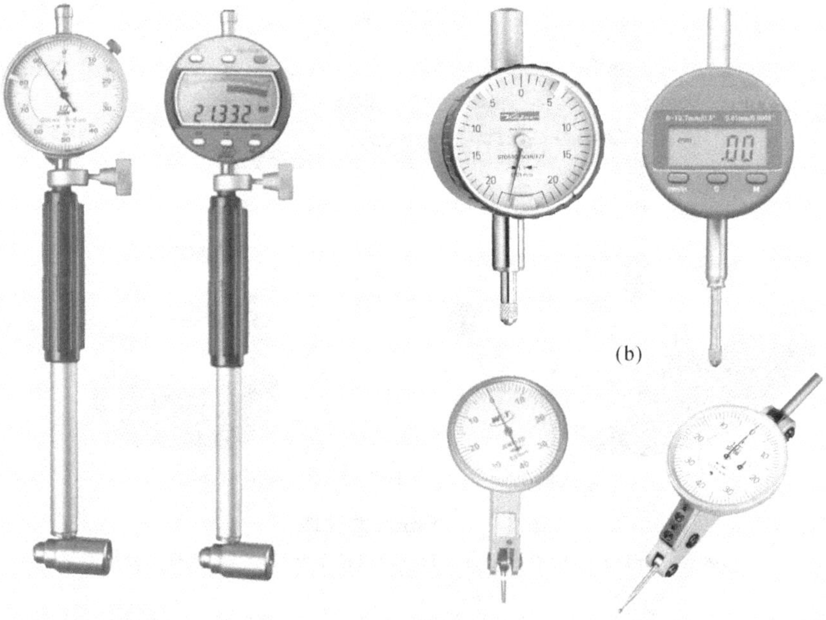

(a) (b) (c)

图 3-9 指示表类量具

(a)内径百分表； (b)百分表； (c)杠杆百分表

6. 形位误差类量具

(1)水平仪。水平仪是用来测量工件表面相对水平位置倾斜度的仪器，也可测量各种机床导轨平面度的误差、平行度误差和直线度误差，还可校正安装设备时的水平位置和垂直位置等。

(2)平台。它是用来测量货品及其变形的辅助量具。

(3)平板。平板是测量货品变形的辅助量具。

(4)方箱。方箱可做积架用,相当于“V”形块用。

7. 综合类量具

(1)投影仪。投影仪用于测量易变形、薄形,不易用其他量具测量到的尺寸,可通过透射的原理测量外形角度、通孔、柱径等尺寸。

(2)三坐标测量仪。三坐标测量仪功能强大,可用于测量其他量具测到及测不到的所有尺寸,其精度一般为 0.5 μm。

8. 可靠度类

(1)擦拭机。擦拭机用于测试丝印货品的耐磨力。

(2)振动仪。振动仪用于测试包装产品是否符合客户的要求。

9. 其他

(1)色差仪。色差仪用于比较产品的颜色差值。

(2)电批。电批可测量装有螺丝物体的扭力。

(3)拉力计。拉力计可用来测量对产品拉力及推力的要求。

3.8　切削液选用

机械加工时一般要使用切削液。常用切削液种类如表 3－70 所示。

表 3－70　常用切削液种类

类别	使用代号	配方序号	使用说明
水溶液	1 润滑性不强的水溶液	1	常用于干磨削。当水硬度高时,可多加一些碳酸钠
		2	
	2 润滑性较好的水溶液	3	2%左右浓度;有一定润滑性,用于车、钻、铣、磨床
		4	适用于高速磨削
乳化液	3 普通乳化液	5	冷却、清洗性能好
	4 极压乳化液	6	较高的润滑性能,用于攻丝及一些难加工材料切削
切削油	5 普通矿物油	7	
		8	清洗性好
	6 煤油	9	
	7 含硫、含氯的极压切削油或动植物油与矿物油的复合油	10	比例按需要配制
		11	
	8 含硫氯、氯磷或硫氯磷的极压切削油	12	加工后需进行清洗防锈
		13	
		14	用于不锈钢、合金钢螺纹加工,可得到较好的效果

切削液有下列作用：

(1)冷却作用。切削液能将切削热迅速地从切削区带走，使切削温度降低。

(2)润滑作用。切削液能在刀具前、后刀面上形成一层润滑薄膜，以减少金属表面的直接接触，减轻摩擦及黏结观象。

(3)清洗排屑作用。切削液能将切屑、金属粉尘以及由砂轮上脱落或破碎下来的砂粒等及时地从工件、刀具(或砂轮)上除去，以免切屑堵塞，划伤已加工表面。这一作用对磨削、深孔加工等工序特别重要。

(4)防锈作用。为了减小工件、机床、刀具受周围介质(空气、水分等)的腐蚀，要求切削液具有一定的防锈作用。防锈作用的好坏，取决于切削液本身的性能和加入的防锈添加剂。

常用切削液的选用原则可参考表 3-71。

表 3-71 切削液选用推荐表

工件材料			碳钢、合金钢		不锈钢		铸铁		铝及其合金	
刀具材料			高速钢	硬质合金	高速钢	硬质合金	高速钢	硬质合金	高速钢	硬质合金
加工方法	车	粗加工	3,1,7	0,3,1	7,4,2	0,4,2	0,3,1	0,3,1	0,3	0,3
		精加工	4,7	0,2,7	7,4,2	0,4,2	0,6	0,6	0,6	0,6
	铣	端铣	4,2,7	0,3	7,4,2	0,4,2	0,3,1	0,3,1	0,3	0,3
		铣槽	4,2,7	7,4	7,4,2	7,4,2	0,6	0,6	0,6	0,6
	钻削		3,1	3,1	8,4,2	8,4,2	0,3,1	0,3,1	0,3	0,3
	铰削		7,8,4	7,8,4	8,7,4	8,7,4	0,6	0,6	0,5,7	0,5,7
	攻丝		7,8,4		8,7,4		0,6		0,5	
	拉削		7,4,8		8,7,4		0,3		0,3,5	
	滚、插齿		7,8		8,7		0,3		0,5,7	
	刀具材料		普通砂轮							
	外圆磨(粗磨)		1,3		4,2		1,3		1	
	平面磨(精磨)		1,3		4,2		1,3		1	

注：表中数据 0 表示不加切削液，其他数字表示配方序号。

3.9 机械加工定位与夹紧

标准《机械加工定位、夹紧符号》JB/T 5601—2006 规定了机械加工定位支承符号(简称定位符号)、辅助支承符号、夹紧符号和常用定位、夹紧装置符号(简称装置符号)的类型、画法和使用要求。本标准适用于机械制造行业设计产品零、部件机械加工工艺规程和编制工艺装备设计任务书。

1. 定位支承符号与辅助支承符号

(1)画法如图 3-10 所示，定位支承符号与辅助支承符号如表 3-72 所示。

(2)联合定位与辅助支承符号的基本图形尺寸应符合第(1)条的规定，基本符号间的连线长度可根据工序图中的位置确定。连线允许画成折线。

(3)活动式定位支承符号和辅助支承符号内的波纹形状不作具体规定。

(4)定位支承符号和辅助支承符号的线条按机械制图标准《机械制图　图样画法　图线》(GB/T4457.4—2002)中规定的线型宽度 $b/3$，符号高度 h 应是工艺图中数字高度的1～1.5 倍。

(5)定位支承与辅助支承符号允许标注在视图轮廓的延长线上，或投影面的引出线上。

(6)未剖切的中心孔引出线应由轴线与端面的交点开始。

(7)当在工件的一个定位面上布置两个以上的定位点，且对每个点的位置无特定要求时，允许用定位符号右边加数字的方法进行表示，不必将每个定位点的符号都画出，符号右边数字的高度应与符号的高度 h 一致。

(a)　　(b)

图 3-10　定位支承符号与辅助支承符号的画法

(a)标注在视图轮廓线上的支承符号；(b)标注在视图正面的支承符号

表 3-72　定位支承符号和辅助支承符号

	类型	独立定位		联合定位	
		标注在视图轮廓线上	标注在视图正面	标注在视图轮廓线上	标注在视图正面
定位支承	固定式		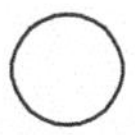	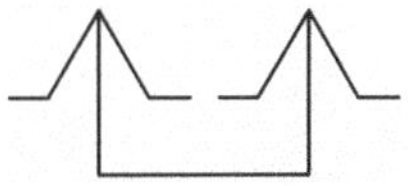	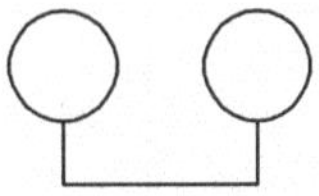
	活动式			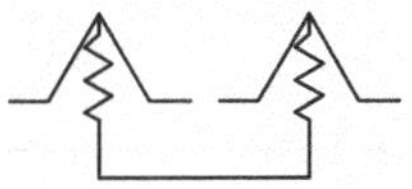	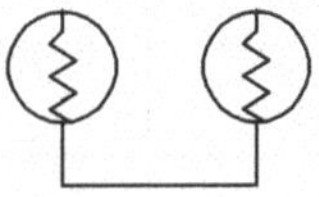
辅助支承		独立支承		联合支承	
			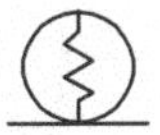	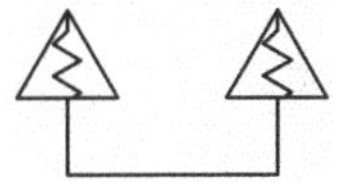	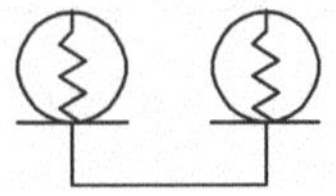

2. 夹紧符号

机床夹具常用的夹紧符号如表 3-73 所示。

(1)夹紧符号的尺寸应根据工艺图的大小与位置确定。

(2)夹紧符号线条为 GB/T4457.4—2002 中规定的线型宽度 $b/3$。

(3)联动夹紧符号的连线长度应根据工艺图的位置确定，允许连线画成折线。

表 3－73　夹紧符号

夹紧动力源类型	独立夹紧符号		联合夹紧符号	
	标注在视图轮廓线上	标注在视图正面	标注在视图轮廓线上	标注在视图正面
手动夹紧			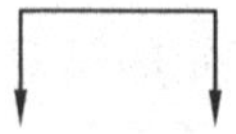	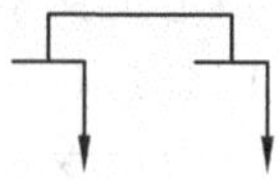
液压夹紧		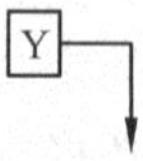	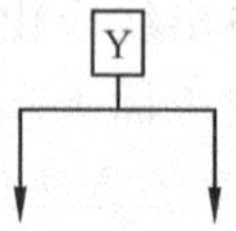	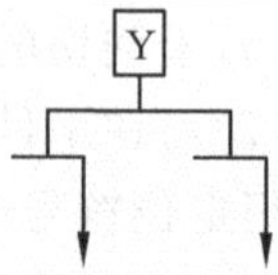
气动夹紧		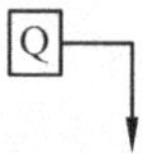	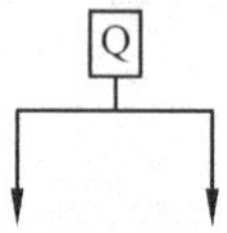	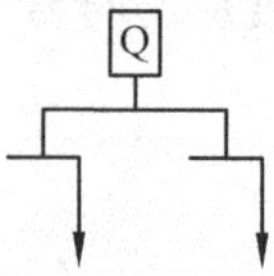
电磁夹紧		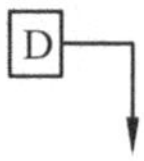	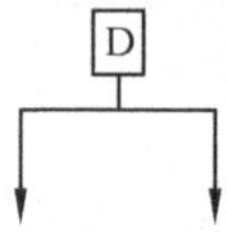	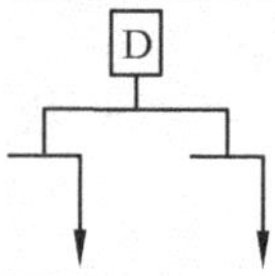

3. 常用装置符号

符号的尺寸应根据工艺图的大小与位置确定。机床常用的装置符号如表 3－74 所示。

表 3－74　常用装置符号

序号	名称	符号	序号	名称	符号
1	固定顶尖		8	跟刀架	
2	回转顶尖		9	圆柱衬套	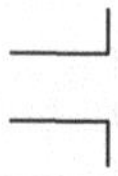
3	浮动顶尖		10	压板	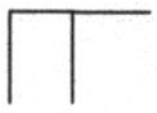
4	圆柱心轴	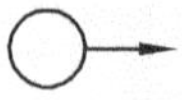	11	角铁	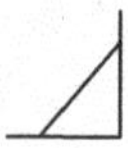
5	锥度心轴	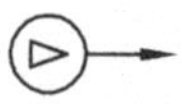	12	可调支承	
6	心轴	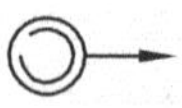	13	V 形块	
7	三爪卡盘		14	中心架	

3.10　工艺文件填写

在工艺文件中，需要规定每一工序所使用的机床及刀具、夹具、量具。表 3－75 为图3－11所示的工艺规程中表头、表尾和附加栏的填写规范；表 3－76 为图 3－12 所示的机械加工工艺过程卡片的填写规范；表 3－77 为图 3－13 所示的机械加工工序卡片的填写规范。编制工艺规程时，可按上述图表格式及说明填写，注意表中的签字栏目应有相应的签字和签字日期。

表 3－75　表头、表尾和附加栏的填写内容

代　号	填写内容	代　号	填写内容
(1)	填写(或印刷)各厂厂名的全称	(18)	填写修改日期
(2)	印刷各卡片名称	(16)	填写修改通知单的编号
(3)～(6)	一律按设计图样中的规定填写	(17)	修改人签名
(7)(8)	分别用阿拉伯数字填写每个零件卡片的总页数和顺序数	(15)	填写同一次更改处数，一律用①②③…填写
(9)(10)	分别为描图员和校对者签名处	(19)～(21)	责任者签名并要注明日期
(11)(12)	分别填写底图编号和装订编号	(13)(22)(23)	可根据需要填写
(14)	填写每次更改所使用的标记，一律用 a,b,c,…填写		

表 3－76　机械加工工艺过程卡片的填写规范

代号	填写内容	代号	填写内容
(1)	材料牌号按设计图样要求填写	(7)	工序号
(2)	毛坯种类填写铸件、锻件、钢条、板钢等	(8)	各工序名称
(3)	进入加工前的毛坯外形尺寸	(9)	各工序和工步、加工内容和主要技术要求，但只写工序名称和主要技术要求
(4)	每毛坯可加工同一零件的数量	(10) (11)	分别填写加工车间和工段的代号或简称，工序中的外协工序也要填写
(5)	每台件数按设计图样要求填写	(12)	填写设备型号或名称，必要时还要填写设备编号
(6)	备注可根据需要填写	(13)	填写编号(专用的)或规格、精度、名称(标准的)

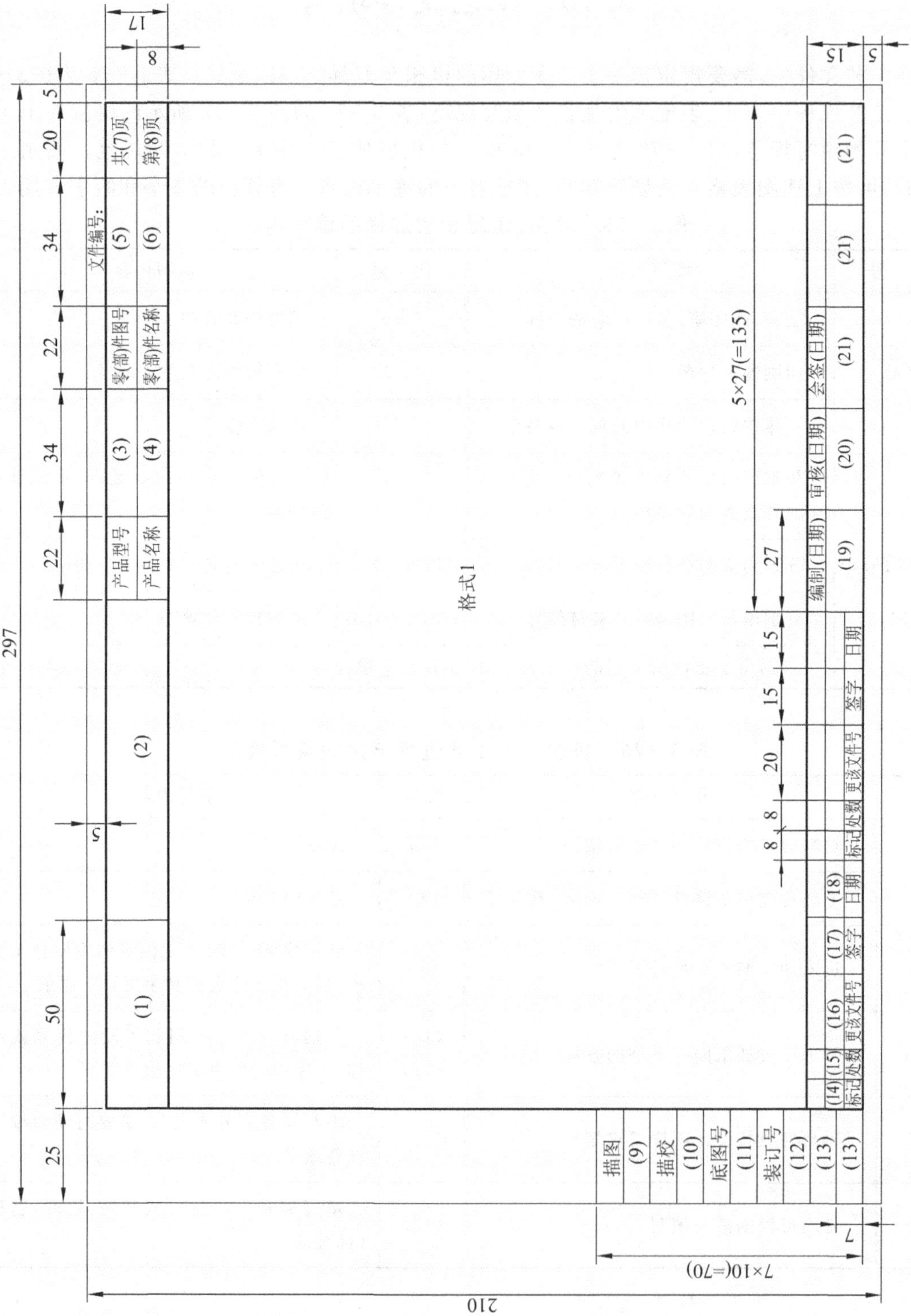
格式1
产品型号
产品名称
零(部)件图号
零(部)件名称
文件编号:
共(7)页
第(8)页
(1)
(2)
(3)
(4)
(5)
(6)
编制(日期)
审核(日期)
会签(日期)
(19)
(20)
(21)
标记
处数
更改文件号
签字
日期
(14)
(15)
(16)
(17)
(18)
描图
(9)
描校
(10)
底图号
(11)
装订号
(12)
(13)
5×27(=135)
7×10(=70)
297
210

图 3-11　工艺规程

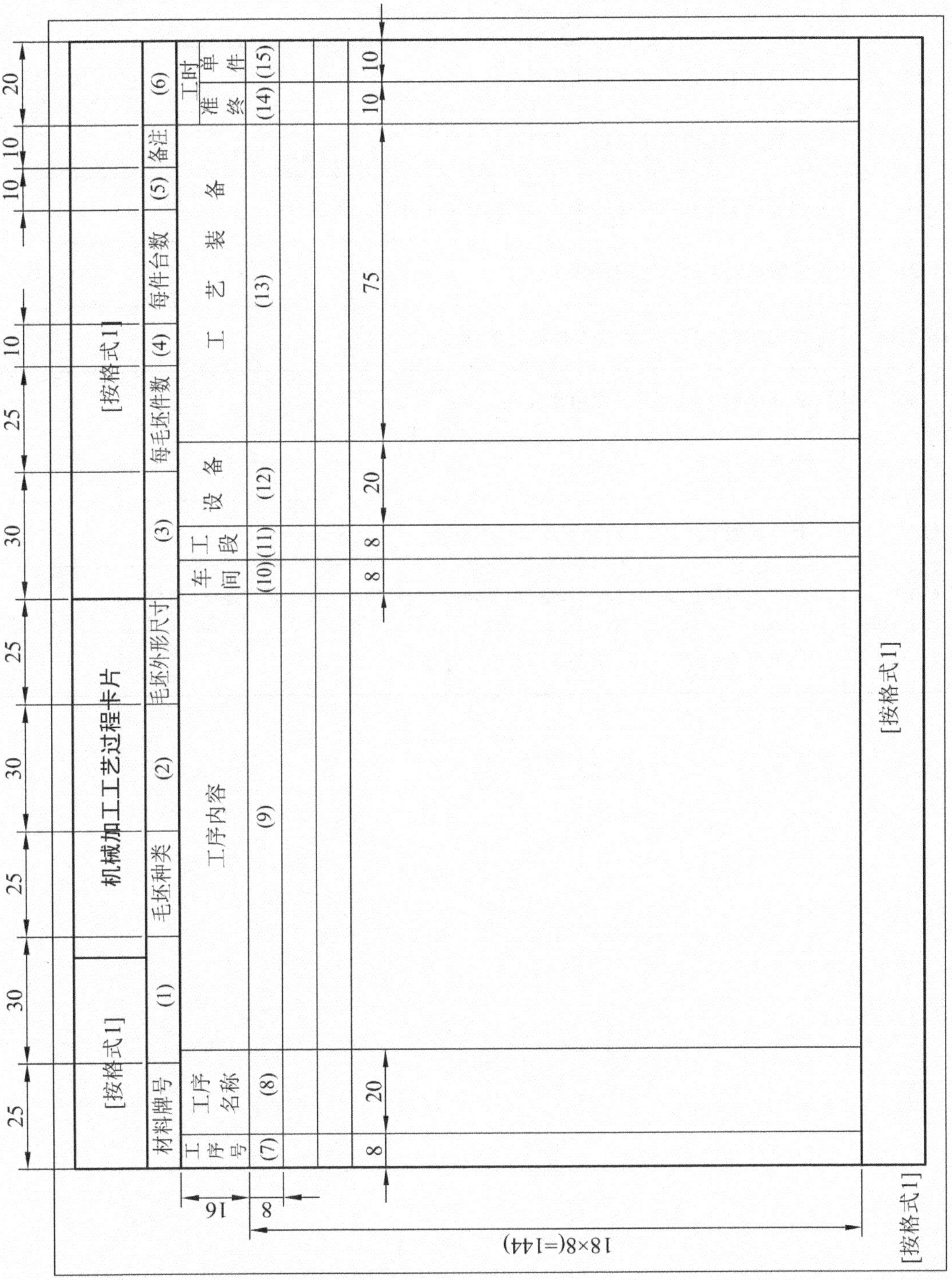

图 3-12 机械加工工艺过程卡片

表 3 - 77 机械加工工序卡片的填写规范

代 号	填写内容
(1)	执行该工序的车间名称或代号
(2)～(8)	按表 3 - 75 中的相应项目填写
(9)～(11)	填写该工序所用设备的型号、名称，必要时填写设备编号
(12)	在机床上同时加工的件数
(13)(14)	该工序需使用的各种夹具的名称和编号
(15)	机床所用切削液的名称和牌号
(18)	工步号
(19)	各工步的名称、加工内容和主要技术要求
(20)	各工步需用的辅助模具、刀量、量具，专用填写编号，标准填写规格、精度、名称
(21)～(25)	加工规范，一般工序可不填写，重要工序可根据需要填写

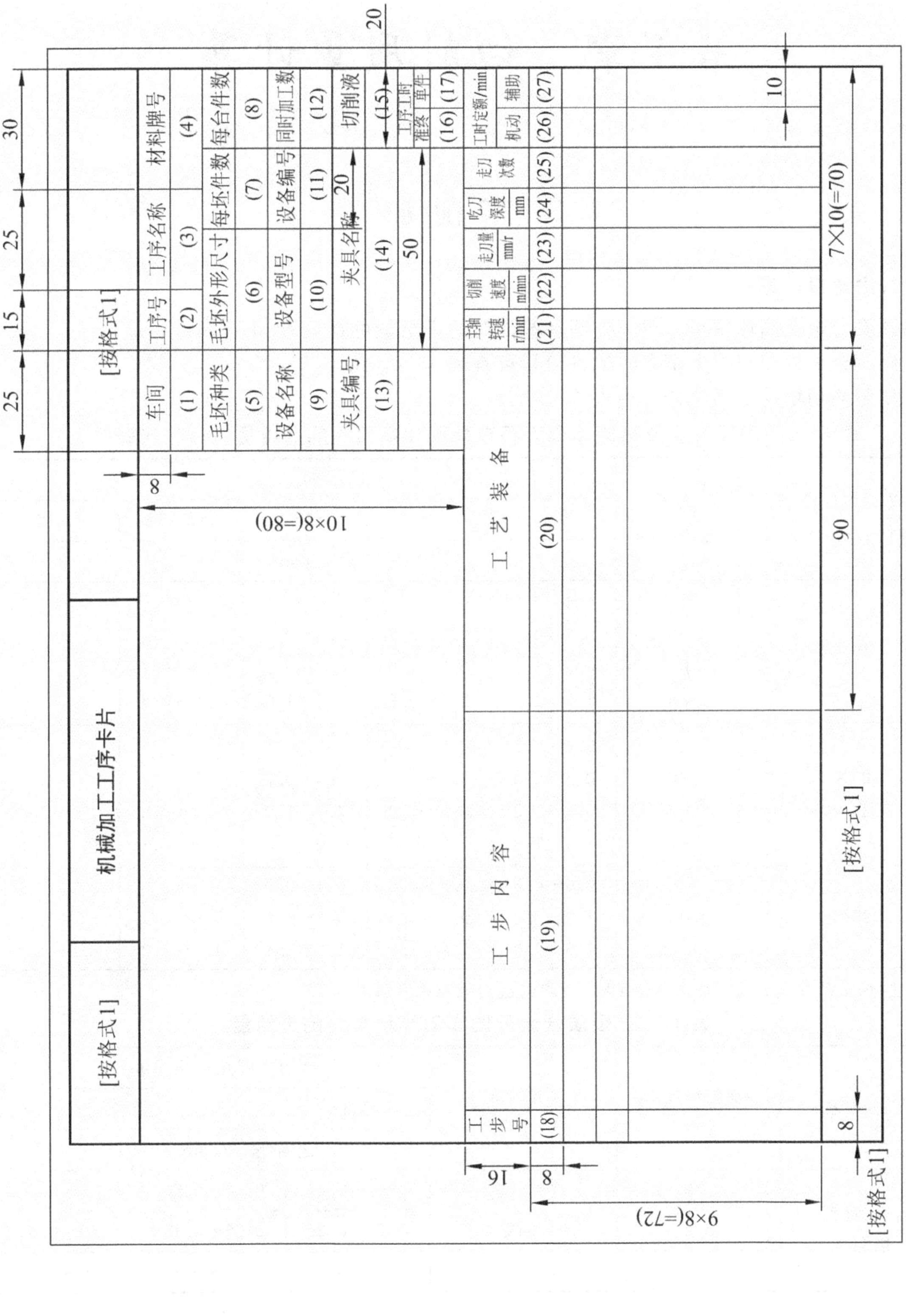

图 3-13　机械加工工序卡片

第 4 章　切削用量计算

4.1　车 削 加 工

1. 进给量计算

硬质合金及高速钢车刀粗车外圆和端面时的进给量可查表 4－1。

硬质合金外圆车刀半精车时的进给量可查表 4－2。

切断或切槽时的进给量可查表 4－3。

表 4－1　硬质合金及高速钢车刀粗车外圆和端面时的进给量(材料:灰铸铁)

车刀刀杆尺寸 $B\times H$/mm×mm	工件直径/mm	切削深度 a_p/mm				
		≤3	>3～5	>5～8	>8～12	>12
		进给量 f/(mm·r^{-1})				
16×25	40	0.4～0.5				
	60	0.6～0.8	0.5～0.8	0.4～0.6		
	100	0.8～1.2	0.7～1.0	0.6～0.8	0.5～0.7	
	400	1.0～1.4	1.0～1.2	0.8～1.0	0.6～0.8	
20×30 25×25	40	0.4～0.5				
	60	0.6～0.9	0.5～0.8	0.4～0.7		
	100	0.9～1.3	0.8～1.2	0.7～1.0	0.5～0.8	
	600	1.2～1.8	1.2～1.6	1.0～1.3	0.9～1.1	0.7～0.9
25×40	60	0.6～0.8	0.5～0.8	0.4～0.7		
	100	1.0～1.4	0.9～1.2	0.8～1.0	0.6～0.9	
	1000	1.5～2.0	1.2～1.8	1.0～1.4	1.0～1.2	0.8～1.0

注:加工断续表面及有冲击的加工时,表内的进给量应乘系数 k(0.75～0.85)。

表 4－2　硬质合金外圆车刀半精车时的进给量

工件材料	表面粗糙度 Ra/μm	车削速度范围/m·min^{-1}	刀尖圆弧半径/mm		
			0.5	1.0	2.0
			进给量 f/(mm·r^{-1})		
铸铁、青铜、铝合金	6.3	不限	0.25～0.40	0.40～0.50	0.50～0.60
	3.2		0.15～0.20	0.25～0.40	0.40～0.60
	1.6		0.10～0.15	0.15～0.20	0.20～0.35

表 4-3 切断或切槽时的进给量

工件直径/mm	切刀宽度/mm	加工材料	
		碳素结构钢-合金结构钢及钢铸件	铸铁-铜合金及铝合金
		进给量 $f/(\mathrm{mm}\cdot\mathrm{r}^{-1})$	
≤20	3	0.06～0.08	0.11～0.14
>20～40	3～4	0.10～0.12	0.16～0.19
>40～60	4～5	0.13～0.16	0.20～0.24
>60～100	5～8	0.16～0.23	0.24～0.32
>100～150	6～10	0.18～0.26	0.30～0.40
>150	10～15	0.28～0.36	0.40～0.55

注:(1)在直径大于 60 mm 的实心材料上切断时,当切刀接近零件轴线达 0.5 倍半径时,表中进给量应减小 40%～50%;

(2)加工淬硬钢时,表内进给量应减小 30%(当 HRC<50 时)或 50%(当 HRC>50 时);

(3)如切刀安装在转塔头上,进给量应乘系数 0.8。

切断和切槽时的切削用量可查表 4-4。

硬质合金车刀外圆纵车切削用量及功率可查表 4-5。

表 4-4 切断和切槽时的切削用量(材料:灰铸铁)

硬质合金车刀 YG6		高速钢车刀 W18Cr4V	
进给量 $f/(\mathrm{mm}\cdot\mathrm{r}^{-1})$	切刀宽度/mm	进给量 $f/(\mathrm{mm}\cdot\mathrm{r}^{-1})$	切刀宽度/mm
	3～15		3～15
	切削速度 $v/(\mathrm{m}\cdot\mathrm{s}^{-1})$		切削速度 $v/(\mathrm{m}\cdot\mathrm{s}^{-1})$
0.11	1.22	0.11	0.39
0.14	1.11	0.14	0.36
0.16	1.05	0.16	0.34
0.20	0.96	0.20	0.31
0.24	0.89	0.24	0.29
0.28	0.84	0.28	0.27
0.30	0.81	0.30	0.26
0.32	0.79	0.32	0.26
0.35	0.77	0.35	0.25
0.40	0.73	0.40	0.23
0.45	0.69	0.45	0.22
0.50	0.66	0.50	0.21
0.55	0.64	0.55	0.21

表 4-5　硬质合金车刀外圆纵车切削用量及功率(材料:灰铸铁;刀具 YG6)

进给量 $f/(\mathrm{mm \cdot r^{-1}})$	切削深度 a_p/mm											
	1.0		1.5		2.0		3.0		4.0		6.0	
	v	P_m	v	P_m	v	P_m	v	P_m	v	P_m	v	P_m
0.15	2.04	0.46	1.93	0.65								
0.20	1.93	0.5	1.78	0.70	1.76	1.0	1.57	1.3				
0.30	1.78	0.65	1.67	0.9	1.60	1.2	1.45	1.6	1.43	2.1	1.35	3.1
0.40	1.63	0.7	1.57	1.0	1.51	1.4	1.37	1.8	1.35	2.4	1.28	3.4
0.50	1.54	0.8	1.45	1.2	1.38	15	1.30	2.1	1.24	2.6	1.17	3.8
0.70	1.34	0.9	1.26	1.3	1.20	1.7	1.14	2.3	1.09	3.1	1.03	4.3
1.0							0.99	2.7	0.94	3.4	0.89	4.8
1.5									0.80	3.9	0.76	5.6

2. 切削速度计算

车削时切削速度 v 的计算公式为

$$v=\frac{c_v}{60^{1-m}T^m a_p^{x_v} f^{y_v}}k_v(\mathrm{m/s})$$

式中,c_v,x_v,y_v 为系数;m 为指数;a_p 为背吃刀量(切削深度);f 为进给量;修正系数 k_v 取值为

外圆纵车:$k_v=1.0$;

切槽:当工件最终直径/初始直径$=0.5\sim0.7$时,取 $k_v=0.96$,当工件最终直径/初始直径$=0.8\sim0.95$时,取 $k_v=0.84$。

T 为刀具耐用度,耐用度和刀具材料有关,焊接普通车刀耐用度为

硬质合金:$T=3\ 600$ s;

高速钢,$T=3\ 600$ s;

机夹可转位车刀耐用度一般选为 $T=1\ 800$ s;

各系数和指数数值可查表 4-6。

表 4-6　切削速度的计算(不用切削液)(材料:灰铸铁)

加工类型	刀具材料	进给量 $\frac{f}{\mathrm{mm \cdot r^{-1}}}$	系数和指数			
			c_v	x_v	y_v	m
外圆纵车	YG6	$f\leqslant0.40$	189.8	0.15	0.20	0.20
		$f>0.40$	158		0.40	
	W18Cr4V	$f\leqslant0.25$	24	0.15	0.30	0.10
		$f>0.25$	22.7		0.40	
切断及切槽	YG6		68.5		0.40	0.20
	W18Cr4V		18			0.15

4.2 铣削加工

1. 进给量计算

圆柱、端铣刀直径的选择可查表 4－7。

硬质合金端铣刀进给量可查表 4－8。

表 4－7　圆柱、端铣刀直径的选择(参考)　　单位:mm

名称	高速钢圆柱铣刀			硬质合金端铣刀				
背吃刀量 a_p	≤70	70～90	90～100	≤4	4～5	5～6	6～7	7～8
铣削宽度 a_e	≤5	5～8	8～10	≤60	60～90	90～120	120～180	180～260
铣刀直径	≤80	80～100	100～125	≤80	100～125	160～200	200～250	320～400

表 4－8　硬质合金端铣刀进给量(材料:灰铸铁)

	机床功率/kW	每齿进给量 a_f/(mm·齿$^{-1}$)	
		YG6	YG8
粗铣	5～10	0.14～0.24	0.20～0.29
	>10	0.18～0.28	0.25～0.38
精铣	要求的粗糙度 Ra/μm	>0.63～1.25	>0.32～0.63
	每转进给量 f/(mm·r^{-1})	0.2～0.3	0.15

高速钢端铣刀进给量可查表 4－9;高速钢圆柱铣刀进给量可查表 4－10;高速钢三面刃铣刀铣槽进给量可查表 4－11;立铣刀铣槽进给量可查表 4－12;硬质合金圆柱铣刀进给量可查表 4－13。

表 4－9　高速钢端铣刀进给量(材料:灰铸铁)

机床功率/kW	工艺系统刚性	粗齿和镶齿	细齿
		每齿进给量 a_f/(mm·齿$^{-1}$)	
>10	上等	0.3～0.45	
	中等	0.25～0.4	
	下等	0.20～0.25	
5～10	上等	0.25～0.35	0.20～0.35
	中等	0.20～0.30	0.15～0.30
	下等	0.15～0.25	0.10～0.20
≤5	中等	0.15～0.30	0.12～0.20
	下等	0.10～0.20	0.08～0.15

注:切削深度小和切削宽度小时,a_f 选大值,反之选小值。

表 4-10　高速钢圆柱铣刀进给量(材料:灰铸铁)

	机床功率/kW	工艺系统刚性	粗齿和镶齿 每齿进给量 a_f/(mm·齿$^{-1}$)	细齿 每齿进给量 a_f/(mm·齿$^{-1}$)
粗铣	>10	上等	0.35～0.50	
		中等	0.30～0.40	
		下等	0.25～0.30	
	5～10	上等	0.25～0.35	0.12～0.20
		中等	0.20～0.30	0.10～0.15
		下等	0.12～0.20	0.08～0.12
	≤5	中等	0.12～0.20	0.06～0.12
		下等	0.10～0.15	0.05～0.10

	要求的粗糙度 Ra/μm	铣刀直径/mm				
		50	63	80	100～125	160～250
		每转进给量 f/(mm·r^{-1})				
半精铣	3.2	1.0～1.6	1.2～2.0	1.3～2.3	1.4～3.0	1.9～3.7
	1.6	0.6～1.0	0.7～1.2	0.7～1.3	0.8～1.7	1.1～2.1

注:当切削深度小和切削宽度小时,a_f 选大值,反之选小值。

表 4-11　高速钢三面刃铣刀铣槽进给量(材料:灰铸铁)

铣刀直径/mm	铣刀齿数 z	背吃刀量 a_p	铣削宽度/mm				
			5	10	15	20	30
			每齿进给量 a_f/(mm·齿$^{-1}$)				
63	16	6～12	0.08～0.12	0.06～0.1	0.05～0.08		
80	18	10～20	0.08～0.12	0.06～0.1	0.05～0.08		
100	20	10～20	0.08～0.12	0.06～0.1	0.05～0.08		
80	10	10～20	0.12～0.18	0.10～0.15	0.08～0.12		
100	12	10～20	0.12～0.18	0.10～0.15	0.08～0.12		
125	14	12～24	0.12～0.18	0.08～0.15	0.06～0.12	0.05～1.0	
160	16	18～30		0.10～0.18	0.08～0.15	0.06～0.12	0.05～0.08
200	20	20～40		0.10～0.20	0.1～0.18	0.08～0.15	0.05～0.08

表 4－12　立铣刀铣槽进给量(材料:灰铸铁)

铣刀直径/mm	铣刀齿数 z/个	槽深 a_p/mm				
		5	10	15	20	30
		每齿进给量 a_f/(mm·齿$^{-1}$)				
8	5	0.015～0.025	0.012～0.02			
10	5	0.03～0.05	0.015～0.03	0.012～0.02		
16	3	0.07～0.1	0.05～0.08	0.04～0.07		
	5	0.05～0.08	0.04～0.07	0.025～0.05		
20	3	0.08～0.12	0.07～0.12	0.06～0.1	0.04～0.07	
	5	0.06～0.12	0.06～0.1	0.05～0.08	0.035～0.05	
25	3		0.1～0.15	0.08～0.12	0.07～0.1	0.06～0.07
	5		0.08～0.14	0.07～0.1	0.04～0.07	0.03～0.06
32	4		0.12～0.18	0.08～0.14	0.07～0.12	0.06～0.08
	6		0.1～0.15	0.08～0.12	0.07～0.1	0.05～0.07

表 4－13　硬质合金圆柱铣刀进给量(材料:灰铸铁)

	背吃刀量 a_p/mm	机床功率/kW	每齿进给量 a_f/(mm·齿$^{-1}$)	
			YG6	YG8
粗铣	≤30	5～10	0.12～0.18	0.20～0.29
		＞10	0.16～0.24	0.25～0.38
	＞30	5～10	0.18～0.13	0.14～0.20
		＞10	0.10～0.17	0.18～0.27
精铣	要求的粗糙度 Ra/μm	1.6	0.4	
	每转进给量 f/(mm·r^{-1})	0.4～0.6	0.15	

2. 切削速度计算

铣削时切削速度 v 的计算公式为

$$v=\frac{c_v d_0{}^{z_0}}{60^{1-m}T^m a_p^{x_1} a_f^{x_2} a_e^{x_3} z^{x_4}}k_v(\mathrm{m/s})$$

式中,d_0 为铣刀直径;c_v,z_v,x_1,x_2,x_3,x_4 为系数;m 为指数;a_p 为背吃刀量;a_f 为每齿进给量;a_e 为铣削宽度;z 为铣刀齿数;修正系数 k_v 取值:粗铣 $k_v=1.0$,精铣 $k_v=0.8$;T 为刀具耐用度,耐用度和刀具材料等有关,可查表 4－14;各系数和指数数值可查表 4－15。

表 4－14　铣刀平均耐用度 T　　单位:10^3s

<table>
<tr><th colspan="2" rowspan="2">铣刀类型</th><th colspan="9">铣刀直径 d_0/mm</th></tr>
<tr><th>≤25</th><th>≤40</th><th>≤63</th><th>≤80</th><th>≤100</th><th>≤125</th><th>≤160</th><th>≤200</th><th>≤250</th></tr>
<tr><td rowspan="7">高速钢</td><td>细齿圆柱</td><td colspan="2"></td><td>7.2</td><td>10.8</td><td colspan="5"></td></tr>
<tr><td>镶齿圆柱</td><td colspan="3"></td><td colspan="4">10.8</td><td colspan="2"></td></tr>
<tr><td>盘铣刀</td><td colspan="2"></td><td>6.0</td><td colspan="3">7.2</td><td>9.0</td><td>10.8</td><td>14.4</td></tr>
<tr><td>端铣刀</td><td colspan="2"></td><td colspan="5">10.8</td><td colspan="2">14.4</td></tr>
<tr><td>立铣刀</td><td>3.6</td><td>5.4</td><td>7.2</td><td colspan="6"></td></tr>
<tr><td>切槽与切断铣刀</td><td colspan="3"></td><td>3.6</td><td>4.5</td><td>7.2</td><td>9.0</td><td>10.8</td><td></td></tr>
<tr><td>成形铣刀与角铣刀</td><td></td><td colspan="3">7.2</td><td>10.8</td><td colspan="4"></td></tr>
<tr><td rowspan="4">硬质合金</td><td>端铣刀</td><td colspan="3"></td><td colspan="4">10.8</td><td colspan="2">14.4</td></tr>
<tr><td>圆柱铣刀</td><td colspan="3"></td><td colspan="4">10.8</td><td colspan="2"></td></tr>
<tr><td>立铣刀</td><td>3.6</td><td>5.4</td><td>7.2</td><td colspan="4"></td><td colspan="2"></td></tr>
<tr><td>盘铣刀</td><td colspan="3"></td><td colspan="2">7.2</td><td colspan="2">9.0</td><td>10.8</td><td>14.4</td></tr>
</table>

表 4－15　切削速度的计算(材料:灰铸铁)

(刀具材料:硬质合金 YG6;高速钢 W18Cr4V)

<table>
<tr><th rowspan="2">铣刀类型</th><th rowspan="2">刀具材料</th><th rowspan="2">参　数</th><th colspan="7">系数和指数</th></tr>
<tr><th>c_v</th><th>z_v</th><th>m</th><th>x_1</th><th>x_2</th><th>x_3</th><th>x_4</th></tr>
<tr><td rowspan="2">端铣刀(面铣刀)</td><td>硬质合金</td><td></td><td>245</td><td>0.2</td><td>0.32</td><td>0.15</td><td>0.35</td><td>0.2</td><td>0</td></tr>
<tr><td>高速钢</td><td></td><td>18.9</td><td>0.2</td><td>0.15</td><td>0.1</td><td>0.4</td><td>0.1</td><td>0.1</td></tr>
<tr><td rowspan="6">圆柱铣刀</td><td rowspan="4">硬质合金</td><td>a_e<2.5mm,a_f≤0.2mm/齿</td><td>508</td><td>0.37</td><td>0.42</td><td>0.23</td><td>0.19</td><td>0.13</td><td>0.14</td></tr>
<tr><td>a_e<2.5mm,a_f>0.2mm/齿</td><td>323</td><td>0.37</td><td>0.42</td><td>0.23</td><td>0.47</td><td>0.13</td><td>0.14</td></tr>
<tr><td>a_e≥2.5mm,a_f≤0.2mm/齿</td><td>649</td><td>0.37</td><td>0.42</td><td>0.23</td><td>0.19</td><td>0.4</td><td>0.14</td></tr>
<tr><td>a_e≥2.5mm,a_f>0.2mm/齿</td><td>412</td><td>0.37</td><td>0.42</td><td>0.23</td><td>0.47</td><td>0.4</td><td>0.41</td></tr>
<tr><td rowspan="2">高速钢</td><td>a_f≤0.15mm/齿</td><td>20</td><td>0.7</td><td>0.25</td><td>0.3</td><td>0.2</td><td>0.5</td><td>0.3</td></tr>
<tr><td>a_f>0.15mm/齿</td><td>9.5</td><td>0.7</td><td>0.25</td><td>0.3</td><td>0.6</td><td>0.5</td><td>0.3</td></tr>
<tr><td rowspan="2">圆盘(三面刃铣刀)</td><td rowspan="2">高速钢</td><td>镶齿</td><td>35</td><td>0.2</td><td>0.15</td><td>0.1</td><td>0.4</td><td>0.5</td><td>0.1</td></tr>
<tr><td>整体</td><td>25</td><td>0.2</td><td>0.15</td><td>0.1</td><td>0.4</td><td>0.5</td><td>0.1</td></tr>
<tr><td>立铣刀</td><td>高速钢</td><td></td><td>25</td><td>0.7</td><td>0.25</td><td>0.3</td><td>0.2</td><td>0.5</td><td>0.3</td></tr>
<tr><td>切槽与切断</td><td>高速钢</td><td></td><td>10.5</td><td>0.2</td><td>0.15</td><td>0.2</td><td>0.4</td><td>0.5</td><td>0.1</td></tr>
<tr><td>键槽铣刀</td><td>高速钢</td><td></td><td>13.6</td><td>0.3</td><td>0.26</td><td>0.25</td><td>0</td><td>0</td><td>0</td></tr>
</table>

4.3　孔加工——钻、扩、铰

4.3.1　钻孔切削用量

1. 进给量计算

高速钢钻头钻孔时的进给量可查表 4－16。

表 4－16　高速钢钻头钻孔时的进给量

钻头直径 d/mm	灰铸铁≤HB200 及铜合金			灰铸铁＞HB200		
	进给量的组别					
	Ⅰ	Ⅱ	Ⅲ	Ⅰ	Ⅱ	Ⅲ
	进给量 f/(mm·r^{-1})					
2	0.09～0.11	0.09～0.08	0.05～0.06	0.05～0.07	0.04～0.05	0.03～0.04
4	0.18～0.22	0.13～0.17	0.09～0.11	0.11～0.13	0.08～0.10	0.05～0.07
6	0.27～0.33	0.20～0.24	0.13～0.17	0.18～0.22	0.13～0.17	0.09～0.11
8	0.36～0.44	0.27～0.33	0.18～0.22	0.22～0.26	0.16～0.20	0.11～0.13
10	0.47～0.57	0.35～0.43	0.23～0.29	0.28～0.34	0.21～0.25	0.13～0.17
13	0.52～0.64	0.39～0.47	0.26～0.32	0.31～0.39	0.23～0.29	0.15～0.19
16	0.61～0.75	0.45～0.56	0.31～0.37	0.37～0.45	0.27～0.33	0.18～0.22
20	0.70～0.86	0.52～0.64	0.35～0.43	0.43～0.53	0.32～0.40	0.22～0.26
25	0.78～0.96	0.58～0.72	0.39～0.47	0.47～0.57	0.35～0.43	0.23～0.26
30	0.9～1.1	0.67～0.83	0.45～0.55	0.54～0.66	0.4～0.5	0.27～0.39
30～60	1.0～1.2	0.8～0.9	0.5～0.6	0.7～0.8	0.5～0.6	0.35～0.40

注：(1) Ⅰ组是在刚性工件上钻无公差或 IT12，IT13 级以下的孔，钻孔后尚需用其他刀具加工的孔。

(2) Ⅱ组在刚度不足的工件上(箱形的薄壁工件，工件上薄弱的凸出部分等)钻无公差的或 IT12，IT13 精度的孔，钻孔后尚需用其他刀具加工的孔；攻螺纹前的孔。

(3) Ⅲ组钻精密孔(以后还需用一扩孔钻或铰刀加工)，在刚度差的和支承面不稳定的工件上钻孔，也用于孔的轴线和平面不垂直的孔的加工。

2. 切削速度计算

钻孔时切削速度 v 的计算公式为

$$v=\frac{c_v d_0^{z_v}}{60^{1-m}T^m f^{y_v}}k_v\,(\text{m/s})$$

式中，d_0 为钻头直径；c_v，z_v，y_v 为系数；m 为指数。修正系数 k_v 可取为 $k_v=1.0$；各系数和指数数值可查表 4－17；T 为刀具耐用度，耐用度和钻头直径有关，可查表 4－18。

具体应用时，也可查表 4－19 进行参数确定。

表 4－17　切削速度的计算(材料:灰铸铁)

加工类型		系数和指数			
		c_v	z_v	y_v	m
高速钢钻头(不用切削液)	$f \leqslant 0.3\ (mm \cdot r^{-1})$	14.7	0.25	0.55	0.125
	$f > 0.3\ (mm \cdot r^{-1})$	17.1	0.25	0.4	0.125
YG8 钻头(不用切削液)		34.2	0.45	0.3	0.2

表 4－18　钻孔时刀具耐用度(材料:灰铸铁)

钻头直径/mm	<6	6～10	11～20	21～30	31～40
刀具耐用度/s	720	1 500	2 700	4 500	6 300

表 4－19　高速钢钻头切削时切削速度 v、转矩 M 及轴向力 F(材料:灰铸铁)

进给量 $f/(mm \cdot r^{-1})$	刀具直径 d/mm								
	5			6			8		
	$\frac{v}{m \cdot s^{-1}}$	$\frac{F}{N}$	$\frac{M}{N \cdot m}$	$\frac{v}{m \cdot s^{-1}}$	$\frac{F}{N}$	$\frac{M}{N \cdot m}$	$\frac{v}{m \cdot s^{-1}}$	$\frac{F}{N}$	$\frac{M}{N \cdot m}$
0.04	1.33	215	0.398						
0.06	1.06	296	0.553						
0.08	0.91	378	0.697	0.87	449	1.000			
0.10	0.80	449	0.834	0.77	541	1.207	0.82	724	2.136
0.12	0.72	520	0.966	0.69	624	1.393	0.74	832	2.472
0.15	0.64	622	1.148	0.61	745	1.668	0.66	1000	2.953
0.18	0.58	720	1.334	0.55	863	1.923	0.59	1152	3.414
0.20	0.55	785	1.452	0.52	939	2.099	0.56	1256	3.708
0.25	0.48	944	1.736	0.46	1118	2.502	0.50	1599	4.434
0.30	0.44	1079	2.011	0.42	1294	2.884	0.45	1736	5.140
0.35	0.40	1226	2.266	0.38	1472	3.267	0.41	1952	5.808
0.40	0.38	1364	2.521	0.36	1628	3.630	0.39	2178	6.455
0.45	0.36	1491	2.776	0.34	1785	3.993	0.37	2384	7.102
0.50				0.33	1962	4.356	0.36	2600	7.720
0.60							0.33	2021	8.947

续 表

进给量 $f/(\mathrm{mm \cdot r^{-1}})$	刀具直径 d/mm								
	10			12			20		
	$\frac{v}{\mathrm{m \cdot s^{-1}}}$	$\frac{F}{\mathrm{N}}$	$\frac{M}{\mathrm{N \cdot m}}$	$\frac{v}{\mathrm{m \cdot s^{-1}}}$	$\frac{F}{\mathrm{N}}$	$\frac{M}{\mathrm{N \cdot m}}$	$\frac{v}{\mathrm{m \cdot s^{-1}}}$	$\frac{F}{\mathrm{N}}$	$\frac{M}{\mathrm{N \cdot m}}$
0.12	0.79	1 040	3.865						
0.15	0.70	1 246	4.611	0.68	1 491	6.632			
0.18	0.62	1 442	5.337	0.61	1 727	7.701			
0.20	0.59	1 560	5.788	0.58	1 874	8.339	0.76	2 354	23.152
0.25	0.53	1 864	6.945	0.51	2 246	10.001	0.67	2 715	27.664
0.30	0.47	2 178	8.026	0.46	2 600	11.576	0.61	3 256	32.079
0.35	0.43	2 443	9.074	0.42	2 933	13.047	0.55	3 679	36.297
0.40	0.41	2 727	10.104	0.40	3 277	14.519	0.52	4 101	40.417
0.45	0.39	2 992	11.085	0.38	3 581	15.990	0.50	4 503	44.341
0.50	0.38	3 257	12.066	0.37	3 904	17.364	0.48	4 895	48.265
0.60	0.35	3 767	13.930	0.34	4 522	20.111	0.44	5 670	55.917
0.70	0.33	4 248	15.755	0.32	5 101	22.661	0.42	6 396	63.176
0.80				0.30	5 690	25.310	0.40	7 142	70.338

4.3.2　扩孔切削用量

1. 进给量计算

高速钢和硬质合金扩孔钻扩孔时的进给量可查表 4－20。

表 4－20　高速钢和硬质合金扩孔钻扩孔时的进给量(材料:灰铸铁)

扩孔直径 d_c/mm	≤15	15～20	20～25	25～30	30～35	35～40	40～50
进给量 $f/(\mathrm{mm \cdot r^{-1}})$	0.7～0.9	0.9～1.1	1.0～1.2	1.1～1.3	1.2～1.5	1.4～1.6	1.6～2.0

注:(1)当加工强度及硬度较低的材料时,进给量可采用较大值;当加工强度及硬度较高的材料时,进给量可采用较小值。

(2)当扩盲孔时,进给量取为 0.3～0.6 mm/r。

(3)当加工精度不高于 IT12～IT13 的孔,还需扩、铰工序,或者两次铰工序才能完成时,使用表中进给量。

(4)当加工精度要求高的孔时,还需铰孔工序,或者攻丝工序,则进给量应乘系数 0.7。

2. 切削速度计算

当扩孔钻扩孔时切削速度 v 的计算公式为

$$v=\frac{c_v d_0^{z_v}}{60^{1-m} T^m a_p^{x_v} f^{y_v}} k_v\,(\mathrm{m/s})$$

式中,d_0 为扩孔钻直径,单位:mm;c_v,z_v,x_v,y_v 为系数;m 为指数;a_p 为背吃刀量;k_v 为修正系数,$k_v=1.0$;T 为刀具耐用度,耐用度和钻头直径有关,可查表 4－21;各系数和指数数值可查表4－22。具体应用时,也可查表 4－23 和表 4－24 进行参数确定。

表 4-21　钻孔时刀具耐用度(材料:灰铸铁)

刀具直径/mm	11～20	21～30	31～40	41～50	51～60
刀具耐用度/s	1 800	3 000	4 200	5 400	6 600

表 4-22　切削速度的计算(材料:灰铸铁)

加工类型	系数和指数				
	c_v	z_v	x_v	y_v	m
高速钢钻头(不用切削液)	18.8	0.2	0.1	0.4	0.125
YG8 钻头(不用切削液)	105	0.4	0.15	0.45	0.4

表 4-23　高速钢孔钻扩孔切削速度(材料:灰铸铁,不加切削液)

进给量 $f/(\mathrm{mm \cdot r^{-1}})$	扩孔钻直径 d_c/mm						
	15	20	25	30	35	40	50
	切削深度 a_p/mm						
	1.0	1.0	1.5	1.5	1.5	2.0	2.5
	切削速度 $v/(\mathrm{m \cdot s^{-1}})$						
0.6	0.42	0.44	0.42	0.43	0.43	0.43	
0.8	0.37	0.40	0.37	0.38	0.38	0.38	0.34
1.0	0.34	0.36	0.34	0.35	0.35	0.35	0.31
1.2	0.32	0.34	0.32	0.33	0.33	0.32	0.29
1.4		0.32	0.30	0.31	0.31	0.31	0.27
1.6		0.30	0.28	0.29	0.29	0.29	0.26
1.8			0.27	0.28	0.28	0.28	
2.0				0.27	0.27	0.26	0.24

表 4-24　硬质合金扩孔钻扩孔切削速度(材料:灰铸铁,刀具 YG8,不加切削液)

进给量 $f/(\mathrm{mm \cdot r^{-1}})$	扩孔钻直径 d_c/mm						
	15	20	25	30	35	40	50
	切削深度 a_p/mm						
	1.0	1.0	1.5	1.5	1.5	2.0	2.5
	切削速度 $v/(\mathrm{m \cdot s^{-1}})$						
0.6	1.61	1.81	1.66	1.79	1.73	1.75	1.62
0.7	1.51	1.69	1.55	1.66	1.62	1.63	1.51
0.8	1.42	1.59	1.31	1.56	1.52	1.54	1.42
0.9	1.35	1.51	1.38	1.48	1.44	1.46	1.35
1.0		1.44	1.32	1.42	1.38	1.39	1.28
1.2			1.22	1.30	1.27	1.28	1.18
1.4						1.19	1.10
1.6						1.12	1.04

4.3.3　铰孔切削用量

1. 进给量计算

机用铰刀铰孔时的进给量可查表 4－25。

表 4－25　机用铰刀铰孔时的进给量(材料:灰铸铁)　单位:mm·r^{-1}

铰刀直径/mm	高速钢铰刀		硬质合金铰刀	
	HB≤170	HB>170	HB≤170	HB>170
≤5	0.6～1.2	0.4～0.8		
>5－10	1.0～1.2	0.65～1.3	0.9～1.4	0.7～1.1
>10～20	1.5～3.0	1.0～2.0	1.0～1.5	0.8～1.2
>20～30	2.0～4.0	1.3～2.6	1.2～1.8	0.9～1.4
>30～40	2.5～5.0	1.6～3.2	1.3～2.0	1.0～1.5
>40～60	3.2～6.4	2.1～4.2	1.6～2.4	1.25～1.8
>60～80	3.75～7.5	2.6～5.0	2.0～3.0	1.5～2.2

2. 切削速度计算

铰孔时切削速度 v 的计算公式为

$$v=\frac{c_v d_0^{z_v}}{60^{1-m}T^m a_p^{x_v} f^{y_v}}k_v\,(\mathrm{m/s})$$

式中,d_0 为铰刀直径;c_v,z_v,x_v,y_v 为系数;m 为指数;a_p 为背吃刀量;f 为进给量;k_v 为修正系数,$k_v=1.0$;T 为刀具耐用度,耐用度和铰刀直径有关,可查表 4－26;各系数和指数数值可查表 4－27。

表 4－26　铰孔时刀具耐用度(材料:灰铸铁)

刀具材料	刀具直径/mm				
	11～20	21～30	31～40	41～50	51～60
	刀具耐用度/s				
高速钢	3 600	7 200	7 200	10 800	10 800
硬质合金	2 700	4 500	6 300	8 100	9 900

表 4－27　切削速度的计算(材料:灰铸铁)

加工类型	系数和指数				
	c_v	z_v	x_v	y_v	m
高速钢钻头(不用切削液)	15.6	0.2	0.1	0.5	0.3
YG8 钻头(不用切削液)	109	0.2	0	0.5	0.45

具体应用时，也可按下列原则进行参数确定。

高速钢铰刀精铰孔时铰削速度(材料：灰铸铁 HB190)：

(1)粗糙度 Ra 值为 3.2～1.6μm，允许的最大切削速度 v 可取 0.13 m/s；

(2)粗糙度 Ra 值为 1.6～0.8μm，允许的最大切削速度 v 可取 0.06 m/s。

高速钢铰刀粗铰孔时铰削速度参见表 4－28，高速钢铰刀铰锥孔的进给量及切削速度参见表 4－29。

表 4－28　高速钢铰刀铰削速度——粗铰孔(材料：灰铸铁)

进给量 $f/(\text{mm}\cdot\text{r}^{-1})$	铰刀直径 d_0/mm							
	5	10	15	20	25	30	40	50
	切削深度 a_p/mm							
	0.05	0.075	0.1	0.125	0.125	0.125	0.15	0.15
	切削速度 $v/(\text{m}\cdot\text{s}^{-1})$							
0.5	0.32	0.30	0.27	0.28	0.25			
0.6	0.29	0.27	0.24	0.25	0.22			
0.7	0.27	0.25	0.22	0.23	0.21			
0.8	0.25	0.24	0.21	0.22	0.19	0.20	0.19	0.19
1.0	0.22	0.21	0.19	0.20	0.17	0.18	0.17	0.17
1.2	0.20	0.19	0.18	0.18	0.16	0.16	0.16	0.16
1.4	0.19	0.18	0.16	0.17	0.15	0.15	0.15	0.14
1.6	0.18	0.17	0.15	0.15	0.14	0.14	0.14	0.13
1.8	0.17	0.16	0.14	0.15	0.13	0.12	0.13	0.13
2.0	0.16	0.15	0.13	0.14	0.12	0.13	0.12	0.12
2.5				0.12	0.11	0.11	0.11	0.11
3.0				0.11	0.10	0.10	0.10	0.09
4.0						0.09	0.09	0.08
5.0						0.08	0.08	0.08

表 4－29　高速钢铰刀铰锥孔的进给量及切削速度(材料：灰铸铁)

孔径 d/mm	进给量 $f/(\text{mm}\cdot\text{r}^{-1})$		切削速度 $v/(\text{m}\cdot\text{s}^{-1})$	
	粗铰	精铰	粗铰	精铰
5	0.08	0.08	0.13～0.16	0.08～0.1
10	0.15	0.10		
15	0.20	0.15		
20	0.25	0.18		
30	0.35	0.25		
40	0.40	0.30		
50	0.50	0.40		
60	0.60	0.45		

4.3.4　镗孔切削用量

1. 进给量计算

高速钢及硬质合金镗刀进给量可查表 4－30。

表 4－30　高速钢及硬质合金镗刀进给量(材料:灰铸铁)

镗孔直径 d/mm	切削深度 a_p/mm	粗加工				精加工	光整加工
		刀杆伸出长度/mm					
		100	200	300	500		
		进给量 $f/(mm \cdot r^{-1})$					
20	2.0	0.10～0.20	0.08～0.15				
	0.5					0.10～0.20	0.05～0.1
40	3.0	0.2～0.40	0.15～0.30	0.10～0.20			
	0.5					0.10～0.20	0.05～0.1
60	3.0		0.25～0.50	0.20～0.40	0.15～0.3		
	5.0		0.20～0.40	0.15～0.30	0.10～0.2		
	0.5					0.15～0.25	0.05～0.1
80	3.0		0.35～0.70	0.25～0.50	0.20～0.40		
	5.0		0.25～0.50	0.20～0.40	0.15～0.25		

2. 切削速度计算

高速钢镗刀(W18Cr4V)的切削速度可取 0.2～0.4m/s(加工材料:灰铸铁,不加切削液)。

4.3.5　锪孔切削用量

1. 进给量计算

锪钻锪端面的进给量可查表 4－31。

表 4－31　锪钻锪端面的进给量(材料:灰铸铁)

孔径/mm	进给量 $f/(mm \cdot s^{-1})$	孔径/mm	进给量 $f/(mm \cdot s^{-1})$
15	0.10～0.15	60	0.20～0.30
20	0.10～0.15	70	0.20～0.35
30	0.12～0.20	80	0.25～0.40
40	0.15～0.25	90	0.25～0.40
50	0.15～0.25	100	0.25～0.50

2. 切削速度计算

高速钢埋头锪钻及平头锪钻(刀具材料:W18Cr4V)工作时的切削速度可取 0.2～0.41 m/s(加工材料:灰铸铁,不加切削液)。

4.4 插削加工

1. 进给量计算

插床插槽的进给量可查表 4－32。

表 4－32　插床插槽的进给量(材料:灰铸铁)

工艺系统刚度情况	槽的长度/mm	槽宽 B/mm			
		5	8	10	>10
		进给量 f/(mm·双行程$^{-1}$)			
足够		0.22～0.27	0.28～0.32	0.30～0.36	0.35～0.40
不足(加工零件孔径<100 mm孔内的槽)	100	0.18～0.22	0.20～0.24	0.22～0.27	0.25～0.30
	200	0.13～0.15	0.16～0.13	0.18～0.21	0.20～0.24
	>200	0.10～0.12	0.12～0.14	0.14～0.17	0.16～0.20

2. 切削速度计算

高速钢插刀插槽时的切削速度、切削力及切削功率可查表 4－33。

表 4－33　高速钢插刀插槽时的切削速度、切削力及切削功率(材料:灰铸铁)

进给量 f/(mm·双行程$^{-1}$)	切削速度 v/(m·s^{-1})	切削力 F_z/N	切削功率 P_m/kW
0.08	0.22	123	0.04
0.1	0.19	186	0.04
0.15	0.17	263	0.04
0.25	0.15	387	0.06
0.3	0.13	470	0.06
0.46	0.11	716	0.08

4.5 拉削加工

1. 进给量计算

拉削进给量可查表 4－34。

表 4－34　拉削进给量(齿升量)(材料:灰铸铁)

拉刀形式	齿升量/(mm·齿$^{-1}$)
圆柱拉刀	0.03～0.08
矩形齿花键拉刀	0.04～0.10
三角形及渐开线花键拉刀	0.04～0.08
键及槽拉刀	0.05～0.20
直角及平面拉刀	0.06～0.20
型面拉刀	0.03～0.08
正方形及六角形拉刀	0.03～0.15
各种类型的渐进拉刀	0.03

2. 切削速度计算

拉削的切削速度可查表 4 - 35。

表 4 - 35 拉削的切削速度

材料硬度 HB	圆柱孔		花键孔		外表面及键槽	
	*Ra*1.6 或 IT7	*Ra*3.2,*Ra*6.3 或 IT9	*Ra*1.6 或 IT7	*Ra*3.2,*Ra*6.3 或 IT9	*Ra*1.6 或公差范围 0.03～0.05 mm	*Ra*3.2,*Ra*6.3 或公差 >0.05 mm
	拉削速度/($m \cdot s^{-1}$)					
≤180	0.1～0.06	0.13～0.09	0.08～0.06	0.13～0.08	0.116～0.06	0.16～0.08
>180	0.06～0.058	0.116～0.08	0.075～0.05	0.116～0.08	0.1～0.06	0.13～0.1

第 5 章　机床夹具设计

每个同学设计一套中等或中等复杂程度以上的夹具，一般是车床夹具、铣床夹具或钻模。从自己编制的工序中选择一种夹具来，经指导教师批准后即可进行夹具设计与计算。

5.1　夹具设计与计算

5.1.1　夹具的生产过程

夹具的一般生产过程可以用图 5－1 所示的框图来表示。进行夹具生产的任务来源是，工艺人员在编制工艺规程时需要设计某些工序的专用夹具，并提出相应的夹具设计任务书。该任务书应有设计理由、使用车间、使用设备及须设计夹具工序的工序图等。工序图上须标明本道工序的加工要求、定位面和夹压点。

夹具设计人员在做了相应的准备工作后，就可进行夹具结构设计。在完成夹具结构设计之后，由夹具使用部门、制造部门就夹具的使用性能、结构合理性、结构工艺性及经济性等方面进行审核并交付制造。制成的夹具要由设计人员、工艺人员、使用部门、制造部门等各方人员进行验证。若该夹具确能满足该道工序的加工要求，就可交付生产使用。

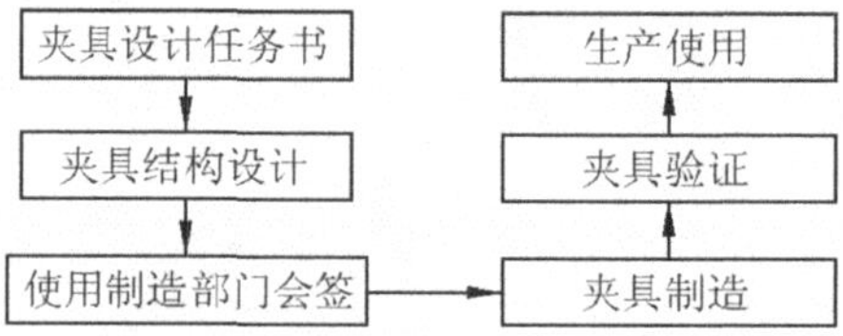

图 5－1　夹具的生产过程

5.1.2　设计夹具的基本要求

(1)满足使用要求，应保证工件装夹时定位可靠、夹紧牢固，并能保证精度要求。

(2)良好的结构工艺性。所设计的夹具应便于制造、装配、调整、维修，且便于加工中切屑的清理。

(3)使用安全省力，操作方便，有利于实现优质、高产、低耗，能改善劳动条件。

(4)应尽量使用标准件、通用件、借用件等，以提高标准化、通用化、系列化水平，降低生产成本。

5.1.3　几种常用夹具的设计要点

1. 车床夹具

车床夹具与车床主轴相连。工作时，夹具随同车床主轴一起旋转，速度一般比较高，因此，车床夹具要力求紧凑、轻便，且回转平衡。安全问题突出，夹紧要可靠，一般不用活动件，要防止锐边、棱角伤人，高速切削应考虑设置防护罩。

2. 铣床夹具

铣削特点：不连续切削，余量大，切削力大且大小和方向随时间变化，易振动。因此，夹具设计重心要低，刚度、强度要高，夹紧要可靠，夹紧力大，自锁性好，安全问题突出，为方便对刀，一般设有对刀装置。

3. 钻床夹具

钻床夹具种类多，有固定式、移动式、翻转式、回转式等多种类型，都统称为钻模。钻模中设有钻模板，有刀具导引元件——钻套。钻套有固定、可换、快换、速换，以及标准和特型等多种形式。设计钻模关键是要根据工件尺寸、质量、材料、加工要求及生产类型等来正确选择钻套的类型，主要技术问题是引导精度和排屑。

5.1.4　设计因素分析

1. 工件因素

夹具的尺寸和质量主要取决于工件的形状和尺寸，其次是工件材料。对于易切削材料，切削力小，夹紧力小，刚度要求低，设计的夹具轻便；难切削材料则相反。工件的加工精度决定了夹具的制造公差；生产批量决定了夹具的结构要素，工件生产批量大，夹具要求完善，自动化程度高；某些夹具元件（如定位、导向件）要考虑可调可换。

工件定位面的表面质量影响定位精度和夹具定位元件，而夹紧面影响夹紧变形和夹紧可靠性。对于精加工过的表面，应防止压痕夹伤，并且应考虑压头的形状和材质硬度，必要时应加垫片保护工件。

2. 机床和刀具因素

机床决定夹具类型等问题，同时也固定了夹具与机床的连接方式和连接尺寸，机床的操作空间限制了夹具尺寸的大小，刀具的类型、结构尺寸、制造精度是夹具对刀-导引元件的设计依据。

3. 操作因素

多数夹具是由工人操作的，设计者要有“人机工程”的概念，从操作方位、工件高低、夹紧力度、视觉效果、色彩和安全等方面处处为操作者着想，而对于安全的考虑，应当渗透到每一个设计细节，特别是车、铣夹具，干涉碰撞、工件松脱等会导致严重事故，夹具上的锐边和棱角会使人致伤。应时刻牢记：没有安全保障的夹具是绝对不可采用的。

5.1.5　设计方案及其优化

夹具设计影响因素多，可行方案是很多的，但最佳者往往只有一个，要制订几个方案，通过对比优化确定你认为的最佳方案，制订的几个设计方案要用草图给出，以便讨论和修改。

在夹具设计完成后，应整理出夹具设计计算书和使用说明书，其主要内容包括：①有关设计计算过程，包括定位面的选择过程，关键尺寸的计算，有关尺寸的尺寸换算及误差计算，对工件工序尺寸公差的误差分析，夹紧力的分析和计算，有些零部件必要时应进行强度、刚度、稳定性等校核。②夹具操作过程说明及注意事项。③有关夹具调整、维修、保养的要求和说明。要求计算过程及结果正确,文字叙述有条理,语言通顺、简练,文图清晰、工整。

5.2 夹具结构与绘图

5.2.1 夹具结构方案的确定

确定夹具结构方案主要包括:

(1)确定工件的定位方式,选择或设计定位元件,计算定位误差。

(2)确定工件的夹紧方式,选择或设计夹紧机构,计算夹紧力。

(3)确定刀具的导引方式及导引元件(钻床类夹具)。

(4)确定其他装置(如分度装置、工件顶出装置等)的结构形式。

(5)确定夹具体的结构形式。当确定夹具体的结构形式时,应同时考虑连接元件的设计。铣床类夹具除连接元件外,还应考虑对刀方式的确定,并选择或设计对刀元件。

当确定夹具组成部分的结构时,一般都会提出几种不同的方案,应分别画出草图,进行分析比较,从中选择较为合理的方案供审查。

5.2.2 夹具装配图设计

绘制夹具装配图要按照国家机械制图标准进行,绘图比例一般取 1∶1。

绘图前应先确定主要视图的数目,并合理进行视图布局,同时要考虑留出明细表、技术要求等的位置,使图面清晰、协调、美观。

绘图时,主视图应按面对操作者的工作位置绘制,工件处于夹紧状态。

绘制夹具装配图一般先绘制工件,用双点画线(手工绘图时也可用红笔)画出工件轮廓线,图中的工件视作假想"透明体",无遮挡作用,不影响夹具元件的绘制。

装配图上工件的定位面、夹紧面和被加工表面应清楚表达出来,在相应视图上加工余量用网纹表示,也可用粗实线表达。

绘图顺序一般为工件→定位元件→导引元件(钻床类夹具)→夹紧装置→其他装置→夹具体。

夹具装配图上的明细表应具有以下几方面的内容:序号、名称、代号(指标准件号或通用件号)、数量、材料、热处理、质量等。

1. 尺寸标注

夹具总装配图上应标注的尺寸随夹具的不同而不同,一般情况下,在夹具总装配图上应标注如下 5 种最基本的尺寸。

(1)夹具外形轮廓尺寸。夹具外形轮廓尺寸一般是指夹具的最大外形轮廓尺寸。当夹具结构中有可动部分时,还应包括可动部分处于极限位置时在空间所占尺寸。例如,当夹具上有超出夹具体外的旋转部分时,应注出最大旋转半径;有升降部分时,应注出最高、最低位置,以表明夹具的轮廓大小和运动范围,便于检查夹具与机床、刀具的相对位置有无干涉现象和在机床上安装的可能性。

(2)工件与定位元件间的联系尺寸。这种尺寸通常是指工件定位基准与定位元件间的配合尺寸。例如,定位基准孔与定位销(或心轴)间的配合尺寸,不仅要标出基本尺寸,而且还要标注精度等级和配合种类。

(3)夹具与刀具的联系尺寸。这种尺寸是用来确定夹具上对刀和引导元件的位置的。例如,对刀元件与定位元件间的位置尺寸;引导元件与定位元件间的位置尺寸(一般只需注出一个钻(镗)套与定位元件间的位置尺寸即可),以及钻(镗)套与刀具导向部分的配合尺寸。

(4)夹具与机床连接部分的尺寸。这种尺寸表示夹具如何与机床有关部分连接,从而确定夹具在机床上的正确位置。例如,对于铣、刨夹具,应标注定位键与机床工作台的 T 形槽的配合尺寸;对于车床、外圆磨床夹具,则应标注夹具与机床主轴端的连接尺寸。标注尺寸时,还应以夹具上的定位元件作为相互位置尺寸的基准。

(5)其他装配尺寸。这种尺寸是属于夹具内部的配合尺寸,以及某些夹具元件在装配后需要保持的相关尺寸。例如,定位元件与定位元件之间的尺寸,引导元件与引导元件之间的尺寸。

夹具装配图上还应标注夹具有关尺寸和公差,包括以下方面:

(1)夹具中与工件尺寸有关的尺寸,工件的平均尺寸为其基本尺寸,标注双向对称偏差。

(2)夹具的总误差,包括定位、制造、调整等一般不超过工序公差的 1/3。

(3)从夹具的可靠性和寿命着眼,须考虑夹具使用中的磨损补偿。

2. 技术条件标注

夹具装配图上要标注的技术条件主要是有关的位置精度要求。

(1)定位元件之间或定位元件与夹具体底面间的位置要求,其作用是调整工件的加工面与工件的定位基准面之间的位置精度。

(2)定位元件、对刀元件与连接元件(定向键)或找正基准面间的位置精度。

(3)定位元件与对刀-导引元件之间的位置精度要求。

对于要用特殊方法进行加工或装配才能达到图样要求的夹具,必须在夹具的总装配图上注以制造说明。其内容一般包括以下几个方面:

(1)必须先进行装配或装配一部分以后再进行加工的表面。

(2)用特殊方法加工的表面。

(3)新型夹具的某些特殊结构。

(4)某些夹具手柄的特殊位置。

(5)制造时需要相互配作的零件。

(6)气、液压动力部件的试验技术要求。

为了正确、合理地使用与保养夹具,有些夹具图中尚需注以使用说明,主要有多工位加工的加工顺序,装夹多种工件的说明,同时使用的通用夹具或转台,夹紧力的大小、夹紧的顺序、夹紧的方法,还应有使用中的安全问题、调整方法及保养方法等。

5.2.3　夹具零件图绘制

根据已绘制的装配图,就可绘制零件图。绘制夹具零件图时应注意以下问题:

(1)零件图的投影应尽量与装配图上的投影位置相符合,以便于读图和核对。

(2)零件的形状、尺寸、相互位置精度、表面粗糙度、材料、热处理及表面处理要求等都应清楚表达。

(3)尺寸标注应完善、清楚,为保证零件的加工要求,尺寸标注时应考虑该零件的加工工艺,以避免或减少尺寸换算引入误差,同一工种加工表面的尺寸应尽量集中标注。

(4)对于可在装配后用组合加工来保证的尺寸,应在其尺寸数值后注明“按装配图”字样,如钻套之间、定位销之间的尺寸等。

5.2.4 夹具体设计

1. 夹具体设计的基本要求

夹具总体设计中最后完成的主要元件是夹具体。夹具体是夹具的基础元件。

组成夹具的各种元件、机构、装置都要安装在夹具体上。在加工过程中,它是切削力、夹紧力、惯性力及由此产生的振动和冲击的主要承力部件,而且设计制造困难、生产成本高、周期长,因此设计时要给予足够的重视。

夹具体设计时应满足如下基本要求:

(1)足够的刚度和强度。

(2)夹具安装稳定。

(3)结构工艺性良好。

(4)便于清除切屑。

设计夹具体时,首要问题是正确选择夹具体毛坯的制造方法。在选择夹具体毛坯时,应考虑毛坯的生产周期、工艺性、成本、抗振性和刚度等几方面的因素。

2. 毛坯结构

常见的毛坯结构有下列 3 种。

(1)铸造结构。铸件的优点是工艺性好,可铸出各种复杂的型面,抗压强度大,刚度和抗振性都较好,因而可用于加工时切削负荷较大的场合。此外,铸件易加工,且材料成本低。但铸件生产周期长,铸造的圆角与拔模斜度等结构要素影响铸件空间尺寸。铸造夹具体材料一般选用 HT150 或 HT200 两种。由于铸造内应力缘故,对铸件一般要进行时效处理。

零件尺寸公差取值参考表 5-1。

表 5-1 零件尺寸公差取值参考表

夹具体零件尺寸	公差数据
相应于工件未注尺寸公差的直线尺寸	±0.1 mm
相应于工件未注角度公差的角度	±1°
相应于工件标注公差的直线尺寸或位置公差	(1/2～1/5)工件相应公差
夹具体上找正基面与安装工件的平面间的垂直度	0.01 mm
找正基面的直线度与平面度	0.005 mm
紧固件用的孔中心距公差	±0.1 mm $L\leqslant 150$ mm ±0.15 mm $L>150$ mm

(2)焊接结构。焊接结构容易制造、生产周期短、成本低。焊接夹具体一般由钢板、型材经

焊接而成,比同等体积的铸造夹具体轻,但刚度和抗振性稍差且在焊接过程中要产生热变形及残余应力,故焊完后须进行退火处理。此外,焊接夹具体不易获得复杂的外形且焊缝影响其空间位置尺寸。

(3)装配结构。装配夹具体是选用夹具专用标准毛坯件或标准零件,根据使用要求组装而成的,可得到精确的外形和空间位置尺寸。标准毛坯件和标准零件可组织专业化生产,这样可以缩短夹具体的制造周期,降低生产成本。要使装配夹具体在生产中得到广泛应用,必须实现夹具体零、部件的标准化、系列化。

确定夹具体形状和尺寸,夹具体的外形主要取决于安装在夹具体上的各种元件、机构和装置的形状及它们之间的布置位置。设计时,只要将组成该夹具的所有元件、机构和装置的结构及尺寸都设计好并布置好它们在图纸上的位置,就可由此勾画出夹具体的大致外形轮廓尺寸。再针对不同的毛坯结构,确定夹具体各部分的壁厚,如铸造结构的夹具体,壁厚一般可取 8～25 mm,过厚处采取挖空等措施,焊接件注意不能使用大实体结构。夹具体设计时还要注意所设计的夹具体应有足够的强度和刚度,有良好的结构工艺性。

表 5－2 列出了夹具体结构尺寸的经验数据。

表 5－2　夹具体结构尺寸的经验数据　　单位:mm

夹具体结构部分	壁厚 h	加强筋厚度	加强筋高度	铸造圆角
经验数据	8～25	$(0.7\sim0.9)h$	不大于 $5h$	$R=(1/5\sim1/10)(h_1+h_2)$

注:表中 h_1,h_2 为圆角相连处的壁厚。

5.2.5　图样审核

夹具装配图和零件图绘制完后,还要对图样进行必要的审核。审核主要有以下几个方面:

(1)结构方面。夹具应有合理的结构,否则会影响工作,甚至不能工作;要稳定可靠,有足够的强度和刚度,必要时要附加增加刚度的措施,如铸件应选用合理的截面形状及适当布置加强筋,焊接件加焊接加强筋或在结合面上加紧固螺钉等。

(2)受力方面。夹具的受力部分应直接由夹具体承受,避免通过紧固螺钉受力。夹紧装置的设计,应尽量使夹紧力在夹具体一个构件上得到平衡。同时夹具结构应具有良好的零件加工工艺性和装配工艺性。

(3)磨损方面。注意材料及热处理方法的合理选择,增加易损件的耐磨性。

(4)在线测量。夹具结构应充分考虑测量与检验问题,以便于操作者在加工中及时测量和检验加工尺寸等。

5.2.6　标准化审查

标准化审查是图样质量控制的关键环节,可保证图样符合国家标准及其他标准的规定。主要审查以下几个方面:

(1)图纸的幅面、格式。

(2)图纸中所用的术语、符号、代号和计量单位。

(3)标题栏、明细栏的填写。

(4)图样的绘制和尺寸标注。

(5)有关尺寸、尺寸公差、形位公差和表面粗糙度。

(6)选用的零件结构要素。

(7)选用的材料、标准件。

(8)是否正确选用了标准件、通用件和借用件。

5.3 夹具的公差与配合

5.3.1 夹具上常用配合的选择

夹具上常用配合的选择可查表 5-3。

表 5-3 夹具上常用配合的选择

配合形式	精度要求		示　例
	一般精度	较高精度	
定位元件与工件定位基准间	H7/h6,H7/g6,H7/f7	H6/h5,H6/g5,H6/f5	定位销与工件基准孔
有引导作用并有相对运动的元件间	H7/h6,H7/g6,H7/f7 H7/h6,G7/g6,F7/h6	H6/h5,H6/g5,H6/f6 H6/h5,G6/h5,F6/h5	滑动定位件、刀具与导套
无引导作用并有相对运动的元件间	H7/f9,H9/d9	H7/d8	滑动夹具底座板
没有相对运动的元件间	H7/n6,H7/p6,H7/r6,H7/s6,H7/u6,H7/t7(无紧固件) H7/m6,H7/k6,H7/js6,H7/m7,H8/k7(有紧固件)		固定支承钉、定位销

夹具总装配图上标注的定位元件之间,定位元件与引导元件或对刀元件之间,以及其他相关尺寸(如孔间距离)和相互位置(如同轴度、垂直度、平行度等)的公差。一般取工件上相应公差的 1/5～1/2,最常用的是 1/3～1/2。

表 5-4 中列出了各种机床夹具的公差与被加工工件公差的关系,供设计时参考。

表 5-4 按工件公差选取夹具公差　　单位:mm

夹具类型	工件被加工尺寸的公差				
	0.03～0.10	0.10～0.20	0.20～0.30	0.30～0.50	自由尺寸
车床夹具	1/4	1/4	1/5	1/5	1/5
钻床夹具	1/3	1/3	1/4	1/4	1/5
镗床夹具	1/2	1/2	1/3	1/3	1/5

车床心轴的配合和公差的选择可查表 5-5。

表 5－5　车床心轴的配合和公差

特点	加工特点	配合种类和公差等级
刚性心轴	精加工	h5,g5,h6
	一般加工	h6,g6,f7
弹性胀开式心轴	精加工	h6,g6,f7
	一般加工	f7,e8

各组成元件工作表面相互位置精度通常采用的有 0.01/100，0.02/100，0.03/100，0.05/100。

表 5－6 和表 5－7 是按照工件公差确定夹具相应公差的参考数据。

表 5－6　按照工件的直线尺寸公差确定夹具相应尺寸公差的参考数据　单位：mm

工件尺寸公差		夹具尺寸公差	工件尺寸公差		夹具尺寸公差
由	至		由	至	
0.008	0.01	0.005	0.20	0.24	0.08
0.01	0.02	0.006	0.24	0.28	0.09
0.02	0.03	0.010	0.28	0.34	0.10
0.03	0.05	0.015	0.34	0.45	0.15
0.05	0.06	0.025	0.45	0.65	0.20
0.06	0.07	0.030	0.65	0.90	0.30
0.07	0.08	0.035	0.90	1.30	0.40
0.08	0.09	0.040	1.30	1.50	0.50
0.09	0.10	0.045	1.50	1.80	0.60
0.10	0.12	0.050	1.80	2.00	0.70
0.12	0.16	0.060	2.00	2.50	0.80
0.16	0.20	0.070	2.50	3.00	1.00

表 5－7　按照工件的角度公差确定夹具相应角度公差的参考数据

工件角度公差		夹具角度公差	工件角度公差		夹具角度公差
由	至		由	至	
0°00′50″	0°01′30″	0°00′30″	0°10′00″	0°15′00″	0°05′30″
0°01′30″	0°02′30″	0°01′00″	0°15′00″	0°20′00″	0°08′00″
0°02′30″	0°03′30″	0°01′30″	0°20′	0°25′	0°10′
0°03′30″	0°04′30″	0°02′00″	0°25′	0°35′	0°12′
0°04′30″	0°06′00″	0°02′30″	0°35′	0°50′	0°15′
0°06′00″	0°08′00″	0°03′00″	0°50′	1°00′	0°20′
0°08′00″	0°10′00″	0°04′00″	1°00′	1°30′	0°30′
1°30′	2°00′	0°40′	3°00′	4°00′	1°20′
2°00′	3°00′	1°00′	4°00′	5°00′	1°40′

钻套的配合和公差的选择可查表 5-8。

表 5-8 钻套的配合和公差

<table>
<tr><th>钻套名称</th><th colspan="2">加工方法及配合部位</th><th>配合种类和公差等级</th><th colspan="2">加工方法及配合部位</th><th>配合种类和公差等级</th></tr>
<tr><td>衬套</td><td colspan="2">外径与钻模板</td><td>H7/r6,H7/n6,H6/n5</td><td colspan="2">内径</td><td>H7,H6</td></tr>
<tr><td>固定钻套</td><td colspan="2">外径与钻模板</td><td>H7/r6,H7/n6</td><td colspan="2">内径</td><td>G7,F8</td></tr>
<tr><td rowspan="4">可换钻套
快换钻套</td><td rowspan="4">钻孔及扩孔</td><td>外径与衬套</td><td>H7/g6,H7/f7</td><td rowspan="2">粗铰孔</td><td>外径与衬套</td><td>H7/g6,H7/h6</td></tr>
<tr><td>刀具切削部分导向</td><td>H7/h6,G7/h7</td><td>内径</td><td>G7/h6,H7/h6</td></tr>
<tr><td rowspan="2">刀柄或刀杆导向</td><td rowspan="2">H7/f7,H7/g6</td><td rowspan="2">精铰孔</td><td>外径与衬套</td><td>H6/g5,H6/h5</td></tr>
<tr><td>内径</td><td>G6/h5,H6/h5</td></tr>
</table>

夹具设计中，除了规定有关尺寸精度外，还要制定各有关元件之间、各元件的有关表面之间的相互位置精度，以保证整个夹具的工作精度。这些相互位置的精度要求一般用符号或文字来表示，习惯上统称为技术条件，一般包括以下几个方面：

(1)定位元件之间或定位元件对夹具体底面之间的相互位置要求。

(2)定位元件与连接元件(或找正基面)间的相互位置要求。

(3)对刀元件与连接元件(或找正基面)间的相互位置要求。

(4)定位元件与引导元件间的相互位置要求。

以上 4 个方面的技术要求都是为保证工件相应的加工要求所必需的，而且也是使用车间验收和定期检修夹具工作精度的依据。因此，必须根据具体情况把它们标注在夹具总装配图上。

凡与工件加工要求直接有关者，其位置误差数值可按工件加工技术条件所规定的数值的 1/2～1/5 选取；若与工件加工要求无直接关系，可参考表 5-9 酌情制定。

表 5-9 夹具技术条件数值 单位：mm

技术条件	参考数值
同一平面上的支承钉或支承板的等高公差	不大于 0.02
定位元件工作表面对定位键槽侧面的平行度或垂直度	不大于 0.02∶100
定位元件工作表面对夹具体底面的平行度或垂直度	不大于 0.02∶100
钻套轴线对夹具体底面的垂直度	不大于 0.05∶100
镗模前后镗套的同轴度	不大于 0.02
对刀块工作表面对定位元件工作表面的平行度或垂直度	不大于 0.03∶100
对刀块工作表面对定位键槽侧面的平行度或垂直度	不大于 0.03∶100
车、磨夹具的找正基面对其回转中心的径向跳动	不大于 0.02

5.3.2　车床、外圆磨床夹具的主要技术条件

车床、外圆磨床夹具多为心轴类夹具与卡盘类夹具，常以工件的内孔或外圆表面作为定位基准。因此，在这些夹具中，为确定工件基准孔或外圆的正确位置所采用的定位元件的尺寸及形位公差，就构成了这类夹具的主要技术条件。一般包括以下几个方面：

(1)与工件配合的圆柱面(即定位表面)对其中心线或相当于中心线的同轴度。

(2)当工件与夹具心轴为双重配合时(如阶梯圆柱面配合)，应提出双重配合部分的同轴度。

(3)定位表面与其轴向定位台肩的垂直度。

(4)夹具定位表面对夹具在机床上安装定位基面的垂直度或平行度。

(5)定位表面的直线度和平面度或等高性。

(6)各定位表面间的垂直度或平行度。

心轴类夹具按其定位部分的结构形式分为刚性心轴和弹性心轴两种。刚性心轴与工件定位基准孔之间保持一定的配合间隙，配合间隙愈小，定位精度愈高。弹性心轴与工件基准孔之间的配合间隙靠定位部分的均匀胀开消除，因此，这种心轴的制造公差可以适当放宽。

如表 5-10 所示是车床心轴的制造公差。夹具上的基本尺寸是工件基准孔的最小尺寸。

表 5-10　车床心轴的制造公差　　单位：mm

工件的定位直径	定位元件的结构形式			
	刚性心轴		弹性胀开式心轴	
	精加工	一般加工	精加工	一般加工
0～10	−0.005 −0.01	−0.023 −0.045	−0.013 −0.027	−0.035 −0.060
10～18	−0.006 −0.018	−0.030 −0.055	−0.016 −0.033	−0.045 −0.075
18～30	−0.008 −0.022	−0.040 −0.070	−0.020 −0.040	−0.060 −0.095
30～50	−0.010 −0.027	−0.050 −0.085	−0.025 −0.050	−0.075 −0.115
50～80	−0.012 −0.032	−0.060 −0.105	−0.030 −0.060	−0.095 −0.145
80～120	−0.015 −0.038	−0.080 −0.125	−0.040 −0.075	−0.120 −0.175
120～180	−0.018 −0.045	−0.100 −0.155	−0.050 −0.090	−0.150 −0.210
180～260	−0.022 −0.052	−0.120 −0.180	−0.060 −0.105	−0.180 −0.250

心轴可用其顶尖孔安装在机床上，也可用带锥度的尾柄直接插入机床主轴的锥孔内。因此，心轴的定位表面对回转中心的径向全跳动公差应加以规定。如表 5-11 所示是定位元件的定位表面对其回转中心线的径向全跳动公差。

表 5－11　车、磨床夹具径向全跳动公差　单位：mm

工件径向全跳动公差	定位元件定位表面对回转中心线的径向全跳动公差	
	心轴类夹具	一般车磨夹具
0.05～0.10	0.005～0.01	0.01～0.02
0.10～0.20	0.01～0.015	0.02～0.04
0.20 以上	0.015～0.03	0.04～0.06

5.3.3　钻床、镗床夹具的主要技术条件

在钻床、镗床上加工孔和孔系时，其尺寸精度和相对位置精度是靠导套的精度和导套与导套间的位置精度来保证的。

导套内径的基本尺寸即为刀具最大极限尺寸，其公差按基轴制配合制定。钻孔、扩孔和粗铰孔取 F8 或 G7；精铰孔取 G7 或 G6。如果刀具不是用切削部分而是用圆柱部分（如接长的扩孔钻、铰刀等）导向，也允许采用基孔制的相应配合，即孔用 H7，轴用 f7，g6，g5。

导套内、外圆的同轴度公差一般不超过 0.005 mm。

导套与导套间的位置精度可通过相应的技术要求保证。钻床、镗床夹具的主要技术要求一般包括以下几个方面：

（1）定位表面对夹具安装基面的垂直度或平行度。

（2）导套中心对定位表面和夹具的安装基面的垂直度或平行度（可参考表 5－12）。

（3）同轴线导套的同轴度。

（4）定位表面的直线度和平面度或等高性。

（5）定位表面和导套轴线对校正基面的垂直度或平行度。

（6）各被加工表面间（即各导套间），被加工表面与定位表面间的尺寸要求及相互位置要求（可参考表 5－13）。

表 5－12　导套中心对夹具安装基面的相互位置要求　单位：mm/100mm

工件加工孔对定位基面的垂直度要求	导套中心线对夹具安装基面的垂直度要求
0.05～0.10	0.01～0.02
0.10～0.25	0.02～0.05
0.25 以上	0.05

表 5－13　导套中心距或导套中心到定位基面间的制造公差　单位：mm

工件孔中心距或孔中心到基面的公差	导套中心距或导套中心到定位基面的制造公差	
	平行或垂直时	不平行不垂直时
±0.05～±0.10	±0.005～±0.02	±0.005～±0.015
±0.10～±0.25	±0.02～±0.05	±0.015～±0.035
±0.25 以上	±0.05～±0.10	±0.035～±0.08

5.3.4　铣床、刨床夹具的主要技术条件

铣床、刨床夹具的技术条件一般包括以下几个方面：

(1)定位表面对夹具安装基面的垂直度或平行度。

(2)定位表面(导向面)或中心线对定位键工作面(或找正基面)的平行度或垂直度。

(3)定位表面的平面度和直线度或支承板的等高性。

(4)定位表面间的垂直度或平行度。

(5)对刀块工作表面到定位表面距离的制造公差。按工件公差确定夹具对刀块到定位表面制造公差如表 5－14 所示。对刀块工作面、定位表面和定位键侧面间的技术要求如表 5－15 所示。

表 5－14　按工件公差确定夹具对刀块到定位表面的制造公差　　单位：mm

工件的公差	对刀块到定位表面的相互位置	
	平行或垂直时	不平行或不垂直时
±0.1	±0.02	±0.015
±0.1～±0.25	±0.05	±0.035
±0.25 以上	±0.10	±0.08

表 5－15　对刀块工作表面、定位表面和定位键侧面间的技术要求

工件加工面对定位基准的技术要求/mm	对刀块工作面及定位键侧面对定位表面(每 100 mm 长度上)的垂直度或平行度/mm
0.05～0.10	0.01～0.02
0.10～0.20	0.02～0.05
0.20 以上	0.05～0.10

5.4　夹具零件的公差和技术条件

5.4.1　标准夹具零件及部件

机床夹具常用的零件及部件已经标准化，参阅 JB/T 8004—1999，JB/T 8005—1999，可以查得这些零件及部件的结构尺寸、精度等级、表面粗糙度、材料及热处理条件等。其技术要求亦可参阅《机床夹具零件及部件技术条件》(JB/T 8044—1999)。

《机床夹具零件及部件技术条件》(JB/T 8044—1999)规定了适用于相应国家标准和行业标准的零件及部件的技术条件。

1. 一般要求

(1)制造零件及部件采用的材料应符合相应的国家标准或行业标准的规定。允许采用机械性能不低于规定牌号的其他材料制造。

(2)铸件不允许有裂纹、气孔、砂眼、缩松、夹渣、浇口、冒口、飞边，毛刺应铲平，结疤、黏砂

应清除干净。

(3)锻件不允许有裂纹、皱折、飞边、毛刺等缺陷。

(4)铸件或锻件，在机械加工前应经时效处理或退火、正火处理。

(5)零件加工表面不应有锈蚀或机械损伤。

(6)热处理后的零件，应清除氧化皮、赃物和油污，不允许有裂纹或龟裂等缺陷。

(7)零件的内、外螺纹均不得渗碳。

(8)加工面未注公差的尺寸，其尺寸公差按 GB/T1804 中 m 级的规定。

(9)未注形位公差的加工面应按 GB/T1184 中 H 级的规定。

(10)经磁力吸盘吸附过的零件应退磁。

(11)零件的中心孔应按 GB/T145 中的规定。

(12)零件焊缝不应有未填满的弧坑、气孔、夹渣、基体材料烧伤等缺陷。焊接后应经退火或正火处理。

(13)采用冷拉四方钢材(按 GB/T906)、六角钢材(按 GB/T907)或圆钢材(按 GB/T905)制造的零件，其外形尺寸符合要求时，可不加工。

(14)铸件和锻件机械加工余量和尺寸偏差按各行业相应标准的规定。

(15)一般情况下，零件的锐边应倒钝。

(16)零件滚花按 GB/T6403 中的规定。

(17)砂轮越程槽按 GB/T6405 中的规定。

(18)普通螺纹基本尺寸应符合 GB/T196 的规定，其公差和配合按 GB/T197 规定的中等精度。

(19)非配合的锥度和角度的自由公差按 GB/T11335 中 C 级的规定。

(20)图样上未注明的螺纹精度一般选 6H/6g 精度等级。未注明的粗糙度为 $Ra3.2$。

(21)螺纹的通孔及沉头座尺寸按 GB/T152.2～GB/T152.4 中的规定。

(22)普通螺纹收尾及倒角按 GB/T3 中的规定。

(23)螺钉的技术要求按 GB/T3098.3 中的规定。

(24)螺钉末端按 GB/T2 中的规定。

(25)螺母的技术要求按 GB/T3098.2 中的规定。

(26)梯形螺纹牙型与基本尺寸应符合 GB/T5796.3 中的规定，其公差应符合 GB/T5796.4中的规定。

(27)偏心轮工作面母线对配合孔的中心线的平行度，在 100 mm 长度上应不大于0.1 mm。

(28)垫圈的外轮廓对内孔的同轴度应不大于表 5－16 中的规定。

表 5－16　垫圈的外轮廓对内孔的同轴度　　单位：mm

公称直径	4～8	10～12	16～20	>24
同轴度	0.4	0.5	0.6	0.7

2. 装配质量

(1)装配时各零件均应清洗干净，不得残留有铁屑和其他各种杂物，移动和转动部件应加油润滑。

(2)固定连接部位不得松动、脱落;活动连接部位中的各种运动部件应动作灵活、平稳,无阻塞现象。

5.4.2　专用夹具零件及部件

专用夹具零件及部件的公差和技术要求可依据夹具总装配图上的配合性质和技术要求,并参照有关行业标准制定,一般包括以下内容。

(1)夹具零件毛坯的技术要求,如毛坯质量、硬度、毛坯热处理及精度要求等。

(2)夹具零件热处理的技术要求,包括为改善机械加工性能和为达到要求的机械性能而提出的热处理要求。

(3)夹具零件的尺寸(角度)公差如表 5-17 所示。

表 5-17　夹具零件的尺寸(角度)公差

夹具零件的尺寸(角度)	公差数值
相应于工件无尺寸公差的直线尺寸	±0.1 mm
相应于工件无角度公差的角度	±10′
相应于工件有尺寸公差的直线尺寸	(1/2～1/5)工件尺寸公差
紧固件用的孔中心距公差	±0.1 mm,$L<150$ mm ±0.1 mm,$L>150$ mm
夹具体上找正基面与安装元件的平面间的垂直度	不大于 0.01 mm
找正基面的直线度与平面度	0.005 mm
夹具体、模板、立柱、角铁、定位心轴等零件的平面之间、平面与孔之间,孔与孔之间的平行度、垂直度、同轴度	取工件相应公差之半

(4)夹具零件主要表面的粗糙度。夹具定位元件工作表面的粗糙度应比工件定位基准表面的粗糙度提高 1～3 级。具体取值可参考表 5-18。

表 5-18　夹具零件主要表面的粗糙度　　单位:mm

<table>
<tr><th>表面形状</th><th colspan="2">表面名称</th><th>精度等级</th><th>外圆或外侧面</th><th>内孔或内侧面</th><th>举例</th></tr>
<tr><td rowspan="7">平面</td><td rowspan="5">有相对运动的配合表面</td><td rowspan="3">一般平面</td><td>7</td><td colspan="2">0.4(0.5,0.63)</td><td>T 形槽</td></tr>
<tr><td>8,9</td><td colspan="2">0.8(1.0,1.25)</td><td>活动 V 形块、叉形偏心轮、铰链两侧面</td></tr>
<tr><td>11</td><td colspan="2">1.6(2.0,2.5)</td><td>叉头零件</td></tr>
<tr><td rowspan="2">特殊配合</td><td>精确</td><td colspan="2">0.4(0.5,0.63)</td><td rowspan="2">燕尾导轨</td></tr>
<tr><td>一般</td><td colspan="2">1.6(2.0,2.5)</td></tr>
<tr><td colspan="2" rowspan="2">无相对运动的表面</td><td>8,9</td><td>0.8(1.0,1.25)</td><td>1.6(2.0,2.5)</td><td>定位键侧面</td></tr>
<tr><td>特殊配合</td><td>0.8(1.0,1.25)</td><td>1.6(2.0,2.5)</td><td>键两侧面</td></tr>
</table>

续 表

表面形状	表面名称		精度等级	外圆或外侧面	内孔或内侧面	举例
平面	有相对运动的导轨面		精确	0.4(0.5,0.63)		导轨面
			一般	1.6(2.0,2.5)		
	无相对运动	夹具体基面	精确	0.4(0.5,0.63)		夹具体安装面
			中等	0.8(1.0,1.25)		
			一般	1.6(2.0,2.5)		
		安装夹具零件的基面	精确	0.4(0.5,0.63)		安装元件的表面
			中等	1.6(2.0,2.5)		
			一般	3.2(4.0,5.0)		
圆柱面	有相对运动的配合表面		6	0.2(0.25,0.32)		快换钻套、手动定位销
			7	0.2(0.25,0.32)	0.4(0.5,0.63)	导向销
			8,9	0.4(0.5,0.63)		衬套定位销
			11	1.6(2.0,2.5)	3.2(4.0,5.0)	转动轴颈
	无相对运动的配合表面		7	0.4(0.5,0.63)	0.8(1.0,1.25)	圆柱销
			8,9	0.8(4.0,5.0)	1.6(2.0,2.5)	手柄
			自由尺寸	3.2(4.0,5.0)		活动手柄、压板
锥形表面	顶尖孔		精确	0.4(0.5,0.63)		顶尖、顶尖孔、铰链侧面
	无相对运动	安装刀具的锥柄和锥孔	一般	1.6(2.0,2.5)		导向定位件导向部分
			精确	0.2(0.25,0.32)	0.4(0.5,0.63)	工具圆锥
		固定紧固用	一般	0.4(0.5,0.63)	0.8(1.0,1.25)	弹簧夹头、圆锥销、轴
				0.4(0.5,0.32)	0.8(1.0,1.25)	锥面锁紧表面
紧固件表面	螺钉头部			3.2(4.0,5.0)		螺栓、螺钉
	穿过紧固件的内孔面			6.3(8.0,10.0)		压板孔
密封性配合表面	有相对运动			0.1(0.125,0.16)		缸体内表面
	无相对运动	软垫圈		1.6(2.0,2.5)		缸盖端面
		金属垫圈		0.8(1.0,1.25)		
定位平面			精确	0.4(0.5,0.32)		定位件工作表面
			一般	1.6(2.0,2.5)		
孔面	径向轴承		D,E	0.4(0.5,0.32)		安装轴承内孔
			G,F	0.8(1.0,1.25)		
端面	推力轴承			1.6(2.0,2.5)		安装推力轴承端面
孔面	滚针轴承			0.4(0.5,0.63)		安装轴承内孔

续 表

表面形状	表面名称	精度等级	外圆或外侧面	内孔或内侧面	举例
刮研平面	20～25 点/25×25mm²		0.05(0.063,0.080)		结合面
	16～20 点/25×25mm²		0.1(0.125,0.16)		
	13～16 点/25×25mm²		0.2(0.25,0.32)		
	10～13 点/25×25mm²		0.4(0.5,0.32)		
	8～10 点/25×25mm²		0.8(1.0,1.25)		

注:括号中的数值为第二系列。

(5)夹具主要零件所采用的材料及热处理要求如表 5－19 所示。

表 5－19　夹具主要零件所采用的材料及热处理要求

零件种类	零件名称	材料	热处理要求
壳体零件	夹具的壳体及形状复杂的壳体	HT200	时效
	焊接壳体	A3	
	花盘和车床夹具壳体	HT300	时效
定位元件	定位心轴	(D≤35mm)T8A (D>35mm)45	淬火 HRC55～60 淬火 HRC43～48
夹紧零件	斜楔	20	渗碳、淬火、回火 HRC54～60 渗碳深度 0.8～1.2mm
	各种形状的压板	45	淬火、回火 HRC40～45
	卡爪	20	渗碳、淬火、回火 HRC54～60 渗碳深度 0.8～1.2mm
	钳口	20	渗碳、淬火、回火 HRC54～60 渗碳深度 0.8～1.2mm
	虎钳丝杆	45	淬火、回火 HRC35～40
	切向夹紧用螺栓和衬套	45	调质 HB225～255
	弹簧夹头心轴用螺母	45	淬火、回火 HRC35～40
	弹性夹头	65Mn	夹料部分淬火、回火 HRC56～61 弹性部分淬火 HRC43～48
	活动零件用导板	45	淬火、回火 HRC35～40
其他零件	靠模、凸轮	20	渗碳、淬火、回火 HRC54～60 渗碳深度 0.8～1.2mm
	分度盘	20	渗碳、淬火、回火 HRC58～64 渗碳深度 0.8～1.2mm
	低速运转的轴承衬套和轴瓦	ZQSn6—6—3	
	高速运动的轴承衬套和轴瓦	ZQPb12—8	

5.5 定位误差的分析与计算

机械加工过程中，产生加工误差的因素很多。在这些因素中，有一项因素与机床夹具有关。使用夹具时，加工表面的位置误差与夹具在机床上的对定及工件在夹具中的定位密切相关。为了满足工序的加工要求，必须使工序中各项加工误差总和等于或小于该工序所规定的工序公差。

$$\Delta_j + \Delta_\omega \leqslant \delta_g \tag{5-1}$$

式中，Δ_j 为与机床夹具有关的加工误差；Δ_ω 为与工序中除夹具外其他因素有关的误差；δ_g 为工序公差。

与机床夹具有关的加工误差 Δ_j，一般可用下式表示：

$$\Delta_j = \Delta_{W\cdot Z} + \Delta_{D\cdot A} + \Delta_{D\cdot W} + \Delta_{j\cdot j} + \Delta_{j\cdot M} \tag{5-2}$$

式中，$\Delta_{W\cdot Z}$ 为夹具相对于机床成形运动的位置误差；$\Delta_{D\cdot A}$ 为夹具相对于刀具位置的误差；$\Delta_{D\cdot W}$ 为工件在夹具中的定位误差；$\Delta_{j\cdot j}$ 为工件在夹具中被夹紧时产生的夹紧误差；$\Delta_{j\cdot M}$ 为夹具磨损所造成的加工误差。

由式(5-1)可知，使用夹具加工工件时，应尽量减小与夹具有关的加工误差，在保证工序加工要求的情况下，留给加工过程中其他误差因素的比例大一些，以便较易控制加工误差。由式(5-2)可知，正确地计算出工件在夹具中的定位误差和减小其他各项误差，是设计夹具时必须认真考虑的重要问题之一。

由于工件定位所造成的加工表面相对其工序基准的位置误差称为定位误差。加工时，夹具相对刀具及切削成形运动的位置经调定后不再变动，因此可以认为加工表面的位置是固定的。在这种情况下，加工表面对其工序基准的位置误差，必然是工序基准的位置变动所引起的。因此，定位误差也就是工件定位时工序基准(一批工件的)沿加工要求方向上的位置的最大变动量，即工序基准位置的最大变动量在加工尺寸方向上的投影。

如表5-20所示，列举了一些常见定位形式的定位简图和定位误差的计算公式。

表5-20 定位误差计算示例

定位形式		定位简图	定位误差的计算公式/mm
以平面作为定位基准	一个平面定位	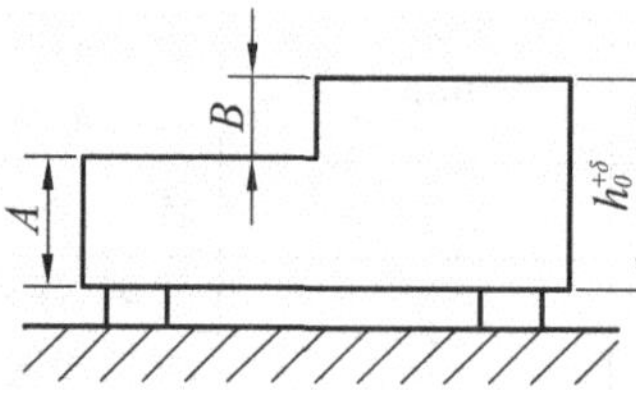	$\Delta_{D\cdot W(A)} = 0$ $\Delta_{D\cdot W(B)} = \delta$
	两个垂直面定位	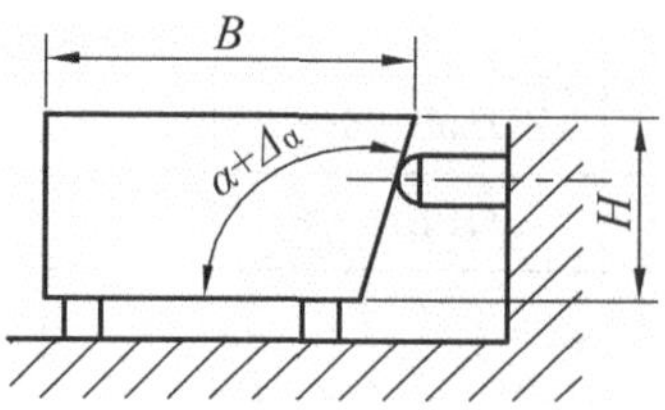	$\alpha = 90^\circ$，当 $h < H/2$ 时 $\Delta_{D\cdot W(B)} = 2(H-h)\tan\Delta_\alpha$

续 表

<table>
<tr><th colspan="2">定位形式</th><th>定位简图</th><th>定位误差的计算公式 /mm</th></tr>
<tr><td rowspan="2">以平面作为定位基准</td><td>两个垂直面定位</td><td>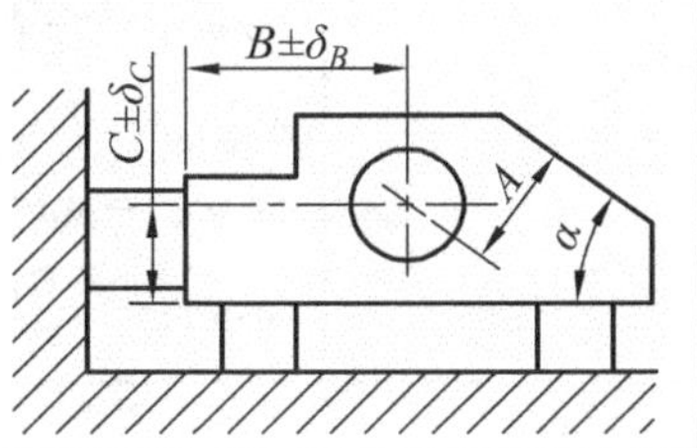
</td><td>$\Delta_{D\cdot W(A)} = 2\delta_C\cos\alpha + 2\delta_B\cos(90^\circ - \alpha)$</td></tr>
<tr><td>两个水平面定位</td><td>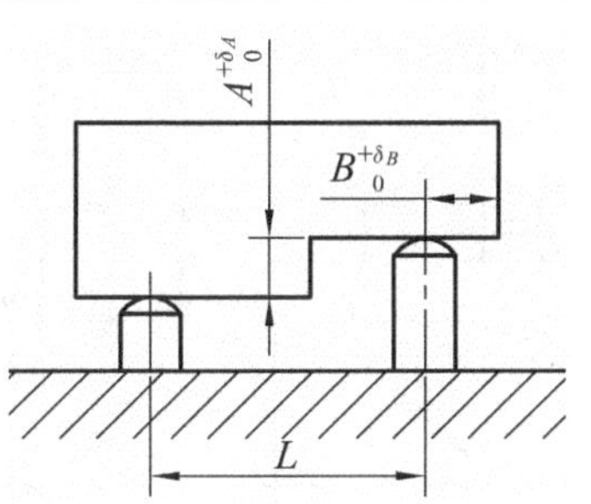
</td><td>工件在水平面内最大角向定位误差
$\Delta_{J\cdot W} = \arctan\dfrac{\delta_A + \delta_B}{L}$</td></tr>
<tr><td rowspan="3">以孔与平面作为定位基准</td><td rowspan="2">一孔一平面定位</td><td>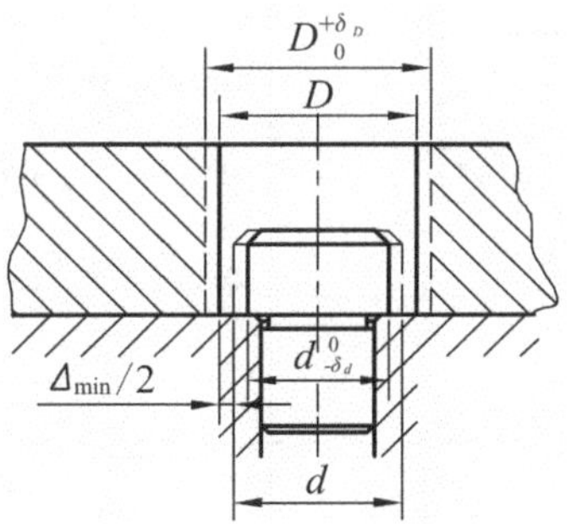
</td><td>任意边接触：
$\Delta_{D\cdot W} = \delta_D + \delta_d + \Delta_{\min}$
固定边接触：
$\Delta_{D\cdot W} = \dfrac{\delta_D + \delta_d}{2}$
式中，$\Delta_{\min}$ 为定位孔与定位销间的最小间隙</td></tr>
<tr><td>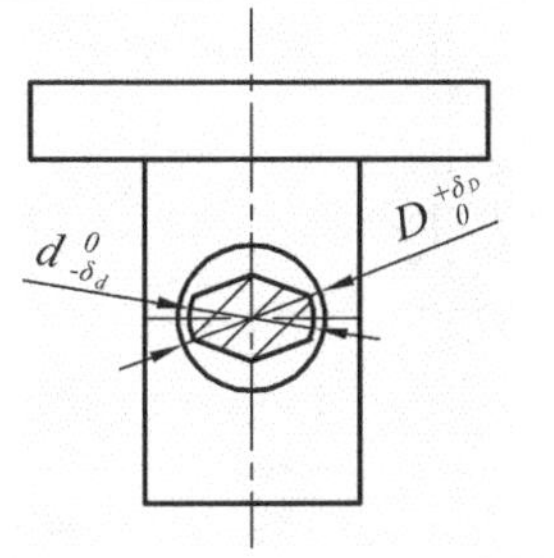
</td><td>$\Delta_{D\cdot W(Y)} = 0$
$\Delta_{D\cdot W(X)} = \delta_D + \delta_d + \Delta_{\min}$
式中，$\Delta_{\min}$ 为定位孔与定位销间的最小间隙</td></tr>
<tr><td>一面两孔定位</td><td>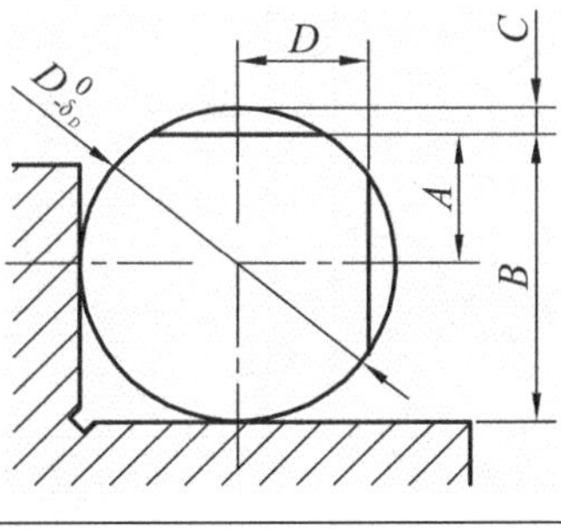
</td><td>$\Delta_{D\cdot W(Y)} = \delta_D + \delta_d + \Delta_{1\min}$
$\Delta_{J\cdot W} = \arctan\dfrac{\delta_{D_1} + \delta_{d_1} + \Delta_{1\min} + \delta_{D_2} + \delta_{d_2} + \Delta_{2\min}}{2L}$
式中，$\Delta_{1\min}$ 为第一定位孔与圆定位销间的最小间隙；$\Delta_{2\min}$ 为第二定位孔与削边销间的最小间隙；$\Delta_{J\cdot W}$ 为转角误差</td></tr>
</table>

续表

定位形式		定位简图	定位误差的计算公式 /mm
以外圆柱面作为定位基准	两个垂直面定位	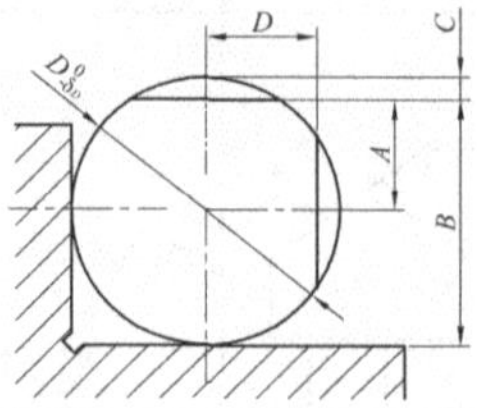	$\Delta_{D\cdot W(A)}=\frac{1}{2}\delta_D$ $\Delta_{D\cdot W(B)}=0$ $\Delta_{D\cdot W(C)}=\delta_D$ $\Delta_{D\cdot W(D)}=\frac{1}{2}\delta_D$
以外圆柱面作为定位基准	平面定位V形块定心	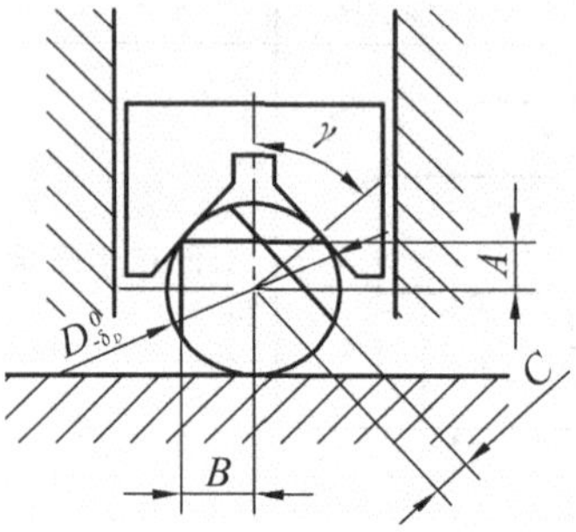	$\Delta_{D\cdot W(A)}=\frac{1}{2}\delta_D$ $\Delta_{D\cdot W(B)}=0$ $\Delta_{D\cdot W(C)}=\frac{1}{2}\delta_D\cos\gamma$
		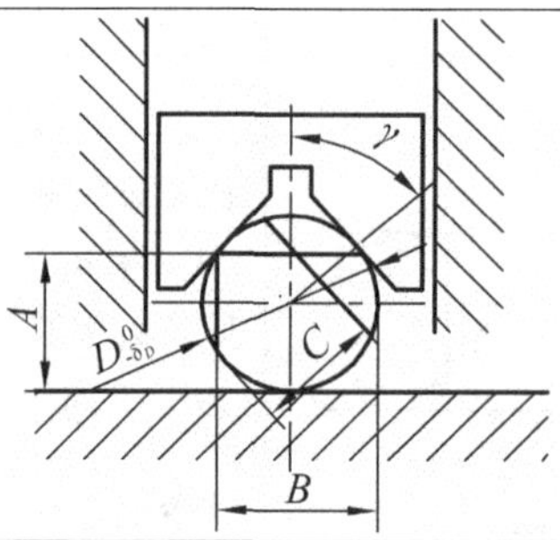	$\Delta_{D\cdot W(A)}=0$ $\Delta_{D\cdot W(B)}=\frac{1}{2}\delta_D$ $\Delta_{D\cdot W(C)}=\frac{\delta_D}{2}-\frac{\delta_D}{2}\cos\gamma$
		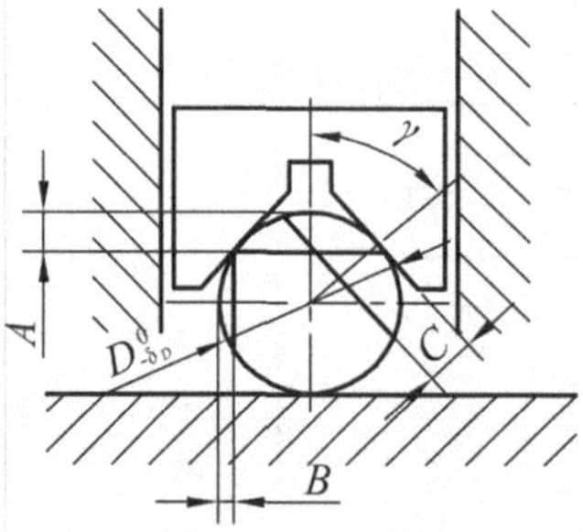	$\Delta_{D\cdot W(A)}=\delta_D$ $\Delta_{D\cdot W(B)}=\frac{1}{2}\delta_D$ $\Delta_{D\cdot W(C)}=\frac{\delta_D}{2}+\frac{\delta_D}{2}\cos\gamma$
	V形块定位	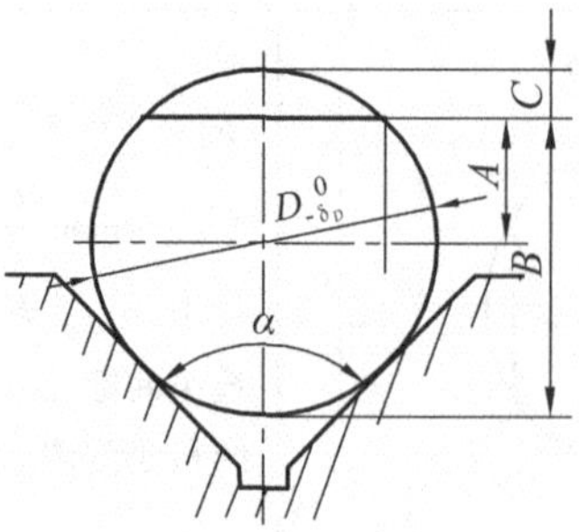	$\Delta_{D\cdot W(A)}=\frac{\delta_D}{2\sin\frac{\alpha}{2}}$ $\Delta_{D\cdot W(B)}=\frac{\delta_D}{2}\left(\frac{1}{\sin\frac{\alpha}{2}}-1\right)$ $\Delta_{D\cdot W(C)}=\frac{\delta_D}{2}\left(\frac{1}{\sin\frac{\alpha}{2}}+1\right)$

α	$\Delta_{D\cdot W(A)}$	$\Delta_{D\cdot W(B)}$	$\Delta_{D\cdot W(C)}$
60°	δ_D	$0.5\delta_D$	$1.5\delta_D$
90°	$0.71\delta_D$	$0.21\delta_D$	$1.21\delta_D$
120°	$0.58\delta_D$	$0.08\delta_D$	$1.08\delta_D$

续 表

定位形式		定位简图	定位误差的计算公式 /mm
以外圆柱面作为定位基准	V 形块定位	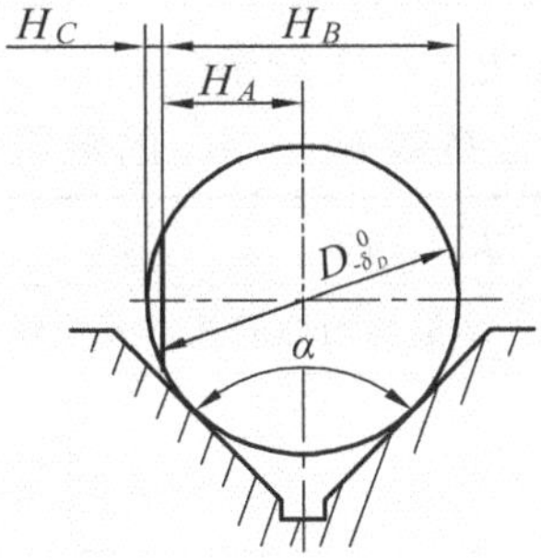	$\Delta_{D\cdot W(A)}=0$ $\Delta_{D\cdot W(B)}=\frac{1}{2}\delta_D$ $\Delta_{D\cdot W(C)}=\frac{1}{2}\delta_D$
		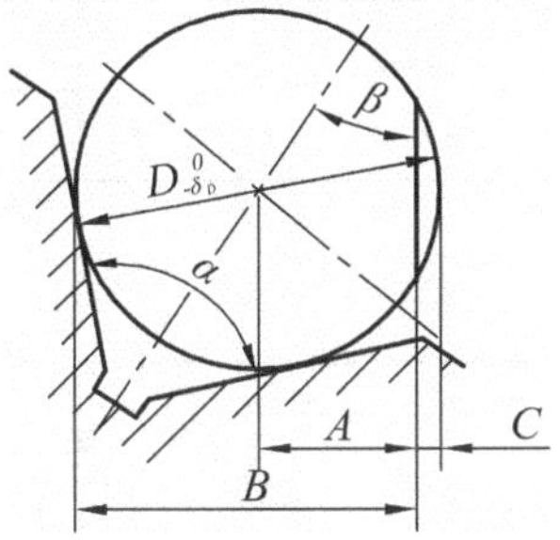	$\Delta_{D\cdot W(A)}=\frac{\delta_D\sin\beta}{2\sin\frac{\alpha}{2}}$ $\Delta_{D\cdot W(B)}=\frac{\delta_D}{2}\left(1-\frac{\sin\beta}{\sin\frac{\alpha}{2}}\right)$ $\Delta_{D\cdot W(C)}=\frac{\delta_D}{2}\left(1+\frac{\sin\beta}{\sin\frac{\alpha}{2}}\right)$
	定心机构定位	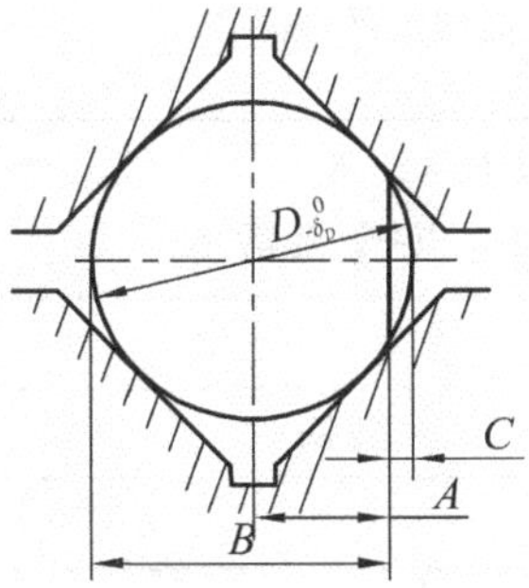	$\Delta_{D\cdot W(A)}=0$ $\Delta_{D\cdot W(B)}=\frac{1}{2}\delta_D$ $\Delta_{D\cdot W(C)}=\frac{1}{2}\delta_D$

5.6　夹紧力的确定

5.6.1　实际所需夹紧力的计算公式

计算夹紧力时，通常将夹具和工件看成是一个刚性系统。根据工件受切削力、夹紧力(大型工件还应考虑工件重力，运动的工件还应考虑惯性力等）的作用情况，找出在加工过程中对夹紧最不利的瞬时状态，按静力平衡原理计算出理论夹紧力。最后为保证夹紧可靠，再乘以安全系数作为实际所需夹紧力的数值，即

$$W_K = WK$$

式中，W_K 为实际所需夹紧力；W 为在一定条件下，由静力平衡计算出的理论夹紧力；K 为安全

系数。

安全系数 K 可按下式计算：

$$K = K_0 K_1 K_2 K_3 K_4 K_5 K_6$$

式中，$K_0 \sim K_6$ 为各种因素的安全系数，如表 5 - 21 所示。

表 5 - 21　安全系数 $K_0 \sim K_6$ 的数值

符号	考虑的因素		系数值
K_0	考虑工件材料及加工余量均匀性的基本安全系数		1.2 ～ 1.5
K_1	加工性质	粗加工	1.2
		精加工	1.0
K_2	刀具钝化程度(详见表 5 - 22)		1.0 ～ 1.9
K_3	切削特点	连续切削	1.0
		断续切削	1.2
K_4	夹紧力的稳定性	手动夹紧	1.3
		机动夹紧	1.0
K_5	手动夹紧时的手柄位置	操作方便	1.0
		操作不方便	1.2
K_6	仅有力矩使工件回转时，工件与支承面接触的情况	接触点确定	1.0
		接触点不确定	1.5

注：当安全系数 K 的计算结果小于 2.5 时，取 $K = 2.5$。

表 5 - 22　安全系数 K_2

加工方法	切削分力情况	K_2	
		铸铁	钢
钻削	M_K	1.15	1.15
	F_c	1.0	1.0
粗扩(毛坯)	M_K	1.3	1.3
	F_c	1.2	1.2
精扩	M_K	1.2	1.2
	F_c	1.2	1.2
粗车或粗镗	F_c	1.0	1.0
	F_P	1.2	1.4
	F_f	1.25	1.6
精车或精镗	F_c	1.05	1.0
	F_P	1.4	1.05
	F_f	1.3	1.0

续 表

加工方法	切削分力情况	K_2	
		铸铁	钢
圆周铣削(粗、精)	F_c	1.2 ～ 1.4	1.6 ～ 1.8(含碳质量分数小于 0.3%)
			1.2 ～ 1.4(含碳质量分数大于 0.3%)
端面铣削(粗、精)	F_c	1.2 ～ 1.4	1.6 ～ 1.8(含碳质量分数小于 0.3%)
			1.2 ～ 1.4(含碳质量分数大于 0.3%)
磨削	F_c		1.15 ～ 1.2
拉削	F		1.5

5.6.2　典型夹紧形式实际所需夹紧力的计算

实际所需夹紧力的计算是一个很复杂的问题，一般只能作粗略估算。为了简化计算，设计夹紧装置时，可只考虑切削力(矩)对夹紧的影响，并假定工艺系统是刚性的，切削过程稳定不变。

表 5－23 列出了典型夹紧形式实际所需夹紧力(或原始作用力)的计算简图及计算公式，供设计夹紧装置时参考。表中的摩擦因数按表 5－24 所示进行选取。

表 5－23　典型夹紧形式实际所需夹紧力(或原始作用力)的计算公式

夹紧形式		计算简图	计算公式
工件以平面定位	夹紧力与切削力方向一致	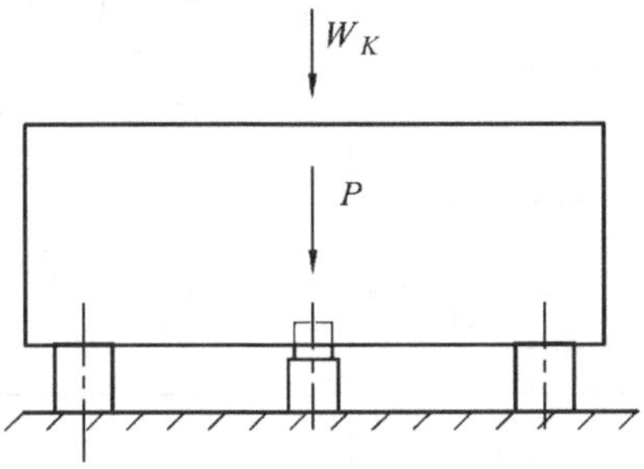	$W_K = P$ 当其他切削分力较小时，仅需较小的夹紧力来防止工件在加工过程中产生振动和转动
工件以平面定位	夹紧力与切削力方向相反	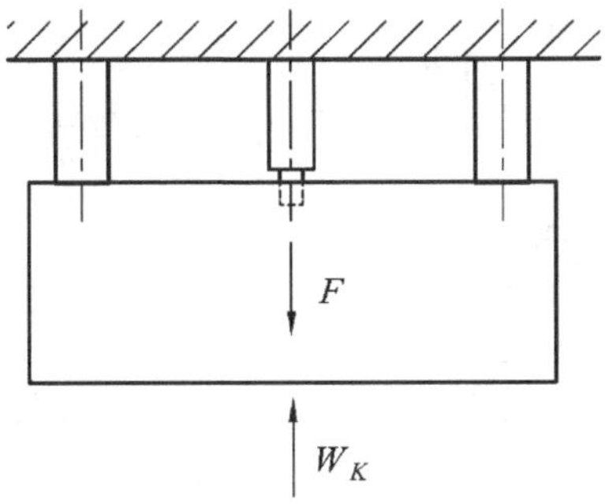	$W_K = KF$ 式中，W_K 为实际所需夹紧力；F 为切削力；K 为安全系数

续表

夹紧形式		计算简图	计算公式
工件以平面定位	夹紧力与切削力方向垂直	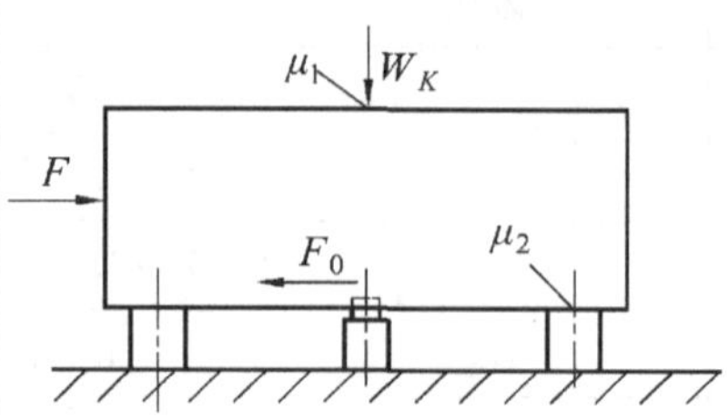	$W_K=\dfrac{KF}{\mu_1+\mu_2}$ 式中，μ_1 为夹紧元件与工件间的摩擦因数；μ_2 为工件与夹具支承面间的摩擦因数（参见表5-24）
		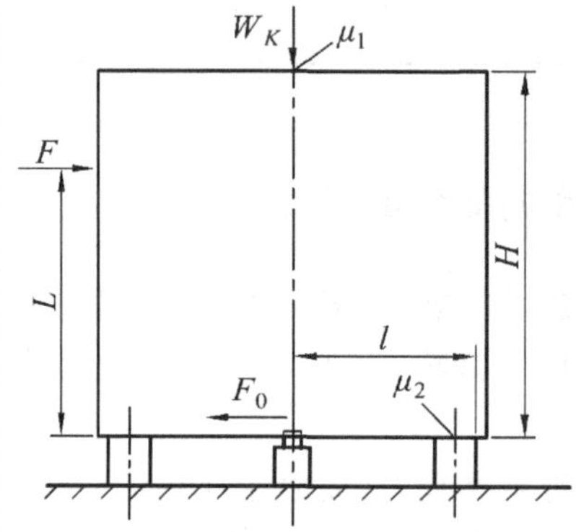	$W_K=\dfrac{KFL}{\mu_1 H+l}$
	工件多面同时受力	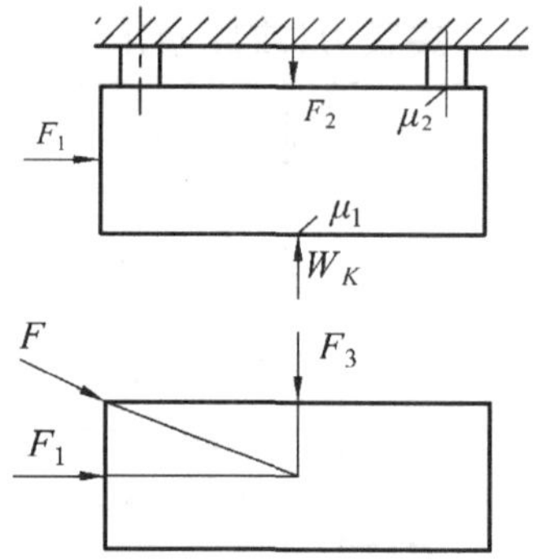	$W_K=\dfrac{K(F+F_2\mu_2)}{\mu_1+\mu_2}=\dfrac{K(\sqrt{F_1^2+F_3^2}+F_2\mu_2)}{\mu_1+\mu_2}$
工件以两垂直面定位	侧向夹紧	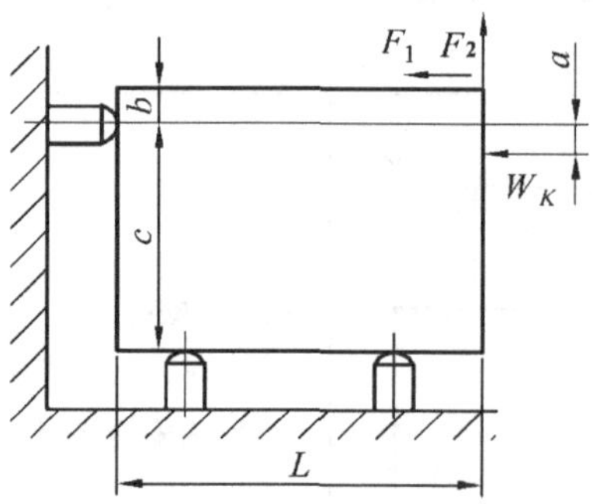	$W_K=\dfrac{K[F_2(L+c\mu)+F_1 b]}{c\mu+L\mu+a}$

续 表

夹紧形式		计算简图	计算公式
轴向夹紧	套类零件	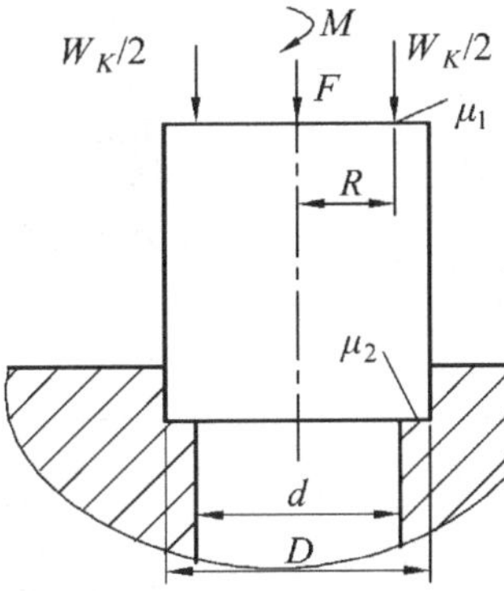	$W_K=\dfrac{K\left(M-\dfrac{1}{3}F\mu_2\dfrac{D^3-d^3}{D^2-d^2}\right)}{\mu_1 R+\dfrac{1}{3}\mu_2\dfrac{D^3-d^3}{D^2-d^2}}$
	压板夹紧在 3 个支承点上	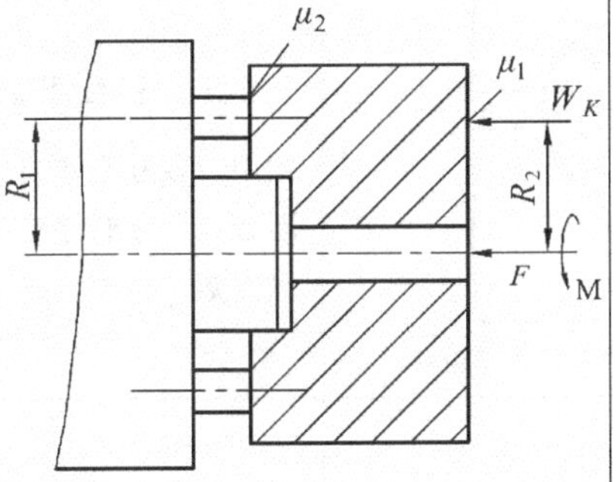	$W_K=\dfrac{K(M+\mu_2 FR_1)}{\mu_1 R_2+\mu_2 R_1}$
工件以内孔定位	定心夹紧	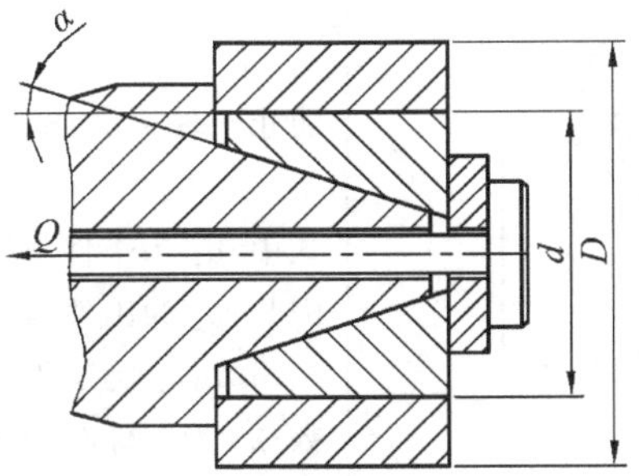	$Q=\dfrac{KF_cD}{\tan\varphi_2 d}[\tan(\alpha+\varphi)+\tan\varphi_1]$ 式中，φ 为斜面上的摩擦角；$\tan\varphi_1$ 为工件与心轴在轴向方向的摩擦因数；$\tan\varphi_2$ 为工件与心轴在圆周方向的摩擦因数
	端面夹紧	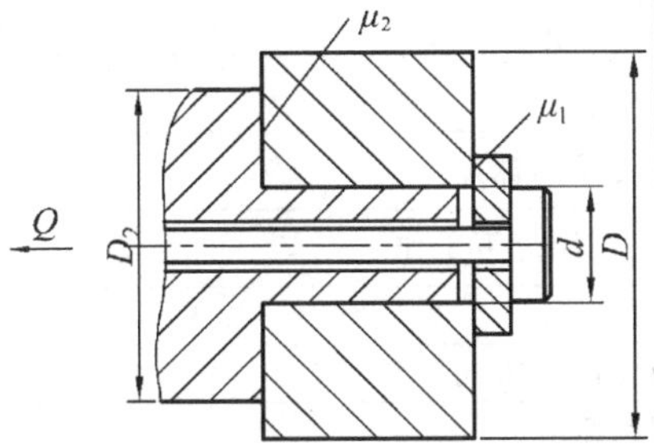	$Q=\dfrac{3KF_cD}{2\left(\mu_1\dfrac{D_1^3-d^3}{D_1^2-d^2}+\mu_2\dfrac{D_2^3-d^3}{D_1^2-d^2}\right)}$

续 表

<table>
<tr><th colspan="3">夹紧形式</th><th>计算简图</th><th>计算公式</th></tr>
<tr><td rowspan="3">工件以外圆定位</td><td colspan="2">卡盘夹紧</td><td>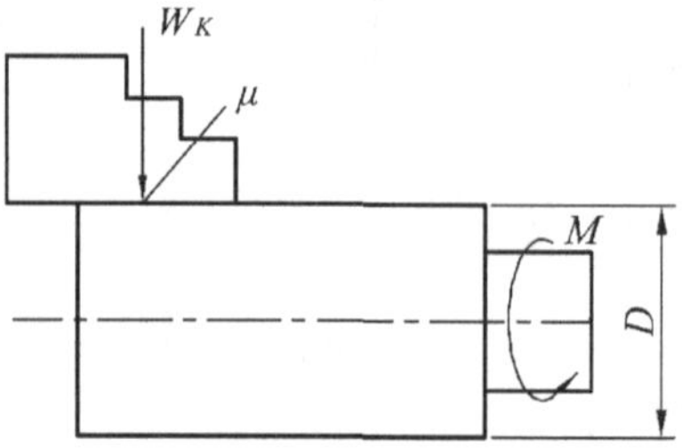
</td><td>$W_K = \frac{2KM}{nD\mu}$
式中,n 为夹爪数</td></tr>
<tr><td colspan="2">V 形块定位,V 形块夹紧</td><td>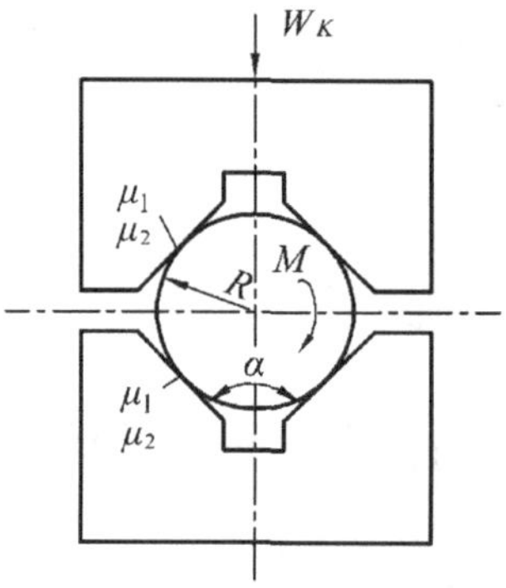
</td><td>防止工件转动:$W_K = \frac{KM\sin\frac{\alpha}{2}}{2R\mu_1}$
防止工件移动:$W_K = \frac{KF\sin\frac{\alpha}{2}}{2\mu_2}$
式中,μ_1 为工件与压板间的圆周方向摩擦因数;μ_2 为工件与 V 形块间的圆周方向摩擦因数</td></tr>
<tr><td>V 形块定位压板夹紧</td><td>工件承受切削转矩及轴向力</td><td>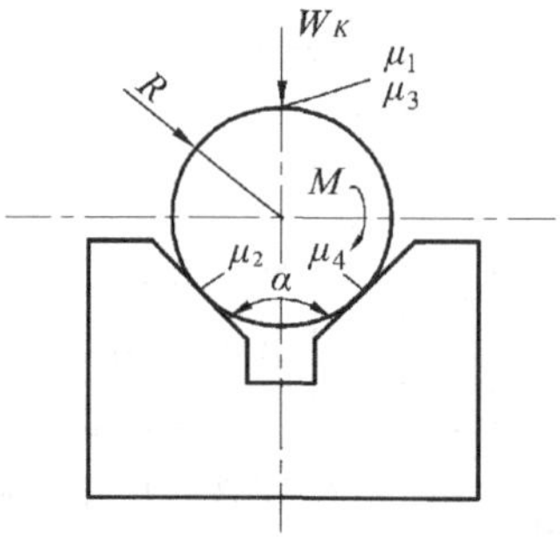
</td><td>防止工件转动:$W_K = \frac{KM\sin\frac{\alpha}{2}}{\mu_1 R\sin\frac{\alpha}{2} + \mu_2 R}$
防止工件移动:$W_K = \frac{KF_f\sin\frac{\alpha}{2}}{\mu_3\sin\frac{\alpha}{2} + \mu_4}$
式中,μ_1 为工件与压板间的圆周方向摩擦因数;μ_2 为工件与 V 形块间的圆周方向摩擦因数;μ_3 为工件与压板间的轴向摩擦因数;μ_4 为工件与 V 形块间的轴向摩擦因数</td></tr>
</table>

表 5－24　摩擦因数

<table>
<tr><th colspan="2">摩擦条件</th><th>μ</th></tr>
<tr><td colspan="2">工件为加工过的表面</td><td>0.16</td></tr>
<tr><td colspan="2">工件为未加工过的毛坯表面(铸、锻件),固定支承为球面</td><td>0.2 ～ 0.25</td></tr>
<tr><td colspan="2">夹紧元件和支承表面有齿纹,并在较大的相互作用力下工作</td><td>0.7</td></tr>
<tr><td rowspan="4">用卡盘或弹簧夹头夹紧,其卡爪类型</td><td>光滑表面</td><td>0.16 ～ 0.18</td></tr>
<tr><td>沟槽与切削力方向一致</td><td>0.3 ～ 0.4</td></tr>
<tr><td>沟槽相互垂直</td><td>0.4 ～ 0.5</td></tr>
<tr><td>齿纹表面</td><td>0.7 ～ 1.0</td></tr>
</table>

5.6.3　螺旋夹紧机构

采用螺旋直接夹紧或与其他元件组合实现夹紧工件的机构，统称为螺旋夹紧机构。由于这类夹紧机构结构简单、夹紧可靠、通用性高，故在机床夹具中得到了广泛应用。它的主要缺点是夹紧和松开工件时比较费时费力。

单个螺旋夹紧时产生的夹紧力按下式计算：

$$W_0 = \frac{QL}{r'\tan\varphi_1 + r_z\tan(\alpha + \varphi'_2)}$$

式中，W_0 为单个螺旋夹紧产生的夹紧力；Q 为原始作用力；L 为作用力臂；r' 为螺杆端部与工件间的当量摩擦半径，其值视螺杆端部的结构形式而定，如表 5－25 所示；φ_1 为螺杆端部与工件间的摩擦角；r_z 为螺纹中径之半；α 为螺纹升角(°)，普通螺纹升角如表 5-26 所示；φ'_2 为螺旋副的当量摩擦角，$\varphi'_2 = \arctan\dfrac{\tan\varphi_2}{\cos\beta}$，式中 φ_2 为螺旋副的摩擦角，β 为螺纹牙形半角，螺旋副当量摩擦角 φ'_2 如表 5－27 所示。

螺母夹紧力如表 5－28 所示，各种螺栓的许用夹紧力及夹紧扭矩如表 5－29 所示。单个普通螺旋夹紧力如表 5－30 所示。

表 5－25　螺旋副的当量摩擦半径 r'

形式		简图	计算公式	数值					
				M8	M10	M12	M16	M20	M24
Ⅰ	点接触	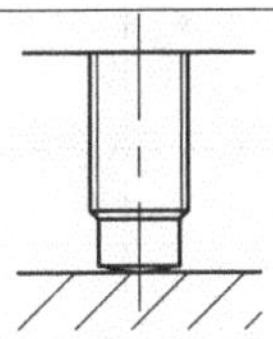	$r'=0$	0	0	0	0	0	0
Ⅱ	平面接触	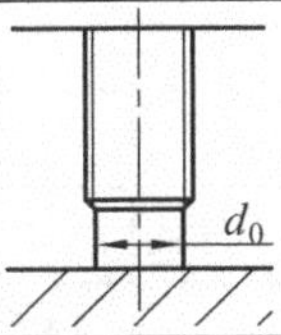	$r'=\dfrac{d_0}{3}$	$d_0=6$	$d_0=7$	$d_0=9$	$d_0=12$	$d_0=15$	$d_0=18$
				2	2.3	3	4	5	6
Ⅲ	圆周线接触	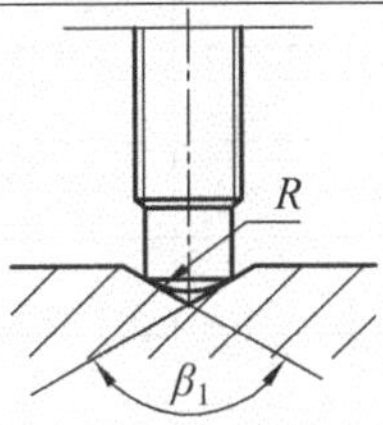	$r'=R\cot\dfrac{\beta_1}{2}$	$R=8$	$R=10$	$R=12$	$R=16$	$R=20$	$R=25$
				4.6	5.8	6.9	9.2	11.5	14.4
Ⅳ	圆环面接触	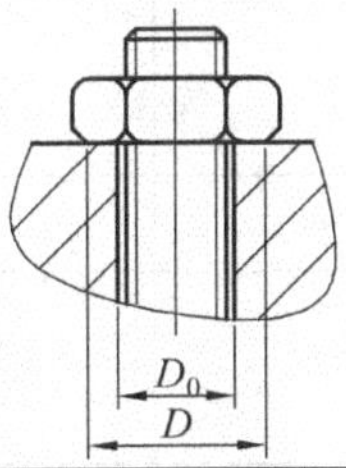	$r'=\dfrac{1}{3}\dfrac{D^3-D_0^3}{D^2-D_0^2}$	6.22	7.78	9.33	12.44	15.56	18.67

注：$\beta_1 = 120°$，$D = 2D_0$。

表 5-26 普通螺纹升角 α

公称直径/mm	螺距 P/mm	中径之半 r_z/mm	升角 α
6	1	2.675	3°24′
	1.75	2.756 5	2°29′
8	1.25	3.594	3°10′
	1	3.674	2°29′
	0.75	3.765 6	1°49′
10	1.5	4.513	3°1′
	1.25	4.594	2°29′
	1	4.675	1°57′
	0.75	4.756 5	1°26′
12	1.75	5.431 5	2°56′
	1.5	5.513	2°29′
	1.25	5.594	2°2′
	1	5.675	1°36′
14	2	6.350 5	2°52′
	1.5	6.513	1°61′
	1	6.675	1°22′
16	2	7.355	2°29′
	1.5	7.513	1°49′
	1	7.675	1°11′
18	2.5	8.188	1°47′
	2	8.350 8	2°11′
	1.5	8.513	1°36′
	1	8.675	1°3′
20	2.5	9.188	2°29′
	2	9.350 5	1°57′
	1.5	9.513	1°26′
	1	9.675	0°57′
24	3	11.025 5	2°29′
	2	11.350 5	4°36′
	1.5	11.513	1°11′
	1	11.675	0°37′

续 表

公称直径/mm	螺距 P/mm	中径之半 r_z/mm	升角 α
30	3.5	13.863 5	2°18′
	2	13.350 5	1°16′
	1.5	14.513	0°57′
	1	19.675	0°37′
36	4	16.701	2°11′
	3	17.025 5	1°36′
	2	17.350 5	1°3′
	1.5	17.513	0°47′

注：$\alpha=\arctan\dfrac{nP}{2\pi r_z}$，$n$ 为螺纹线数。

表 5－27　螺旋副当量摩擦角 φ'_2

螺纹形状	三角螺纹	梯形螺纹	矩形螺纹
螺纹牙形半角 β	30°	15°	0
$\varphi'_2=\arctan\dfrac{\tan\varphi_2}{\cos\beta}$	9°50′	8°50′	8°32′

注：$\tan\varphi_2=0.15$。

表 5－28　螺母夹紧力

类型	简图	螺纹直径/mm	螺距/mm	手柄长度/mm	作用力/N	夹紧力/N
带柄螺母	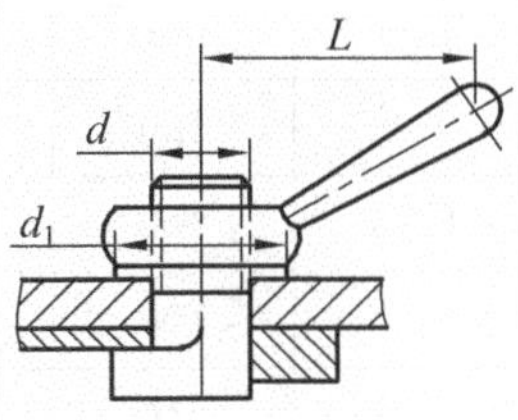	8	12.5	50	50	2050
		10	1.5	60	50	1970
		12	1.75	80	80	3510
		16	2	100	100	4140
		20	2.5	140	100	4640
用扳手的六角螺母	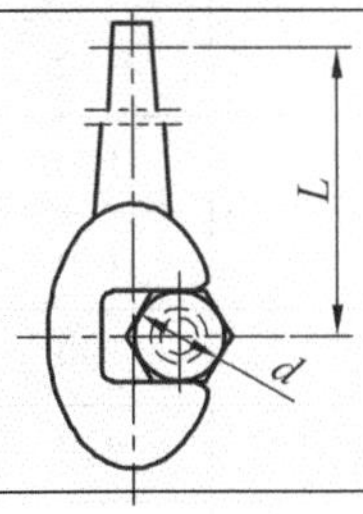	10	1.5	120	45	3 550
		12	1.75	140	70	5 380
		16	2	190	100	7 870
		20	2.5	240	100	7 950
		24	3	310	150	12 840

续表

类型	简图	螺纹直径 mm	螺距 mm	手柄长度 mm	作用力 N	夹紧力 N
蝶形螺母	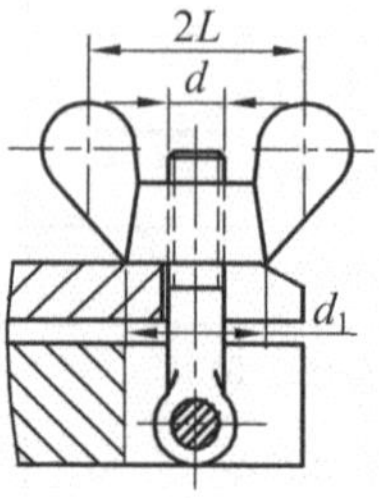	4	0.7	8	10	130
		5	0.8	9	15	180
		6	1	11	20	240
		8	1.25	14	30	340
		10	1.5	17	40	450
		12	1.75	20.5	45	510
		16	2	26	50	540

注：螺纹支承端面的外径 d_1 取 $2d$。

表 5－29　各种螺栓的许用夹紧力及夹紧转矩

螺纹公称直径/mm		8	10	12	16	20	24	27	30
许用夹紧力/N		2 550	3 924	5 690	10 300	15 696	22 563	28 940	35 316
加在螺母上的夹紧转矩 N·mm	螺母支承面有滚动轴承	2.158	4.120	7.161	16.775	31.883	54.838	78.382	106.635
	螺母支承面无滚动轴承	4.905	9.320	15.892	37.180	65.727	121.154	175.403	239.364

注：表中数据仅供粗略估算时参考。

表 5－30　单个普通螺旋夹紧力

类型		简图	螺纹直径 mm	螺距 mm	手柄长度 mm	作用力 N	夹紧力 N
Ⅰ	点接触	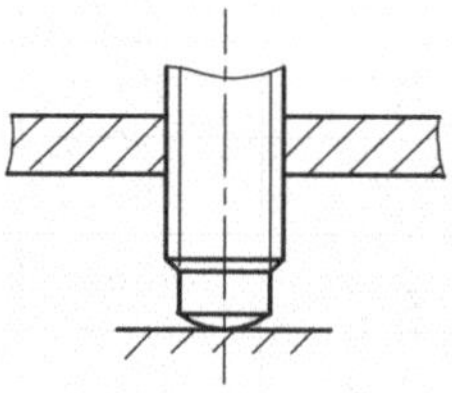	10	1.5	120	25	4 000
			12	1.75	140	35	5 500
			16	2	190	65	10 600
			20	2.5	240	100	16 000
			24	3	310	130	23 000
Ⅱ	平面接触	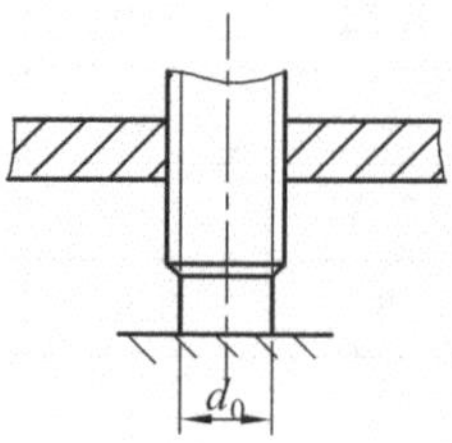	10	1.5	120	25	3 080
			12	1.75	140	35	4 200
			16	2	190	65	7 900
			20	2.5	240	100	12 000
			24	3	310	130	17 000

续 表

类型		简图	螺纹直径/mm	螺距/mm	手柄长度/mm	作用力/N	夹紧力/N
Ⅲ	圆周线接触	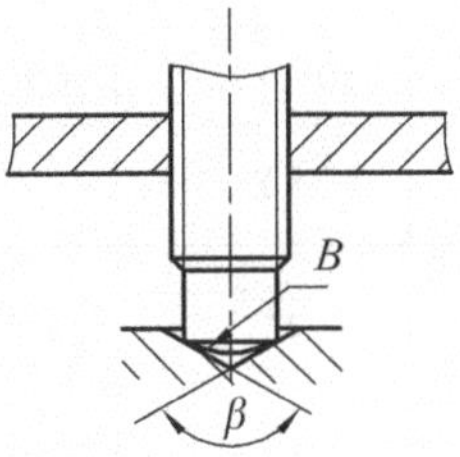	10	1.5	120	25	2 300
			12	1.75	140	35	3 100
			16	2	190	65	5 900
			20	2.5	240	100	9 200
			24	3	310	130	13 000

5.6.4　偏心夹紧机构

1. 偏心轮的基本类型与工作行程

偏心轮的基本类型如表 5－31 所示，偏心轮的工作行程如表 5－32 和表 5－33 所示。

表 5－31　偏心轮的基本类型

类型	工作段		工作特点及使用说明
	γ_1	γ_2	
Ⅰ	75°	165°	以点 P（升角最大处的夹紧点）为代表进行计算，即 $\gamma\approx 90°$。工作行程较大。用于需要自锁的夹紧范围较大，而夹紧力相对较小的场合，应用比较普遍
	45°～60°	120°～135°	以点 P（升角最大处的夹紧点）为代表进行计算。取点 $P\pm 30°\sim 45°$范围内的圆弧段为工作段，升角变化较小。适用于夹紧力要求较稳定的场合
Ⅱ	150°	180°	根据具体夹紧点进行计算。常采用 γ 角为 150°～180°范围内的圆弧段为工作段。偏心特性较小时，可做成偏心轴式，使结构更为紧凑
Ⅲ	180°	180°	用 $\gamma=180°$时圆弧点进行夹紧。具有自锁性能的夹紧行程接近于零，故用于夹紧那些表面位置不变的零部件，而不用手夹紧工件

表 5－32　偏心轮的工作行程（JB/T 8011.1—1999，JB/T 8011.2—1999）

偏心轮直径 D/mm	偏心量 e/mm	偏心轮工作段（$\gamma_1\sim\gamma_2$）内的工作行程 $s=e(\cos\gamma_1-\cos\gamma_2)$/mm					
		75°～165°	45°～120°	45°～135°	60°～120°	60°～135°	150°～180°
25	1.3	1.6	1.57	1.84	1.3	1.57	0.17
32	1.7	2.08	2.05	2.4	1.7	2.05	0.23

续 表

偏心轮直径 D/mm	偏心量 e/mm	偏心轮工作段($\gamma_1 \sim \gamma_2$)内的工作行程 $s=e(\cos\gamma_1-\cos\gamma_2)$/mm					
		75°～165°	45°～120°	45°～135°	60°～120°	60°～135°	150°～180°
40	2	2.45	2.41	2.83	2	2.41	0.27
50	2.5	3.06	3.02	3.54	2.5	3.02	0.33
60	3	3.67	3.62	4.24	3	3.62	0.40
65	3.5	4.29	4.22	4.95	3.5	4.22	0.47
70	3.5	4.29	4.22	4.95	3.5	4.22	0.47
80	5	6.12	6.04	7.07	5	6.04	0.67
100	6	7.35	7.24	8.49	6	7.24	0.80

表 5-33　偏心轮的工作行程(JB/T8011.3—1999，JB/T8011.4—1999)

偏心轮直径 D/mm	偏心量 e/mm	偏心轮工作段($\gamma_1 \sim \gamma_2$)内的工作行程 $s=e(\cos\gamma_1-\cos\gamma_2)$/mm					
		75°～165°	45°～120°	45°～135°	60°～120°	60°～135°	150°～180°
30	3	3.67	3.62	4.24	3	3.62	0.40
40	4	4.90	4.53	5.66	4	4.83	0.54
50	5	6.12	6.04	7.07	5	6.04	0.67
60	6	7.35	7.24	8.49	6	7.24	0.80
70	7	8.57	8.45	9.09	7	8.45	0.94

2. 夹紧力的计算

偏心夹紧时，夹紧力可按下式计算：

$$W_0=\frac{QL}{\mu(R+r)+e(\sin\gamma-\mu\cos\gamma)}=KQL$$

式中，W_0 为偏心夹紧时的夹紧力；Q 为作用在手柄上的作用力；L 为力臂长；μ 为摩擦因数($\tan\varphi_1=\tan\varphi_2=\mu$)；$R$ 为偏心轮半径；r 为转轴半径；e 为偏心量；γ 为偏心轮几何中心与转动中心连线和几何中心与夹紧点连线间的夹角(°)；K 为偏心轮夹紧系数，$K=\dfrac{1}{\mu(R+r)+e(\sin\gamma-\mu\cos\gamma)}$，见表 5-34。

表 5－34　K 值及夹紧力计算

标准	偏心轮直径 D 或半径 r/mm	转轴直径 d/mm	偏心量 e/mm	K 值/mm^{-1}			作用力 Q/N	力臂长 L/mm	夹紧力 $W_0=KQL$		
				Ⅰ型 $\gamma=90°$	Ⅱ型 $\gamma=150°$	Ⅲ型 $\gamma=180°$			Ⅰ型	Ⅱ型	Ⅲ型
JB/T 8011.1—1999	25	6	1.3	0.35	0.43	0.60	100	70	2 450	3 010	4 200
	32	8	1.7	0.27	0.33	0.46	100	80	2 160	2 640	3 680
	40	10	2	0.22	0.27	0.37	100	100	2 200	2 700	3 700
	50	12	2.5	0.18	0.22	0.30	100	120	2 160	2 640	3 600
	60	16	3	0.15	0.18	0.24	100	150	2 250	2 700	3 600
	70	16	3.5	0.13	0.16	0.22	100	160	2 080	2 560	3 520
JB/T 8011.2—1999	25	4	1.3	0.36	0.45	0.63	100	70	2 520	3 150	4 410
	32	5	1.7	0.28	0.35	0.50	100	80	2 240	2 800	4 000
	40	6	2	0.23	0.29	0.40	100	100	2 300	2 900	4 000
	50	8	2.5	0.19	0.23	0.32	100	120	2 280	2 760	3 840
	65	10	3.5	0.14	0.17	0.24	100	150	2 100	2 550	3 600
	80	12	5	0.10	0.13	0.20	100	190	1 900	2 470	3 800
	100	16	6	0.08	0.11	0.16	100	210	1 680	2 310	3 360
JB/T 8011.3—1999 JB/T 8011.4—1999	30		3	0.17	0.21	0.30	100	150	2 550	3 150	4 500
	40		4	0.13	0.16	0.23	100	190	2 470	3 040	4 370
	50		5	0.10	0.13	0.18	100	210	2 100	2 730	3 780
	60		6	0.08	0.11	0.15	100	260	2 080	2 860	3 900
	70		7	0.07	0.09	0.13	100	300	2 100	2 700	3 900

注：表中数值计算条件如下：圆形偏心轮（JB/T 8011.1—1999）和叉形偏心轮（JB/T 8011.2—1999）为直径 D；单面偏心轮（JB/T 8011.3—1999）和双面偏心轮（JB/T 8011.4—1999）为半径 r。

3. 偏心轮

设计非标准圆偏心轮时，可按表 5－35 中的步骤进行。

表 5－35　圆偏心轮的设计计算

序号	计算项目	符号	计算公式
1	偏心轮工作行程	s	$s=s_1+s_2+s_3+s_4$ 式中，s_1 为装卸工件方便所需的空隙，一般应大于等于0.3 mm；s_2 为夹紧机构弹性变形的补偿量，可取 0.05～0.15 mm；s_3 为工件在夹紧方向上的尺寸误差补偿量，即工件尺寸公差 δ mm；s_4 为行程储备量 0.1～0.3 mm

续表

序号	计算项目	符号	计算公式
2	偏心轮工作段	$\gamma_1 \sim \gamma_2$	参见表 5 - 32 选取
3	偏心量	e	$e=\dfrac{s}{\cos\gamma_1-\cos\gamma_2}$
4	偏心轮直径或半径	D,R	$D\geqslant(14\sim20)e$ 或 $R\geqslant(7\sim10)e$
5	转轴直径	d	$d\approx0.25D$
6	夹紧力	W_0	$W_0=\dfrac{QL}{\mu(R+r)+e(\sin\gamma-\mu\cos\gamma)}$ 式中，符号同前，应保证 $W_0\geqslant W_K$，W_K 为实际所需夹紧力

5.7 机床夹具常用定位件

机床夹具零件与部件包括以下几部分：①定位零件与部件；②夹紧零件与部件；③其他夹紧元件；④对刀零件；⑤对定零件与部件；⑥键；⑦操作件；⑧其他零件。

定位件的作用是限制所加工工件的自由度，确保加工面与定位面之间的尺寸精度。

定位零件与部件包括下述内容：

(1)固定支承零件，含支承钉、支承板。

(2)V 形块，含 V 形块、固定 V 形块、调整 V 形块、活动 V 形块和中心孔块。

(3)可调支承零件与部件，含六角头支承、圆柱头调节支承、球形调节支承、顶压支承、调节支承、球头支承、调节支承、螺纹调整支承、带 V 形块的螺纹调整支承、螺钉支承、自动调节支承和推引式辅助支承。

(4)工件以内孔表面作定位基准的定位零件与部件，含小定位销、固定式定位销、可换式定位销、定位插销、阶形定位销、偏心定位销、定位衬套和定位心轴。

5.7.1 定位销

定位销以工件孔作为定位基准，根据其结构不同可分为小定位销、固定式定位销、可换定位销和定位插销。各定位销的尺寸和尺寸标准可参考 JB/T8014.2—1999。

固定式定位销如图 5 - 2 和表 5 - 36 所示。

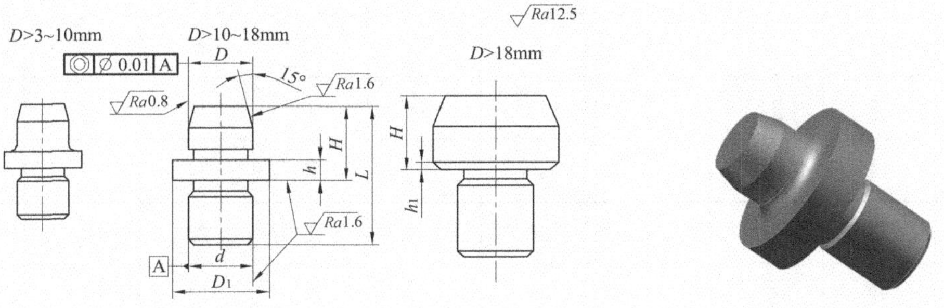

(a)

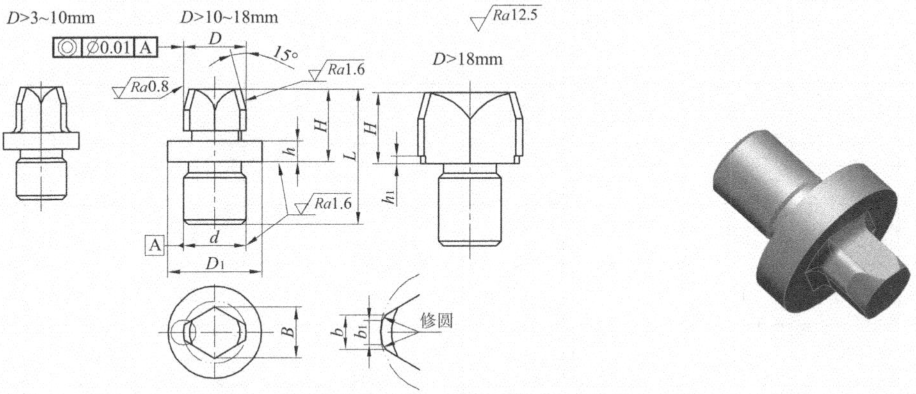

(b)

图 5-2　固定式定位销(JB/T 8014.2—1999)

(a)A 型；(b)B 型

表 5-36　固定式定位销各部分尺寸　　单位:mm

D	H	d	D_1	L	h	$h1$	B	b	b_1
3	8	6	12	16	3		2.5	2	1
6	14	6	12	22	7		5.5	2	1
6	10	8	14	20	3		5	3	2
8	18	8	14	28	7		7	3	2
8	12	10	16	24	4		6	4	3
10	22	10	16	34	8		8	4	3
10	14	12	18	26	4		8	4	3
14	24	12	18	36	9		12	4	3
14	16	15	22	30	5		12	4	3
18	26	15	22	40	10		16	4	3
18	12	12		26		1	16	4	3
20	18	12		32		1	18	4	3

续 表

D	H	d	D_1	L	h	$h1$	B	b	b_1
20	28	12		42		1	18	4	3
20	14	15		30		2	17	5	3
24	22	15		38		2	21	5	3
20	32	15		48		2	21	5	3
24	16	15		36		2	20	5	3
30	25	15		45		2	26	5	3
24	34	15		54		2	26	5	3
40	18	18		42		3	25	6	4
30	30	18		54		3	35	6	4
40	38	18		62		3	35	6	4
40	20	22		50		3	35	8	5
50	35	22		65		3	45	8	5
50	45	22		75		3	45	8	5

材料：D<18mm，T8；D>18mm，20；热处理：T8，HRC50～60；20，渗碳深度 0.8～1.2，HRC55～60。

d 极限偏差 r6，具体数值为 $6^{+0.023}_{+0.015}$，$8^{+0.028}_{+0.019}$，$10^{+0.028}_{+0.019}$，$15^{+0.034}_{+0.023}$。

标记示例：

D=11.5 mm，公差带为 f7，H=14 mm 的 A 型固定式定位销：定位销 A11.5 f7×14 JB/T 8014.2—1999。

5.7.2 支承钉

支承钉以工件平面作为定位基准，根据其结构不同可分为一般支承钉、六角支承钉、顶压支承、圆柱头调节支承和调节支承。各支承钉的尺寸和尺寸标准可参考国标。

一般支承钉如图 5-3、表 5-37 所示。

材料：T8；热处理：HRC55～60。

标记示例：

D=16 mm，H=8 mm 的 A 型支承钉：支承钉 A16×8 JB/T 8029.2—1999。

d 极限偏差 r6，具体数值：$6^{+0.023}_{+0.015}$，$8^{+0.028}_{+0.019}$，$10^{+0.028}_{+0.019}$，$15^{+0.034}_{+0.023}$。

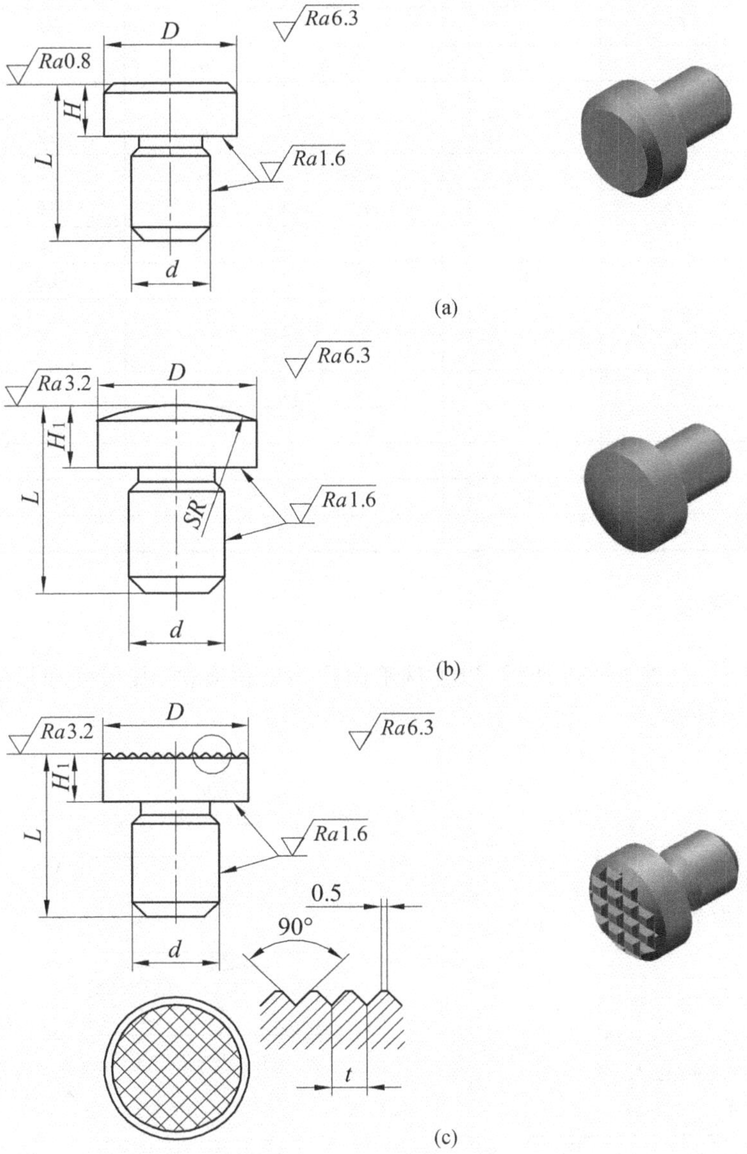

图 5 - 3　支承钉(JB/T 8029.2—1999)

(a)A 型；(b)B 型；(c)C 型

表 5 - 37　支承钉各部分尺寸　单位:mm

D	H	H_1	L	d	SR	t
5	2	2	6	3	5	1
5	5	5	9	3	5	1
6	3	3	8	4	6	1
6	6	6	11	4	6	1

续 表

D	H	H_1	L	d	SR	t
8	4	4	12	6	8	1.2
8	8	8	16	6	8	1.2
12	6	6	16	8	12	1.2
12	12	12	22	8	12	1.2
16	8	8	20	10	16	1.5
16	16	16	28	10	16	1.5
20	10	10	25	12	20	1.5
20	20	20	35	12	20	1.5
25	12	12	32	16	25	2
25	25	25	45	16	25	2
30	16	16	42	20	32	2
30	30	30	55	20	32	2
40	20	20	50	24	40	2
40	40	40	70	24	40	2

5.7.3 支承板

支承板如图 5-4、表 5-38 所示，以工件平面作为定位基准，其尺寸和尺寸标准可参考国标 JB/T 8029.1—1999。

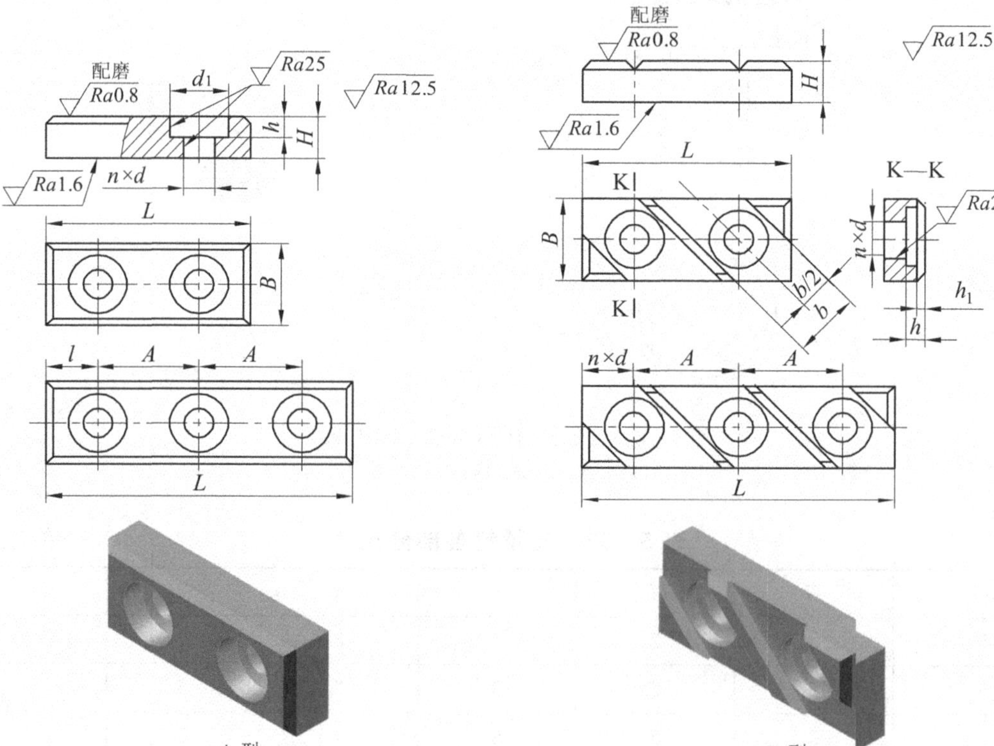

A 型　　B 型

图 5-4　支承板(JB/T 8029.1—1999)

(a)A 型；(b)B 型

表 5-38　支承板各部分尺寸　　单位:mm

H	L	B	b	l	A	d	d_1	h	h_1	孔数 n
6	30	12		7.5	15	4.5	8	3		2
6	45	12		7.5	15	4.5	8	3		3
8	40	14		10	20	5.5	10	3.5		2
8	60	14		10	20	5.5	10	3.5		3
10	60	16	14	15	30	6.6	11	4.5	1.5	2
10	90	16	14	15	30	6.6	11	4.5	1.5	3
12	80	20	17	20	40	9	15	6	1.5	2
12	120	20	17	20	40	9	15	6	1.5	3
16	100	25	17	20	60	9	15	6	1.5	2
16	160	25	17	20	60	9	15	6	1.5	3
20	120	32	20	30	60	11	18	7	2.5	2
20	180	32	20	30	60	11	18	7	2.5	3
25	140	40	20	30	80	11	18	7	2.5	2
25	220	40	20	30	80	11	18	7	2.5	3

材料:T8;热处理:HRC55～60。

标记示例:

H=16 mm,L=100 mm 的 A 型支承板:支承板 A16×100 JB/T 8029.1—1999。

5.7.4　V 形块

V 形块以工件外圆作为定位基准,根据其结构不同可分为一般 V 形块、固定 V 形块、调整 V 形块和活动 V 形块。各种 V 形块的形状和尺寸标准按国家标准制造。

1. V 形块

V 形块如图 5-5 和表 5-39 所示,材料:20,热处理:渗碳深度 0.8～1.2,HRC58～64。

尺寸 T 按公式计算:$T=H+0.707D-0.5N$。

标记示例:

N=24 mm 的 V 形块:V 形块 24 JB/T 8018.1—1999。

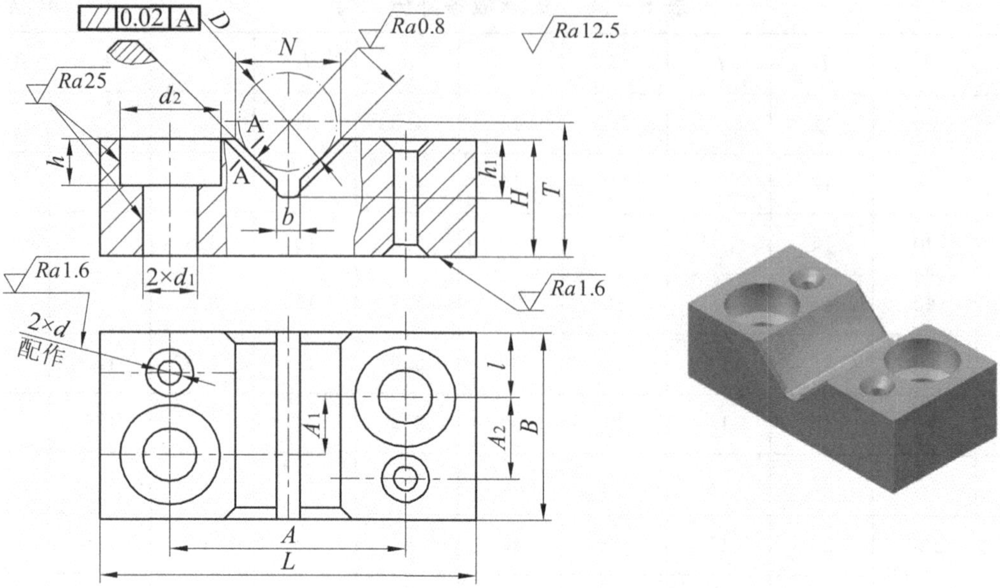

图 5-5　V 形块(JB/T 8018.1—1999)

表 5-39　V 形块各部分尺寸　　单位:mm

N	D	L	B	H	A	A_1	A_2	b	l	d	d_1	d_2	h	h_1
9	5～10	32	16	10	20	5	7	2	5.5	4	4.5	8	4	5
14	10～15	38	20	12	26	6	9	4	7	4	5.5	10	5	7
18	15～20	46	25	16	32	9	12	6	8	5	6.6	11	6	9
24	20～25	55	25	20	40	9	12	8	8	5	6.6	11	6	11
32	25～35	70	32	25	50	12	15	12	10	6	9	15	8	14
42	35～45	85	40	32	64	16	19	16	12	8	11	18	10	18
55	45～60	100	40	35	76	16	19	20	12	8	11	18	10	22
70	60～80	125	50	42	96	20	25	30	15	10	13.5	20	12	25
85	80～100	140	50	50	110	20	25	40	15	10	13.5	20	12	30

2. 固定 V 形块

固定 V 形块如图 5-6 和表 5-40 所示,材料:20;热处理:渗碳深度 0.8～1.2,HRC58～64。尺寸 T 按公式计算:$T=H+0.707D-0.5N$。

标记示例:

N=18 mm 的 A 型固定 V 形块:V 形块 A18 JB/T 8018.2—1999。

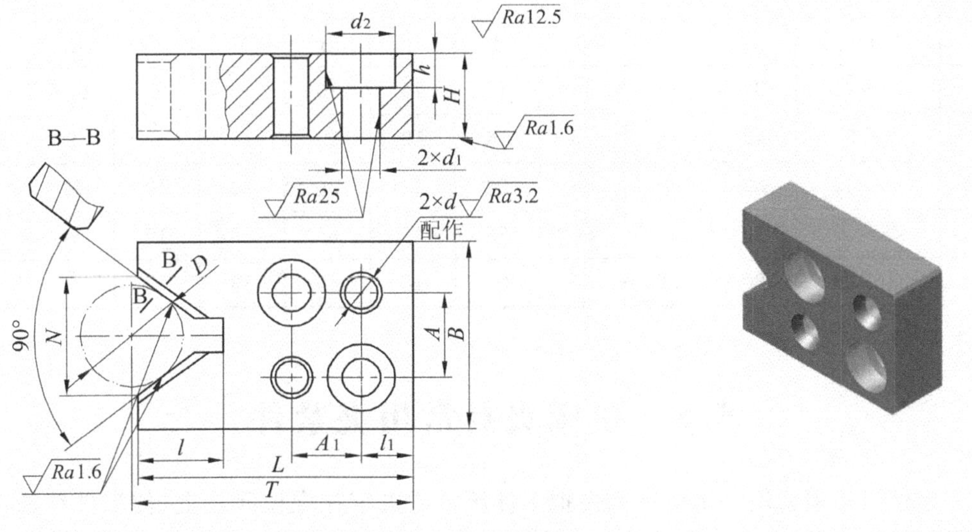

(a)

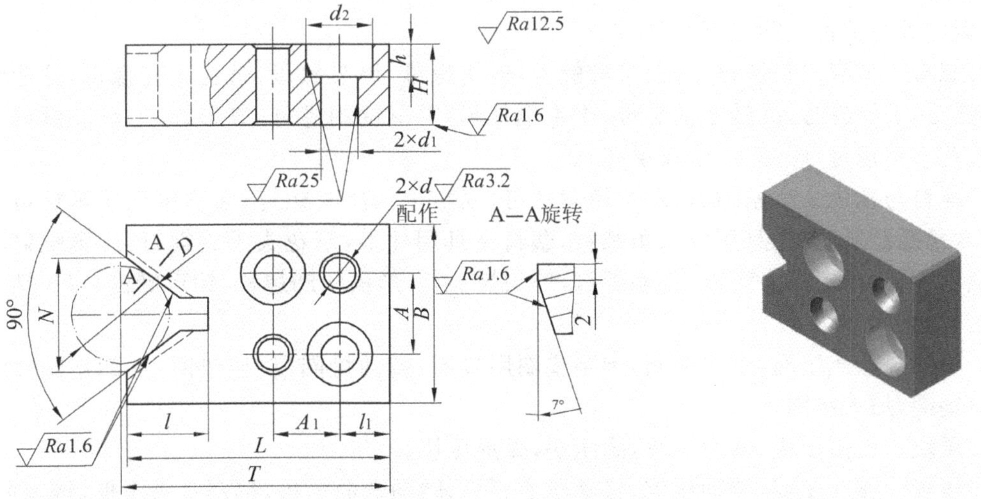

(b)

图 5-6　固定 V 形块(JB/T 8018.2—1999)

(a)A 型；(b)B 型

表 5-40　固定 V 形块各部分尺寸　单位:mm

N	D	B	H	L	l	l_1	A	A_1	d	d_1	d_2
9	5～10	22	10	32	5	6	10	13	4	4.5	8
14	10～15	24	12	35	7	7	10	14	5	5.5	10
18	15～20	28	14	40	10	8	12	14	5	6.6	11

续 表

N	D	B	H	L	l	l_1	A	A_1	d	d_1	d_2
24	20～25	34	16	45	12	10	15	15	6	6.6	11
32	25～35	42	16	55	16	12	20	18	8	9	15
42	35～45	52	20	68	20	14	26	22	10	11	18
55	45～60	65	20	80	25	15	35	28	10	11	18
70	60～80	80	25	90	32	18	45	35	12	13.5	20

5.8 机床夹具常用夹紧件

工件定位后必须采用一定的夹紧件把工件压紧或夹牢在定位元件上，使工件在加工过程中不会由于切削力、工件重力或惯性力的作用而发生位置变化或产生振动，以保证工件的加工精度和安全生产。

夹紧零件与部件包括以下几种：

(1)螺母。带肩六角螺母，球面带肩螺母，连接螺母，调节螺母，带孔滚花螺母，菱形螺母，内六角螺母，手柄螺母，回转手柄螺母，多手柄螺母，T形槽用螺母，蝶形螺母，滚花螺母，捏手螺母，滚花六角螺母，圆螺母(带扳手孔)。

(2)螺钉与螺栓。压紧螺钉，六角压紧螺钉，固定手柄压紧螺钉，活动手柄压紧螺钉，塑料夹具用六角螺钉，塑料夹具用内六角螺钉，塑料夹具用柱塞，滚花头手旋螺钉，压紧螺钉，阶形螺钉，锁紧螺钉，球形端头螺钉，止动螺钉，球头螺栓，T形槽快卸螺栓，钩形螺栓，双头螺栓，槽用螺栓。

(3)垫圈。悬式垫圈，十字垫圈，十字垫圈用垫圈，转动垫圈，快换垫圈，拆卸垫圈，球面垫圈，开口垫圈，加大垫圈。

(4)压块。光面压块，槽面压块，圆压块，弧形压块。

(5)压板。移动压板，转动压板，移动弯曲压板，转动弯曲压板，移动宽头压板，转动宽头压板，偏心轮用压板，偏心轮用宽头压板，平压板，弯头压板，U形压板，鞍形压板，直压板，铰链压板，回转压板，双向压板，钩形压板，钩形压板(组合)，立式钩形压板(组合)，端面钩形压板(组合)，侧面钩形压板(组合)，卧式钩形压板(组合)。

(6)偏心轮。圆偏心轮，叉形偏心轮，单面偏心轮，双面偏心轮，带手柄的偏心轮，偏心轮用垫座。

(7)支承件。铰链支座，铰链叉座，螺钉支座，可调支座。

(8)快速夹紧部件。楔槽式快速夹紧装置，螺旋式自定心台虎钳，浮动式台虎钳夹紧装置。

其他夹紧元件，包括：

(1)螺钉用垫板；

(2)T形滑块；

(3)切向夹紧套；

(4)压入式螺纹衬套；

(5)旋入式螺纹衬套;
(6)内胀器。

5.8.1　螺母

1. 带肩六角螺母

带肩六角螺母如图 5－7,表 5－41 所示,材料:45;热处理,HRC35～40。

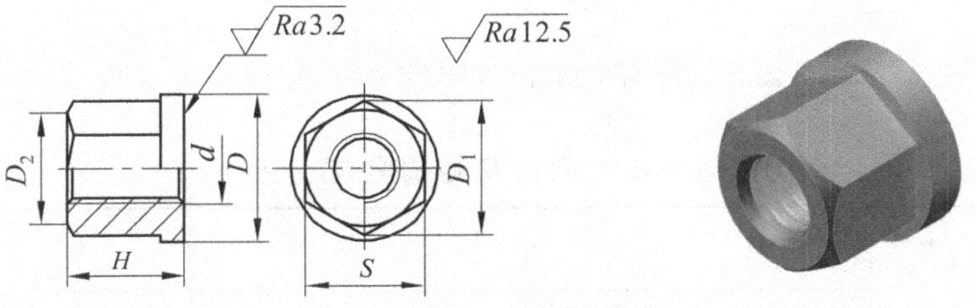

图 5－7　带肩六角螺母(JB/T 8004.1—1999)

表 5－41　带肩六角螺母各部分尺寸　　单位:mm

d	D	H	S	D_1	D_2
M5	10	8	8	9.2	7.5
M6	12.5	10	10	11.5	9.5
M8	17	12	14	16.2	13.5
M10	21	16	17	19.6	16.5
M12	24	20	19	21.9	18
M16	30	25	24	27.7	23
M20	37	32	30	34.6	29
M24	44	38	36	41.6	34
M30	56	48	46	53.1	44
M36	66	55	55	63.5	53

标记示例:

d=M16 的带肩六角螺母:螺母 M16 JB/T 8004.1—1999。

d=M16×1.5 的带肩六角螺母:螺母 M16×1.5 JB/T 8004.1—1999。

2. 内六角螺母

内六角螺母如图 5－8、表 5－42 所示,材料:45;热处理:HRC35～40。

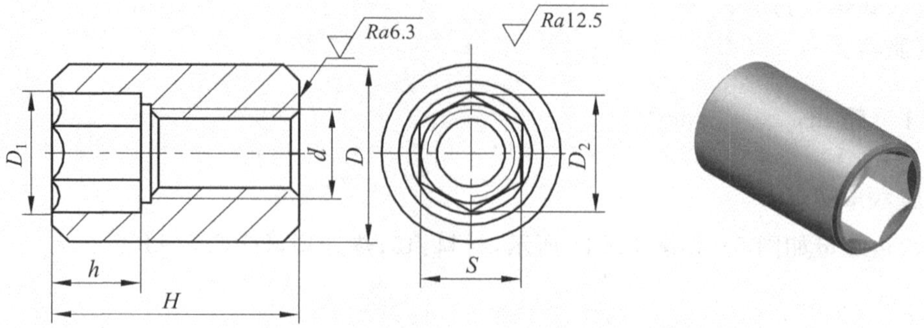

图 5-8 内六角螺母(JB/T 8004.7—1999)

表 5-42 内六角螺母各部分尺寸 单位:mm

d	D	H	S	D_1	h	D_2
M6	10	16	6	7.5	5	6.9
M8	14	20	8	9.5	7	9.15
M10	18	25	10	12	9	11.43
M12	22	30	14	17	11	16
M16	25	40	17	20	13	19.44
M20	30	50	22	26	16	25.15
M24	38	60	27	32	22	30.85

标记示例:

d=M16 的内六角螺母:螺母 M16 JB/T 8004.7—1999。

5.8.2 压块

夹具中常用压块有光面、槽面、圆、弧形压块。其形状和尺寸标准参考国家标准。

1. 光面压块

光面压块如图 5-9、表 5-43 所示。材料:45;热处理:HRC35～40。

标记示例:

公称直径=12mm 的光面压块:压块 A12 JB/T 8009.1—1999。

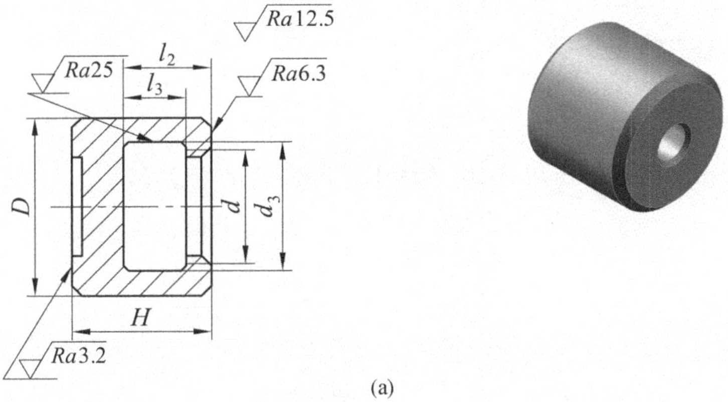

(a)

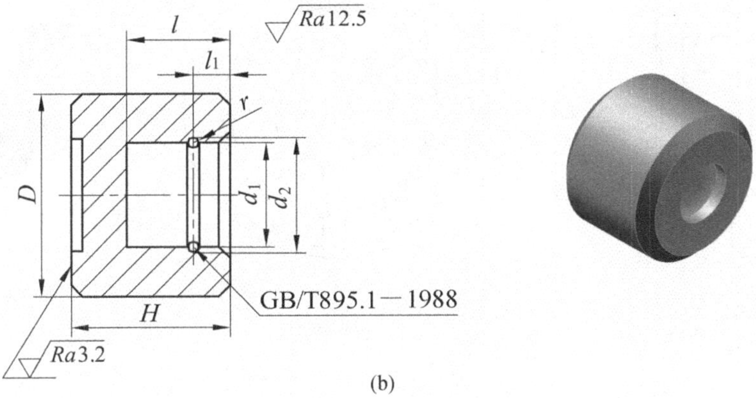

(b)

图 5－9　光面压块(JB/T 8009.1—1999)

表 5－43　光面压块各部分尺寸　　单位:mm

公称直径 (螺纹直径)	D	H	d	d_3	l_2	l_3	r	挡圈 GB/T895.1—1988
4	8	7	M4	4.5	4.5	2.5		
5	10	9	M5	6	6	3.5		
6	12	9	M6	7	6	3.5	0.4	5
8	16	12	M8	10	8	5	0.4	6
10	18	15	M10	12	9	6	0.4	7
12	20	18	M12	14	11.5	7.5	0.4	9
16	25	20	M16	18	13	9	0.6	12
20	30	25	M20	22	15	10.5	1	16
20	36	28	M24	26	17.5	12.5	1	18

2. 槽面压块

槽面压块如图 5－10、表 5－44 所示。

材料：45；热处理：HRC35～40。

标记示例：

公称直径＝12 mm 的槽面压块：压块 A12 JB/T 8009.2—1999。

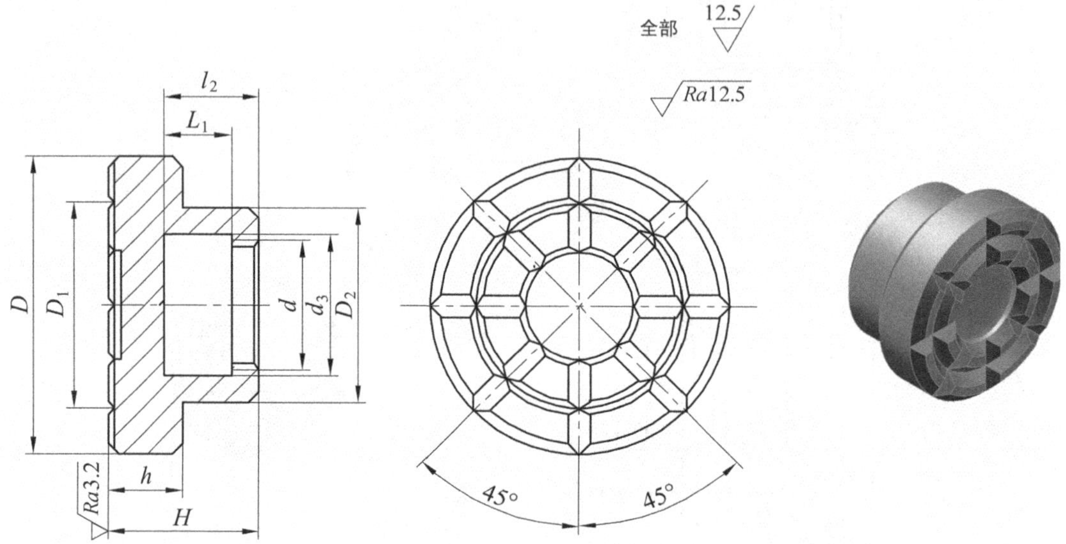

(a)

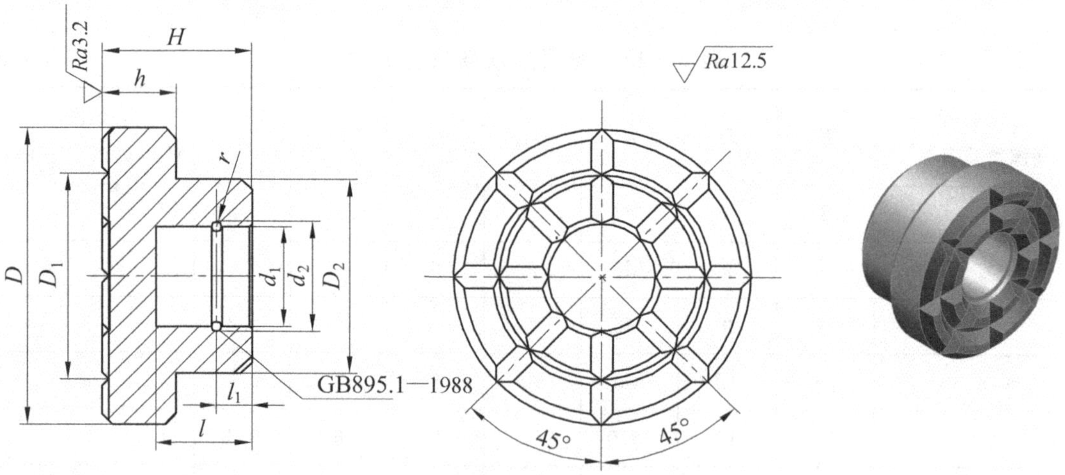

(b)

图 5－10 槽面压块(JB/T 8009.2—1999)

(a)A 型；(b)B 型

表 5－44　槽面压块各部分尺寸　　单位：mm

公称直径（螺纹直径）	D	D_1	D_2	H	h	d	d_1	d_2	d_3	l	l_1	l_2	l_3	r
8	20	14	16	12	6	M8	6.3	6.9	10	7.5	3.1	8	5	0.4
10	25	18	18	15	8	M10	7.4	7.9	12	8.5	3.5	9	6	0.4
12	30	21	20	18	10	M12	9.5	10	14	10.5	4.2	11.5	7.5	0.4
16	35	25	25	20	12	M16	12.5	13.1	18	13	4.4	13	9	0.6
20	45	30	30	25	12	M20	16.5	17.5	22	16	5.4	15	10.5	1
24	55	38	36	28	14	M24	18.5	19.5	26	18	6.4	17.5	12.5	1

3. 弧形压块

弧形压块如图 5－11、表 5－45 所示。

材料：45；热处理：HRC35～40。

标记示例：

L＝60 mm，B＝14 mm 的弧形压块：压块 A60×14 JB/T 8009.4—1999。

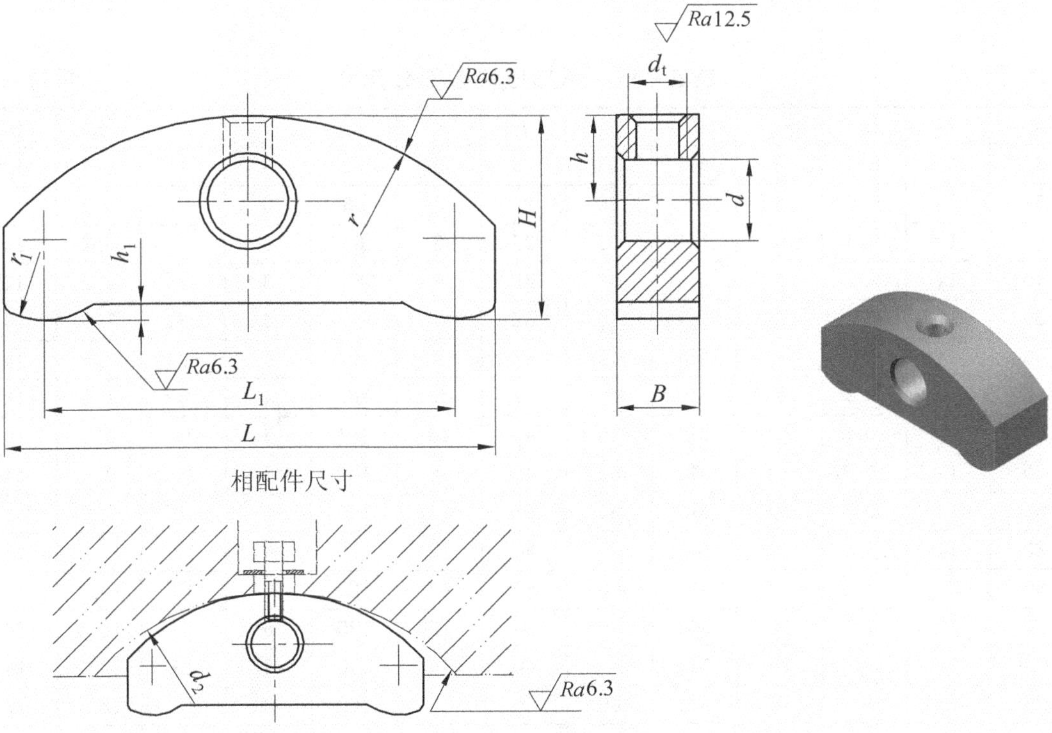

(a)

图 5－11　弧形压块(JB/T 8009.4—1999)

(a)A 型

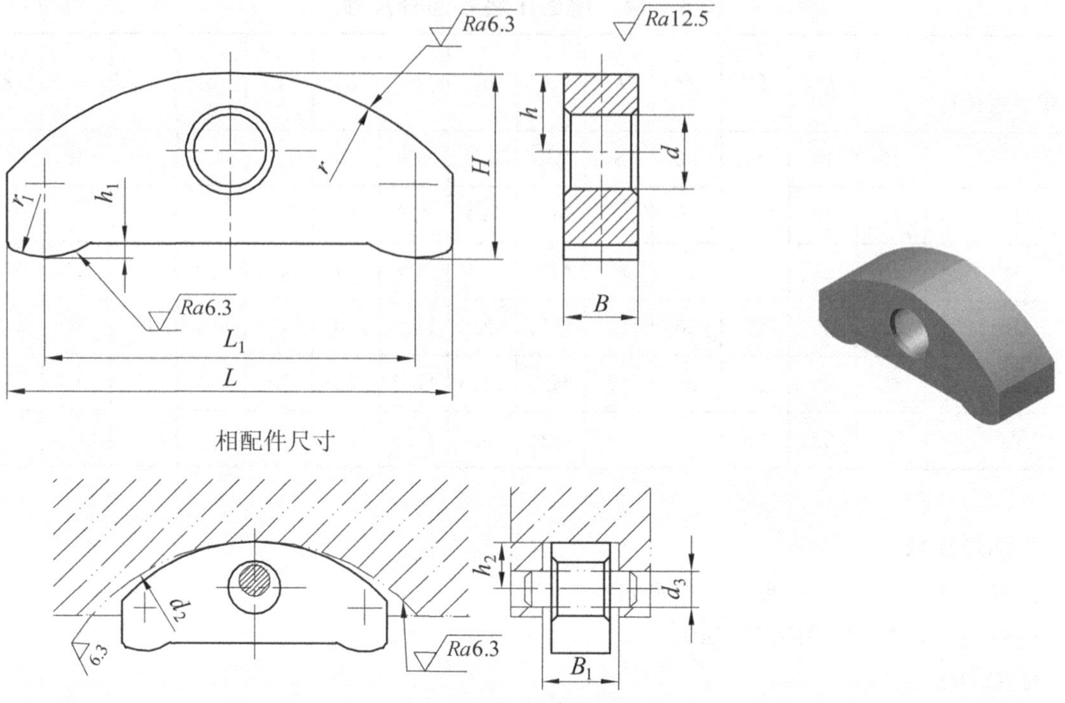

(b)

续图 5－11　弧形压块(JB/T 8009.4—1999)

(b)B 型

表 5－45　弧形压块各部分尺寸　　单位：mm

L	B	h	d	d_1	L_1	r	r_1	d_2	d_3	d_4	h_2	B_1
32	10	6.5	6	M4	25	25	5	63	3	7	6.2	10
32	14	6.5	6	M4	25	25	5	63	3	7	6.2	14
40	10	6.5	6	M4	32	25	6	63	3	7	6.2	10
40	14	6.5	6	M4	32	25	6	63	3	7	6.2	14
50	10	8.2	8	M5	40	32	8	80	4	8	7.5	10
50	14	8.2	8	M5	40	32	8	80	4	8	7.5	14
50	18	8.2	8	M5	40	32	8	80	4	8	7.5	18
60	10	10.5	10	M6	50	40	10	100	5	10	9.5	10
60	14	10.5	10	M6	50	40	10	100	5	10	9.5	14
60	18	10.5	10	M6	50	40	10	100	5	10	9.5	18
80	14	11.5	12	M8	60	50	12	125	6	13	10.5	14
80	16	11.5	12	M8	60	50	12	125	6	13	10.5	16
80	20	11.5	12	M8	60	50	12	125	6	13	10.5	20
100	14	14	16	M8	80	60	16	160	8	13	12.5	14
100	16	14	16	M8	80	60	16	160	8	13	12.5	16
100	20	14	16	M8	80	60	16	160	8	13	12.5	20
125	16	16.5	16	M10	100	80	18	200	8	16	14.5	16
125	20	16.5	16	M10	100	80	18	200	8	16	14.5	20

5.8.3　压板

1. 移动压板

移动压板有 A 型、B 型和 C 型，其结构如图 5－12 所示，A 型尺寸如表 5－46 所示。

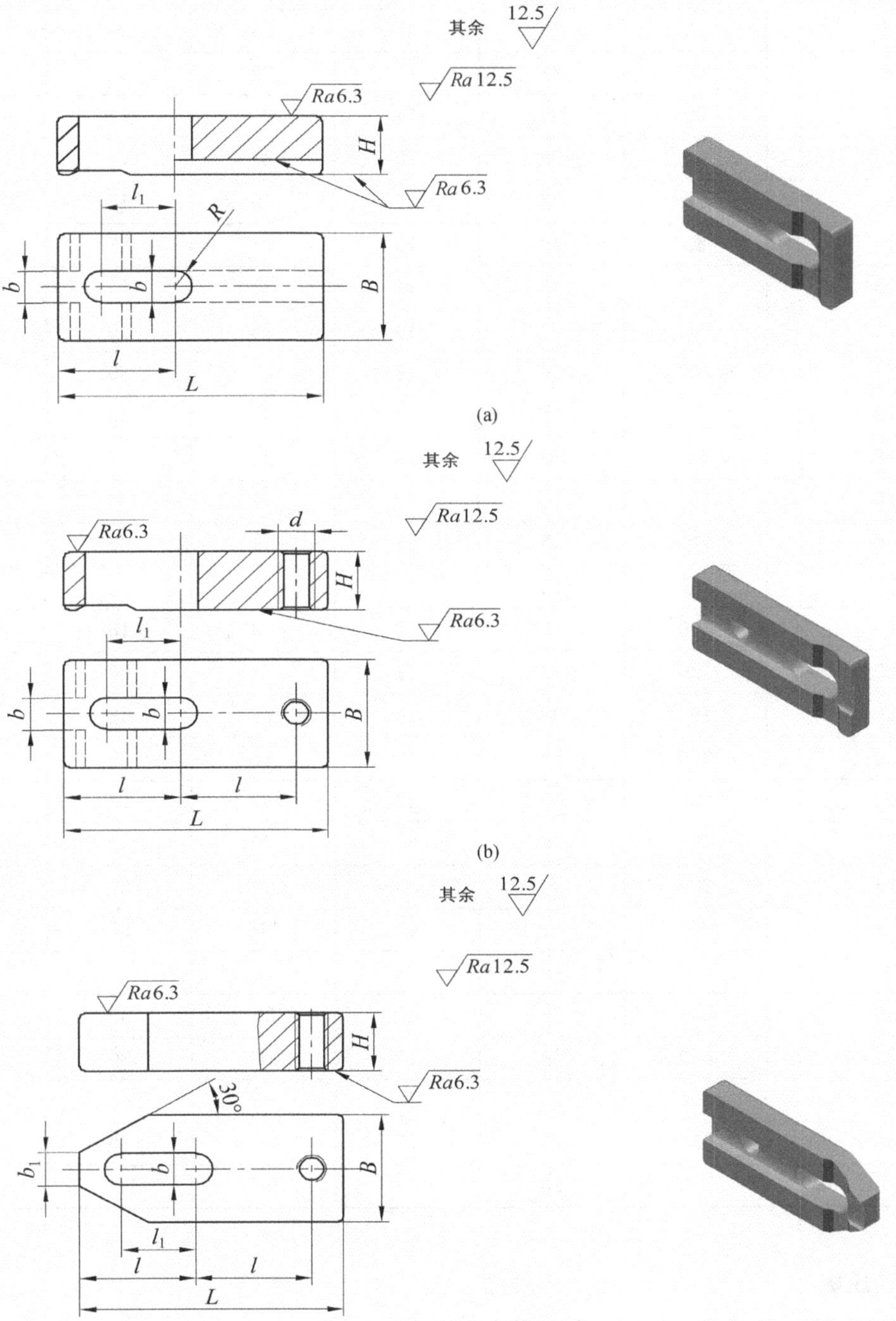

图 5－12　移动压板(JB/T 8010.1—1999)

(a)A 型；（b)B 型；（c)C 型

表 5-46　移动压板 A 型各部分尺寸　　单位：mm

公称直径(螺纹直径)	L	B	H	l	l_1	b
6	40	18	6	17	9	6.6
6	45	20	8	19	11	6.6
6	50	22	12	22	14	6.6
8	45	20	8	18	8	9
8	50	22	10	22	12	9
8	60	25	14	27	17	9
10	60	25	10	27	14	11
10	70	28	12	30	17	11
10	80	30	16	36	23	11
12	70	32	14	30	15	14
12	80	32	16	35	20	14
12	100	36	18	45	30	14
12	120	36	22	55	43	14
16	80	36	18	35	15	18
16	100	40	22	44	24	18
16	120	45	25	54	36	18
16	160	45	30	74	54	18
20	100	45	22	42	18	22
20	120	50	25	52	30	22
20	160	50	30	72	48	22
20	200	55	35	92	68	22
24	120	50	28	52	22	26
24	160	55	30	70	40	26
24	200	60	35	90	60	26
24	250	60	40	115	85	26
30	160	65	35	70	35	33
30	200	65	35	90	55	33
30	250	65	40	115	80	33
36	200	75	40	85	45	39
36	250	75	45	110	70	39
36	320	80	50	145	105	39

2. 转动压板

转动压板有 A 型、B 型和 C 型，其结构如图 5-13 所示。

A 型尺寸如表 5-47 所示。

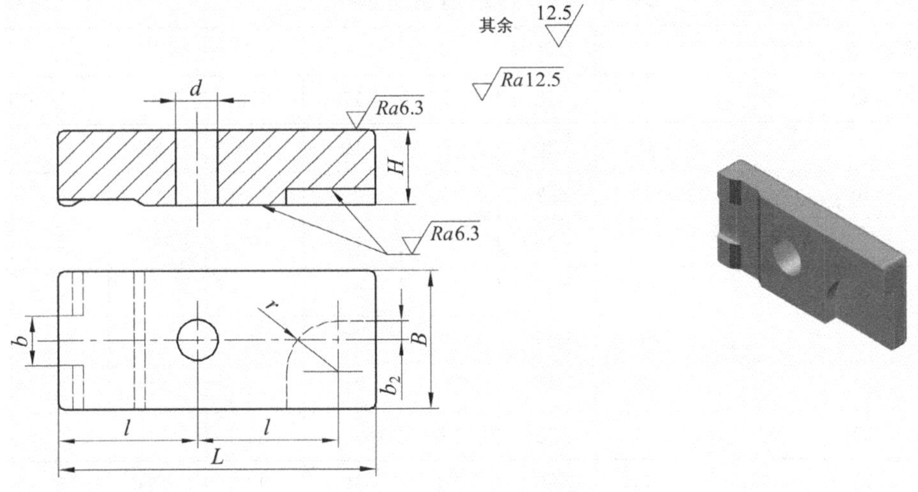

(a)

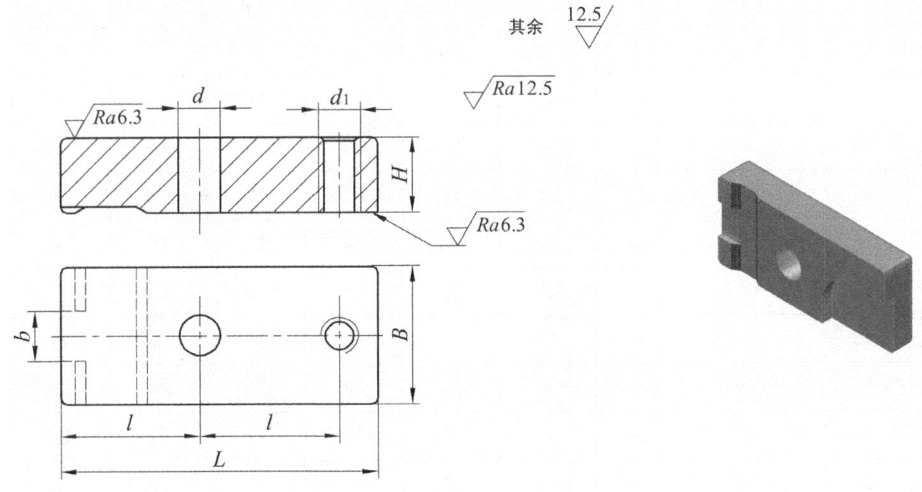

(b)

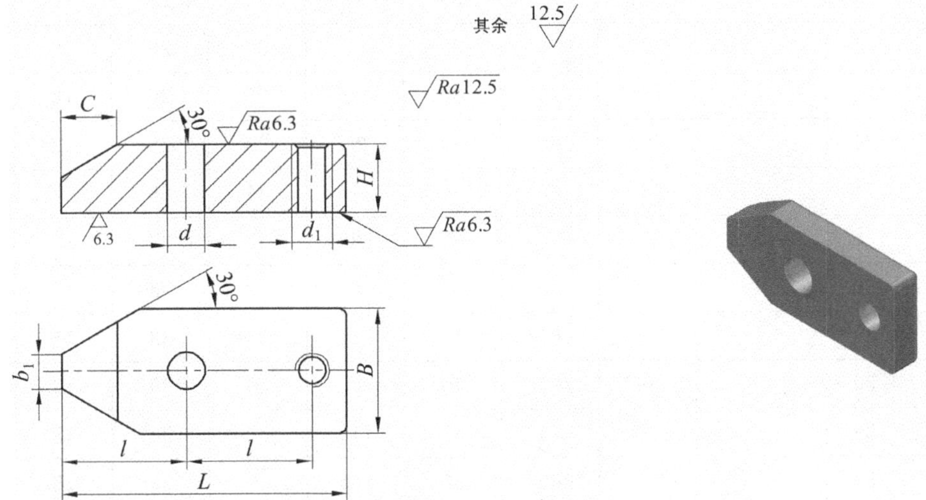

(c)

图 5 - 13　转动压板(JB/T 8010.2—1999)

(a)A 型，(b)B 型，(c)C 型

表 5-47 转动压板 A 型尺寸

单位:mm

公称直径(螺纹直径)	L	B	H	l	d	b	b_2	r
6	40	18	6	17	6.6	8	3	8
6	45	20	8	19	6.6	8	3	8
6	50	22	12	22	6.6	8	3	8
8	45	20	8	18	9	9	4	10
8	50	22	10	22	9	9	4	10
8	60	25	14	27	9	9	4	10
10	60	25	10	27	11	11	5	12.5
10	70	28	12	30	11	11	5	12.5
10	80	30	16	36	11	11	5	12.5
12	70	32	14	30	14	14	6	16
12	80	32	16	35	14	14	6	16
12	100	36	20	45	14	14	6	16
12	120	36	22	55	14	14	6	16
16	80	36	18	35	18	18	8	17.5
16	100	40	22	44	18	18	8	17.5
16	120	45	25	54	18	18	8	17.5
16	160	45	30	74	18	18	8	17.5
20	100	45	22	42	22	22	10	20
20	120	50	25	52	22	22	10	20
20	160	50	30	72	22	22	10	20
20	200	55	35	92	22	22	10	20
24	120	50	28	52	26	26	12	22.5
24	160	55	30	70	26	26	12	22.5
24	200	60	35	90	26	26	12	22.5
24	250	60	40	115	26	26	12	22.5
30	160	65	35	70	33	33	15	30
30	200	65	35	90	33	33	15	30
30	250	65	40	115	33	33	15	30
36	200	75	40	85	39	39	18	30
36	250	75	45	110	39	39	18	30
36	320	80	50	145	39	39	18	30

3. 平压板

平压板有 A 型和 B 型，其结构如图 5 - 14 所示，A 型尺寸如表 5 - 48 所示。

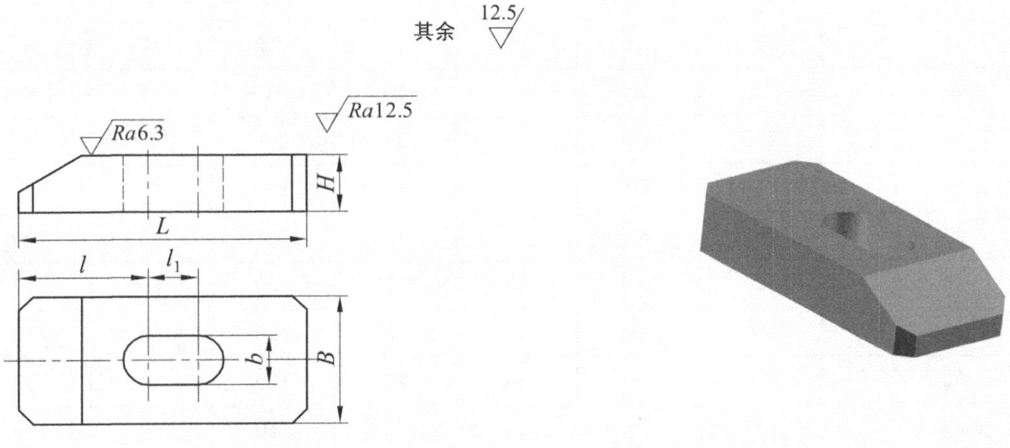

(a)

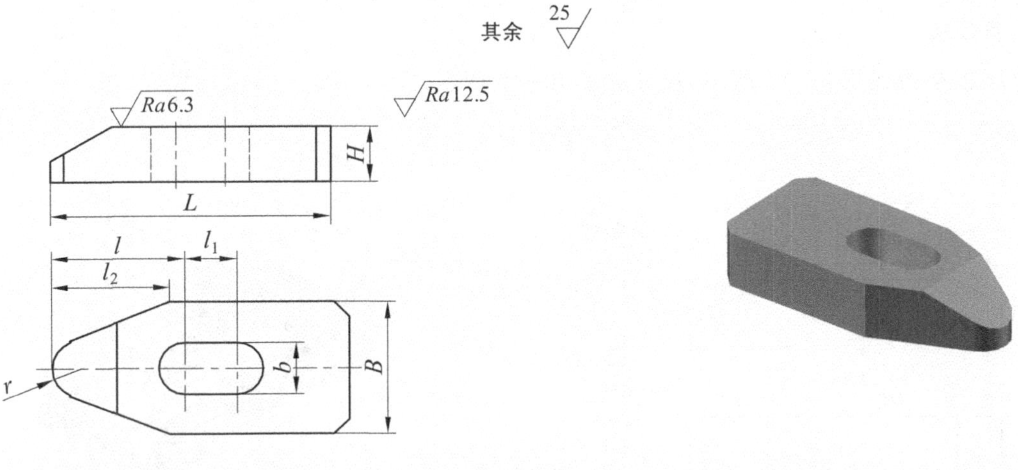

(b)

图 5 - 14　平压板(JB/T 8010.9—1999)

(a)A 型；（b)B 型

表 5 - 48　平压板 A 型尺寸　　单位：mm

公称直径(螺纹直径)	L	B	H	b	l	l_1	l_2
6	40	18	8	7	18	7	16
6	50	22	12	7	23	7	21
8	45	22	10	10	21	7	19
10	60	25	12	12	28	7	26
10	80	30	16	12	38	7	35
12	80	32	16	15	38	7	35

续 表

公称直径(螺纹直径)	L	B	H	b	l	l_1	l_2
12	100	40	20	15	48	7	45
16	120	50	25	19	52	15	55
16	160	50	25	19	70	20	60
20	200	60	28	24	90	20	75
20	250	70	32	24	100	20	85
24	250	80	35	28	100	30	100
30	320	100	40	35	130	40	110
30	360	100	40	35	150	40	130
36	320	100	45	42	130	50	110
36	360	100	45	42	150	50	130

4. 直压板

直压板结构如图 5－15 所示，尺寸如表 5－49 所示。

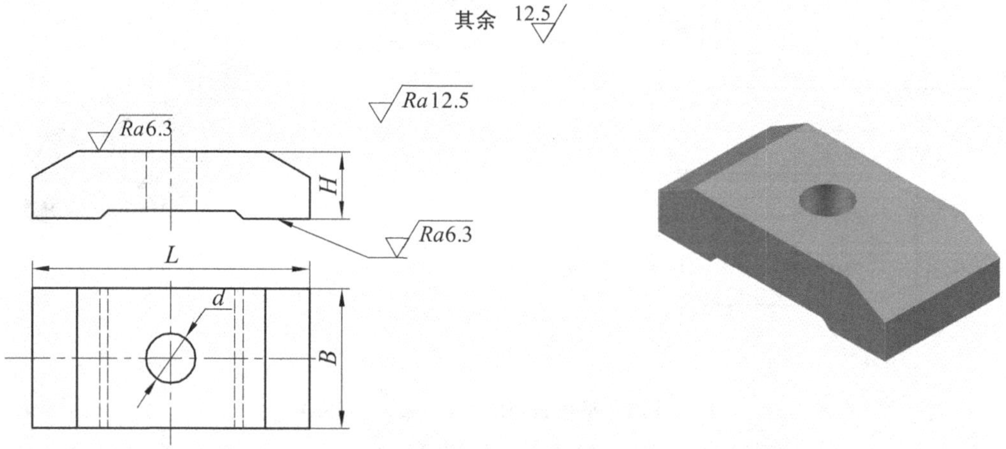

图 5－15　直压板(JB/T 8010.13—1999)

表 5－49　直压板尺寸　　单位：mm

公称直径(螺纹直径)	L	B	H	d
8	50	25	12	9
8	60	25	12	9
8	80	25	12	9
10	60	32	16	11
10	80	32	16	11

续 表

公称直径(螺纹直径)	L	B	H	d
10	100	32	20	11
12	80	32	20	14
12	100	32	20	14
12	120	32	25	14
16	100	40	25	18
16	120	40	25	18
16	160	40	25	18
20	120	50	25	22
20	160	50	32	22
20	200	50	32	22

5. 铰链压板

铰链压板有 A 型和 B 型,其结构如图 5 - 16 所示,A 型尺寸如表 5 - 50 所示。

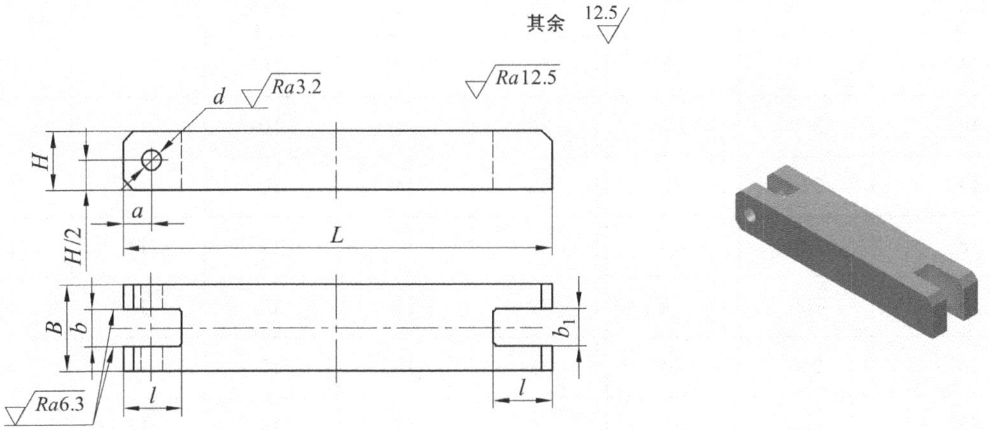

(a)

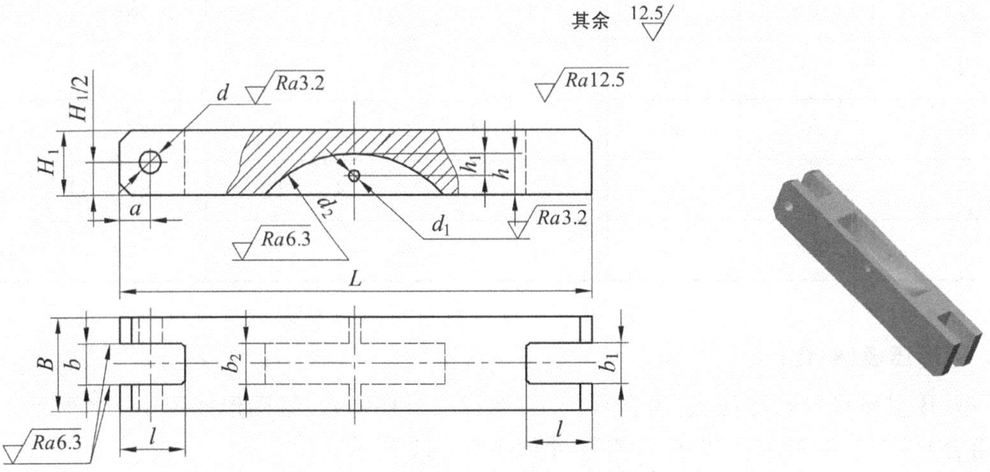

(b)

图 5 - 16　铰链压板(JB/T 8010.14—1999)

(a)A 型;　(b)B 型

表 5－50　铰链压板 A 型尺寸　单位：mm

b	L	B	H	b_1	d	a	l
6	70	16	12	6	4	5	12
6	90	16	12	6	4	5	12
8	100	18	15	8	5	6	15
8	120	24	15	8	5	6	15
10	120	24	18	10	6	7	18
10	140	24	18	10	6	7	18
12	140	32	22	12	8	9	22
12	160	32	22	12	8	9	22
12	180	32	22	12	8	9	22
14	180	32	26	14	10	10	25
14	200	32	26	14	10	10	25
14	220	32	26	14	10	10	25
18	220	40	32	18	12	14	32
18	250	40	32	18	12	14	32
18	280	40	32	18	12	14	32
22	250	50	40	22	16	18	40
22	280	50	40	22	16	18	40
22	300	50	40	22	16	18	40
26	300	60	45	26	20	22	48
26	320	60	45	26	20	22	48
26	360	60	45	26	20	22	48

6. 钩形压板(组合)

A 型、B 型和 C 型钩形压板(组合)(JB/T 8012.2—1999)二维图形如图 5－17 所示。钩形压板(组合)(JB/T 8012.2—1999)A 型尺寸如表 5－51 所示。

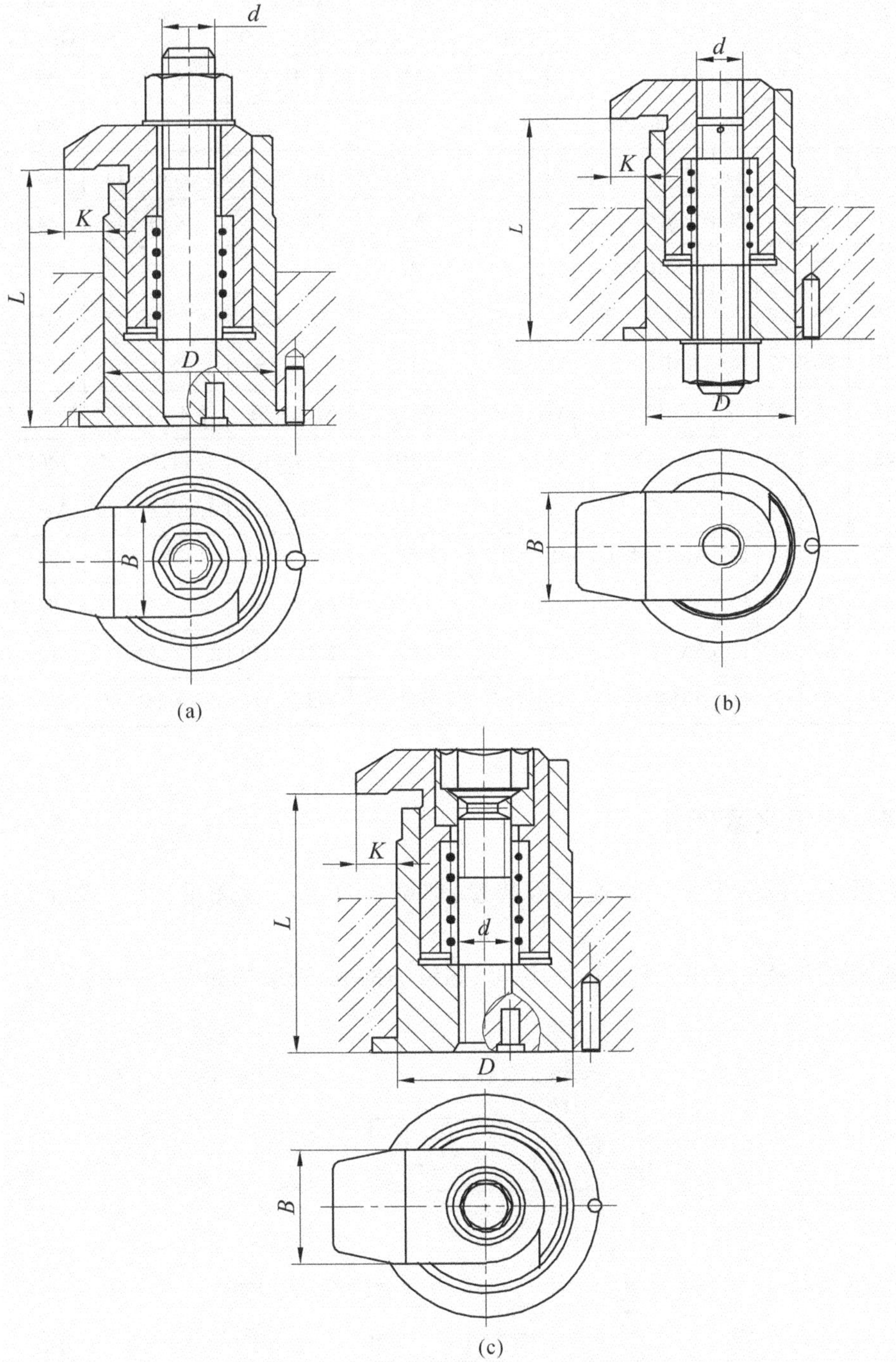

图 5-17　钩形压板(组合)(JB/T 8012.2—1999)结构及规格

(a)A 型；(b)B 型；(c)C 型

表 5-51　钩形压板(组合)A 型尺寸　　单位:mm

d	K	D	B	$L_{最小}$	$L_{最大}$	套筒 GB/T2197	钩形压板 GB/T2196	螺母 GB/T2148	双头螺柱 GB/T900	弹簧	螺钉 GB/T71	销 GB/T119
M6	7	22	16	31	36	AM6×40	A6×18	M6	M6×45	0.8×8×38	M3×5	3n6×12
M6	13	22	16	36	42	AM6×48	A6×24	M6	M6×50	0.8×8×38	M3×5	3n6×12
M8	10	28	20	37	44	AM8×50	A8×24	M8	M8×55	1×10×45	M4×6	3n6×12
M8	14	28	20	45	52	AM8×60	A8×28	M8	M8×65	1×10×45	M4×6	3n6×12
M10	10.5	35	25	48	58	AM10×62	A10×28	M10	M10×70	1.2×12×52	M4×6	3n6×12
M10	17.5	35	25	58	70	AM10×75	A10×35	M10	M10×85	1.2×12×5	M4×6	3n6×12
M12	14	42	30	57	68	AM12×75	A12×35	M12	M12×80	1.4×14×75	M6×8	4n6×16
M12	24	42	30	70	82	AM12×90	A12×45	M12	M12×100	1.4×14×7	M6×8	4n6×16
M16	21	48	35	70	86	AM16×95	A16×45	M16	M16×100	1.6×20×95	M6×8	4n6×16
M16	31	48	35	87	105	AM16×115	A16×55	M16	M16×120	1.6×20×95	M6×8	4n6×16
M20	27.5	55	40	81	100	AM20×112	A20×55	M20	M20×120	2×25×105	M8×10	5n6×20
M20	37.5	55	40	99	120	AM20×132	A20×65	M20	M20×140	2×25×105	M8×10	5n6×20
M24	32.5	65	50	100	120	AM24×135	A24×65	M24	M24×140	2.5×28×115	M10×12	5n6×20
M24	42.5	65	50	125	145	AM24×160	A24×75	M24	M24×170	2.5×28×115	M10×12	5n6×20

5.8.4　快速夹紧部件

快速夹紧部件包括楔槽式快速夹紧装置、螺旋式自定心台虎钳、浮动式台虎钳夹紧装置等。

楔槽式快速夹紧装置由顶杆、手柄、螺母、螺钉等构成,其结构如图 5-18 所示。

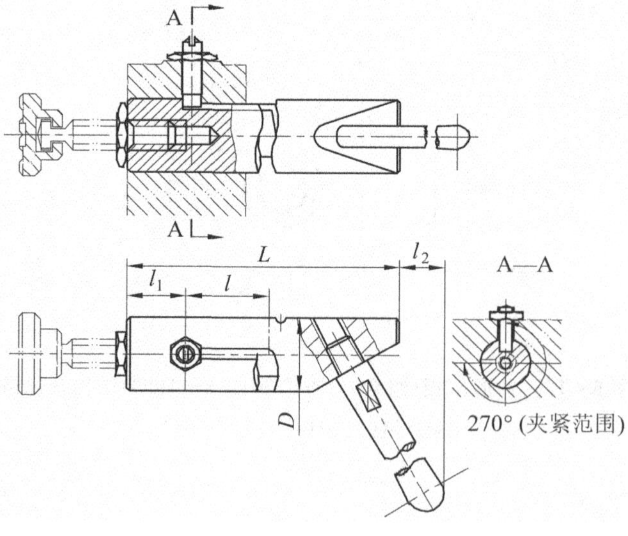

图 5-18　楔槽式快速夹紧装置

浮动式台虎钳由底座、螺栓、切向夹紧套、垫圈等构成，其结构如图 5－19 所示。

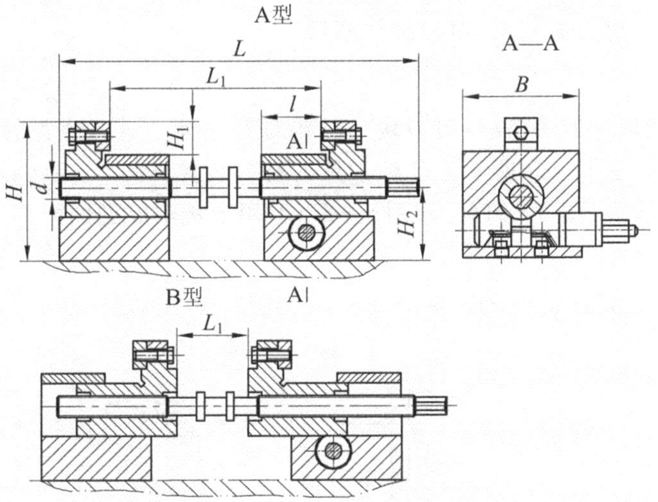

图 5－19　浮动式台虎钳夹紧装置

螺旋式自定心台虎钳由卡爪、滑座、钳口、底座、螺杆等构成，其结构如图 5－20 所示。

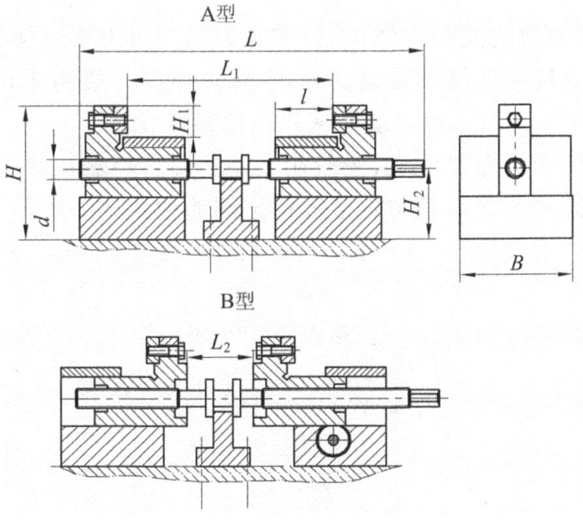

图 5－20　螺旋式自定心台虎钳

5.9　其他元件与部件

5.9.1　对刀件

铣削加工时，要用调整法获得零件的加工尺寸，为调整工件相对于刀具的位置，铣床夹具一般设置对刀装置。对刀件有对刀块和对刀塞尺，两者配合使用。

对刀件包括以下几种：

(1)对刀块。圆形对刀块，方形对刀块，直角对刀块，侧装对刀块。

(2)对刀用塞尺。对刀平塞尺，对刀圆柱塞尺。

1. 对刀块

对刀块可分为圆形对刀块、直角对刀块及侧装对刀块等。对刀装置的结构形式取决于工件加工表面的形状，如图 5－21 所示为几种常见的对刀装置。图 5－21(a)用于铣平面；图 5－21(b)用于铣槽或台阶面；图 5－21(c)和图 5－21(d)用于铣削成型面。

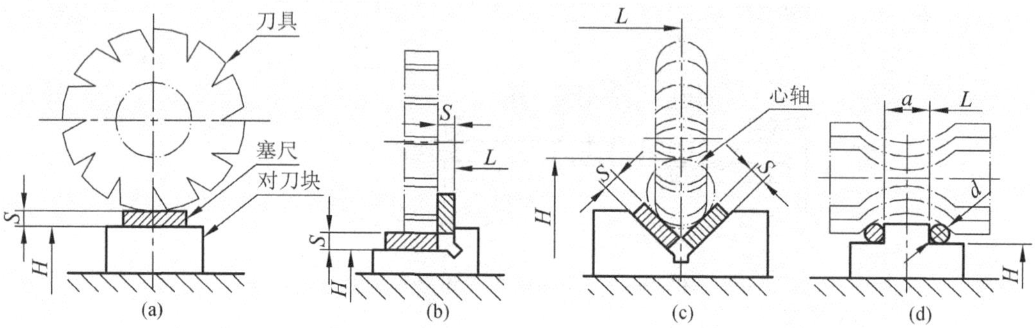

图 5－21　对刀装置

对刀时，在刀具与对刀块之间加一塞尺，以避免刀具与对刀块直接接触而损坏刀刃或造成对刀块磨损。塞尺有平塞尺和圆柱形塞尺两种，平塞尺厚度一般为 1 mm，2 mm，3 mm，圆柱形塞尺直径常用 3 mm 或 5 mm。对刀块与塞尺均已标准化。

对刀装置应设置在便于对刀的位置，一般在工件的切入一端。使用对刀块时，夹具总图上应标明塞尺的尺寸及对刀块工作表面与定位元件之间的位置。

对刀块材料：20；热处理：渗碳 0.8～1.2 mm，HRC 为 58～64。标记：××对刀块 JB/T 8031.1—1999。

圆形对刀块的结构和尺寸如图 5－22 和表 5－52 所示。

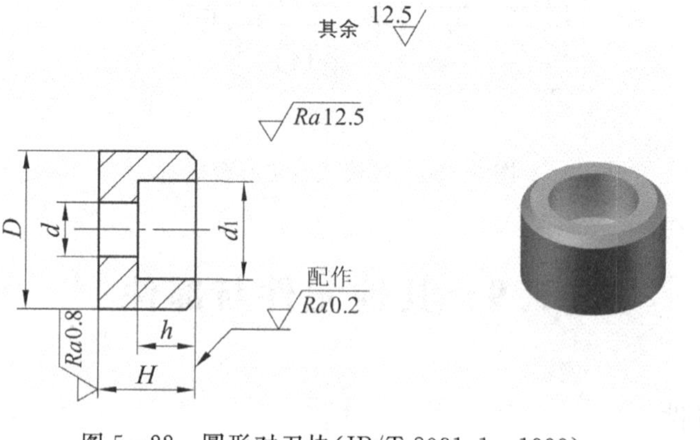

图 5－22　圆形对刀块(JB/T 8031.1—1999)

表 5-52 圆形对刀块各部分尺寸 单位：mm

D	H	h	d	d_1
16	10	6	5.5	10
25	10	7	6.6	12

方形对刀块尺寸数据如图 5-23 所示。

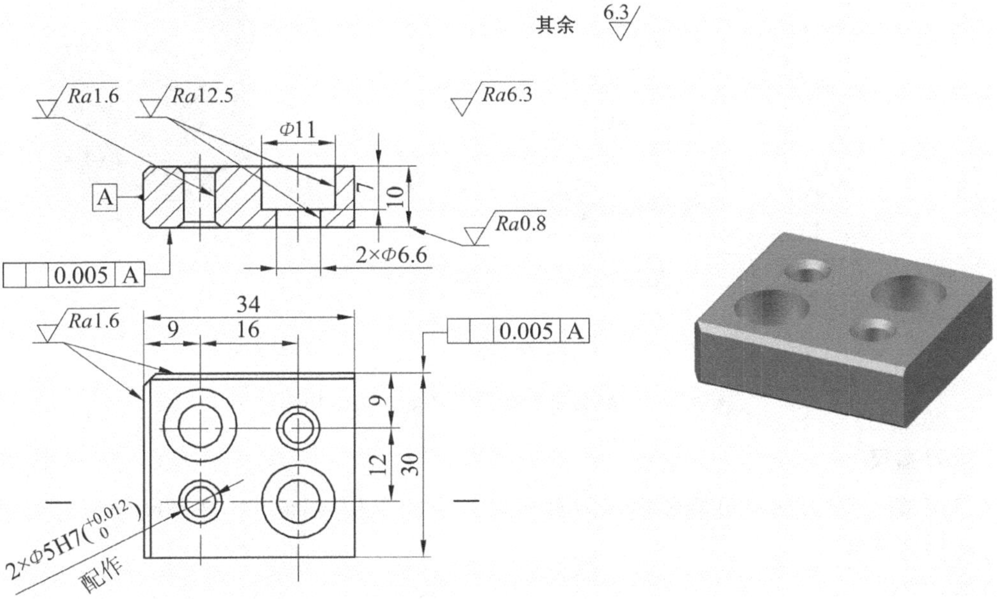

图 5-23 方形对刀块(JB/T 8031.2—1999)

直角对刀块尺寸数据如图 5-24 所示。

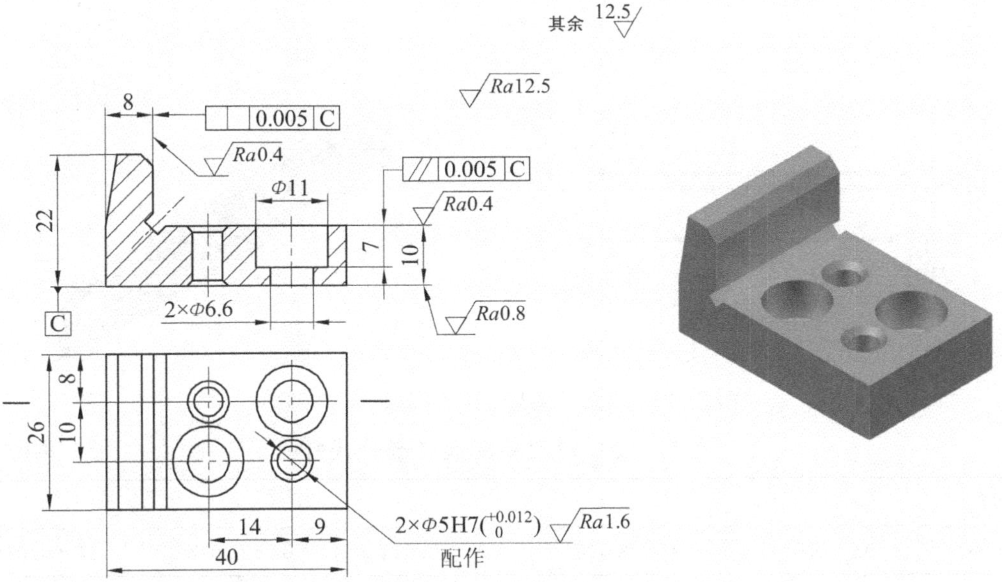

图 5-24 直角对刀块(JB/T 8031.3—1999)

侧装对刀块尺寸数据如图 5-25 所示。

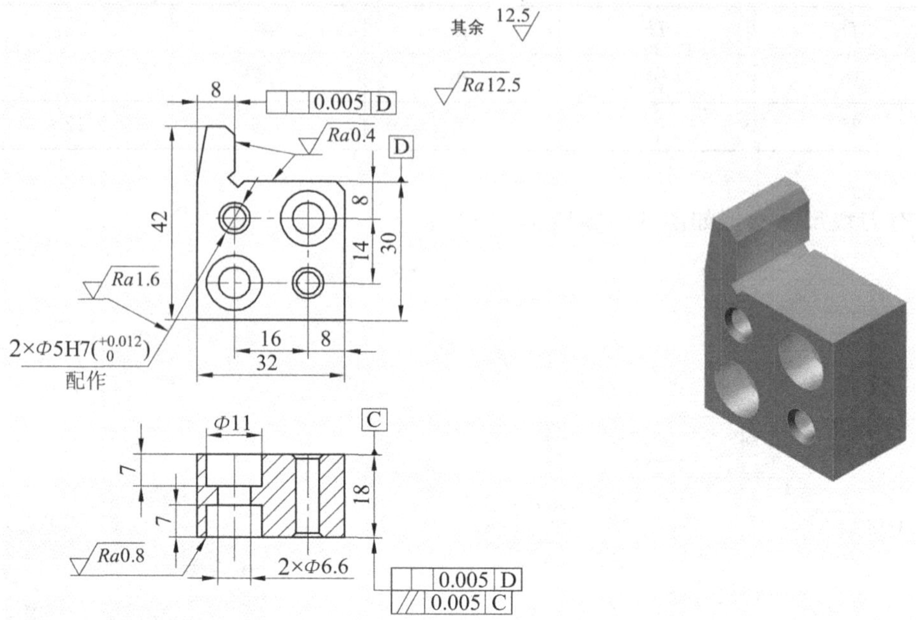

图 5-25　侧装对刀块(JB/T 8031.4—1999)

2. 对刀塞尺

对刀调整时，对刀塞尺可避免损坏刀具和对刀块的工作表面。对刀塞尺分为对刀平塞尺和对刀圆柱塞尺两种。

材料：T8；

热处理：HRC55～60。

对刀平塞尺尺寸数据如图 5-26 和表 5-53 所示。

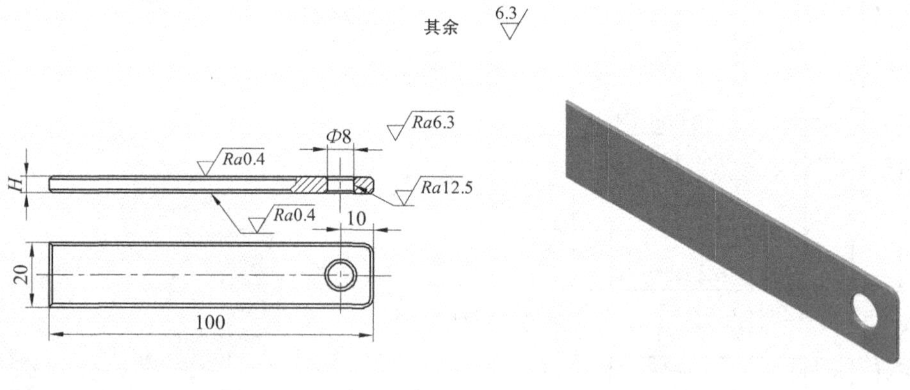

图 5-26　对刀平塞尺(JB/T 8032.1—1999)

表 5-53　对刀平塞尺各部分尺寸　　单位：mm

H	1	2	3	4	5
H(h8)	0/−0.014	0/−0.014	0/−0.014	0/−0.018	0/−0.018

对刀圆柱塞尺尺寸数据如图 5－27 和表 5－54 所示。

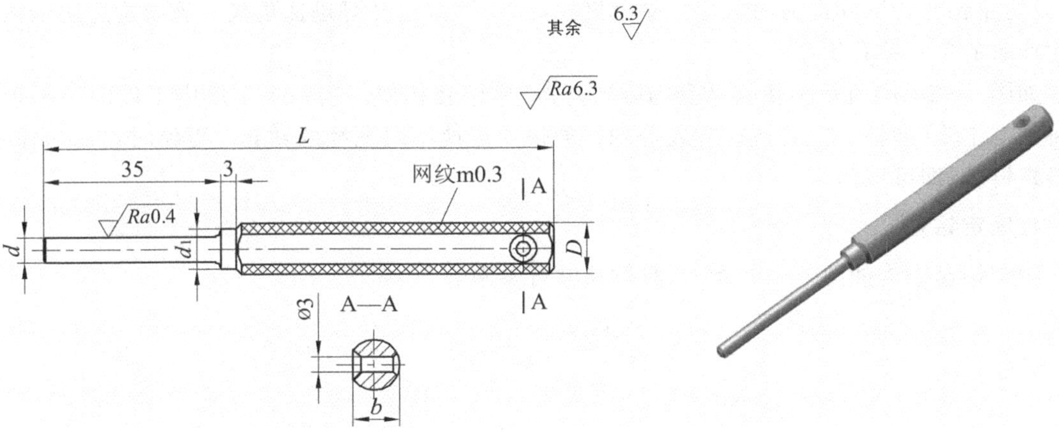

图 5－27　对刀圆柱塞尺(JB/T 8032.2—1999)

表 5－54　对刀圆柱塞尺(JB/T 8032.2—1999)各部分尺寸　单位:mm

d	D	L	d_1	b
3	7	90	5	6
5	10	100	8	9

5.9.2　导向零件与部件

导向零件与部件包括:

(1)钻套。固定钻套,长固定钻套,可换钻套,快换钻套,长快换钻套,薄壁钻套。

(2)镗套。镗套,回转导套。

(3)衬套。钻套用衬套,镗套用衬套。

(4)钻套和镗套用螺钉。钻套用螺钉,镗套用螺钉。

如图 5－28(a)所示为固定钻套,钻套直接压装在钻模板上。固定钻套结构简单,钻孔精度高,但磨损后不能更换。固定钻套适用于单一钻孔工序的小批生产。

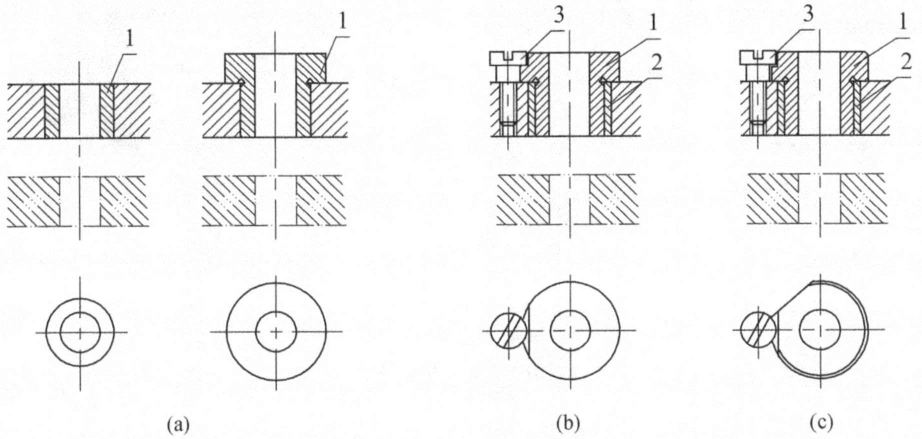

图 5－28　标准钻套类型

1—钻套；2—衬套；3—钻套螺钉

(a)固定钻套；(b)可换钻套；(c)快换钻套

如图 5－28(b)所示为可换钻套，钻套装在衬套中，衬套压装在钻模板上，由螺钉将钻套压紧，以防止钻套转动和退刀时脱出。钻套磨损后，将螺钉松开可迅速更换。该结构适用于大批量生产时的单一钻孔工序。

如图 5－28(c)所示为快换钻套，其结构与可换钻套相似。当一个工序中工件同一孔须经多种加工工步(如钻、扩、铰或攻螺纹等)时，能快速更换不同孔径的钻套。更换时，将钻套缺口转至螺钉处，即可取出。

1. 固定钻套

固定钻套结构如图 5－29 所示，具体尺寸可参考表 5－55。

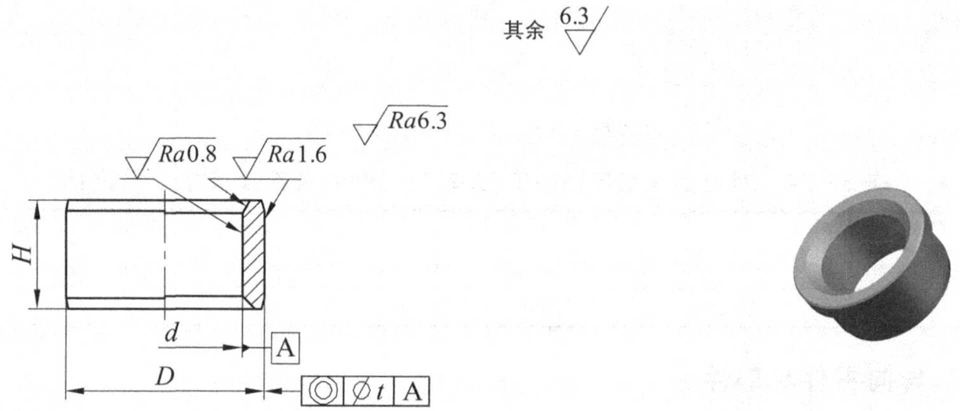

(a)

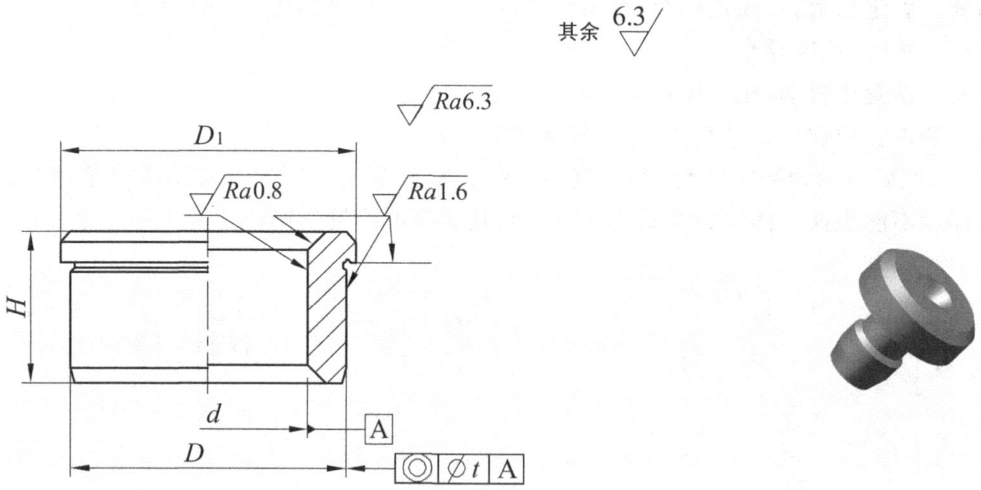

(b)

图 5－29　固定钻套(JB/T 8045.1—1999)

(a)A 型；　(b)B 型

表 5-55　固定钻套各部分尺寸　单位:mm

d	D	D_1	H	t
0～1	3	6	6	0.008
0～1	3	6	9	0.008
1～1.8	4	7	6	0.008
1～1.8	4	7	9	0.008
1.8～2.6	5	8	6	0.008
1.8～2.6	5	8	9	0.008
2.6～3	6	9	8	0.008
2.6～3	6	9	12	0.008
2.6～3	6	9	16	0.008
3～3.3	6	9	8	0.008
3～3.3	6	9	12	0.008
3～3.3	6	9	16	0.008
3.3～4	7	10	8	0.008
3.3～4	7	10	12	0.008
3.3～4	7	10	16	0.008
4～5	8	11	8	0.008
4～5	8	11	12	0.008
4～5	8	11	16	0.008
5～6	10	13	10	0.008
5～6	10	13	16	0.008
5～6	10	13	20	0.008
6～8	12	15	10	0.008
6～8	12	15	16	0.008
6～8	12	15	20	0.008
8～10	15	18	12	0.008
8～10	15	18	20	0.008
8～10	15	18	25	0.008
10～12	18	22	12	0.008
10～12	18	22	20	0.008
10～12	18	22	25	0.008
12～15	22	26	16	0.008
12～15	22	26	28	0.008
12～15	22	26	36	0.008
15～18	26	30	16	0.012
15～18	26	30	28	0.012

材料及热处理:$d \leqslant 25$mm,T10A,淬火 HRC 为 60～64;$d > 25$mm,20,渗碳淬火为 HRC60～64。

2. 钻套用衬套

钻套用衬套结构如图 5－30 所示，具体尺寸可参考表 5－56。

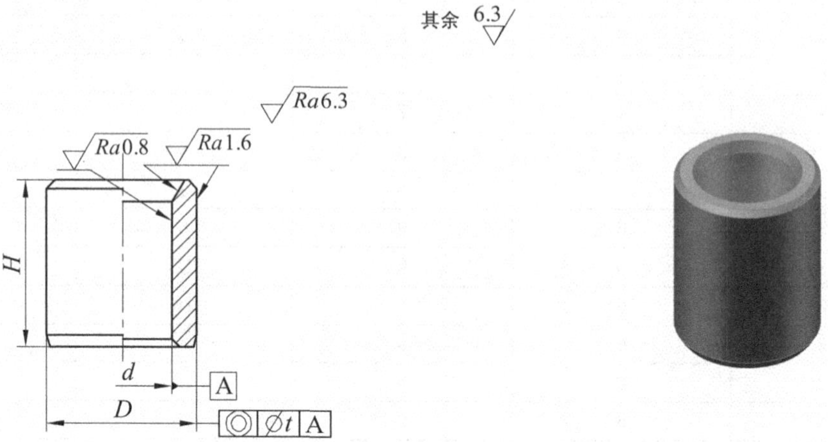

图 5－30　钻套用衬套(JB/T 8045.4—1999)A 型

表 5－56　钻套用衬套各部分尺寸　　单位：mm

d	D	D_1	H	t
8	12	15	10	0.008
8	12	15	16	0.008
10	15	18	12	0.008
10	15	18	20	0.008
10	15	18	25	0.008
12	18	22	12	0.008
12	18	22	20	0.008
12	18	22	25	0.008
15	22	26	16	0.008
15	22	26	28	0.008
15	22	26	36	0.008
18	26	30	16	0.012
18	26	30	28	0.012
18	26	30	36	0.012
22	30	34	20	0.012
22	30	34	36	0.012
22	30	34	45	0.012
26	35	39	20	0.012

续 表

d	D	D_1	H	t
26	35	39	36	0.012
26	35	39	45	0.012
30	42	46	25	0.012
30	42	46	45	0.012
30	42	46	56	0.012

材料及热处理：

$d \leqslant 25$ mm，T10A，淬火 HRC 为 60～64；

$d > 25$ mm，20，渗碳淬火 HRC 为 60～64。

3. 可换钻套

可换钻套结构如图 5－31 所示，具体尺寸可参考表 5－57。

材料及热处理：

$d \leqslant 26$ mm，T10A，HRC 为 58～64；

$d > 26$ mm，20，渗碳 0.8～1.2 mm，HRC 为 58～64。

标记示例：

d＝28mm，公差 F7，D＝42 mm，公差 k6，H＝30 mm 的可换钻套：钻套 28F7×42k6×30 JB/T 8045.2—1999。

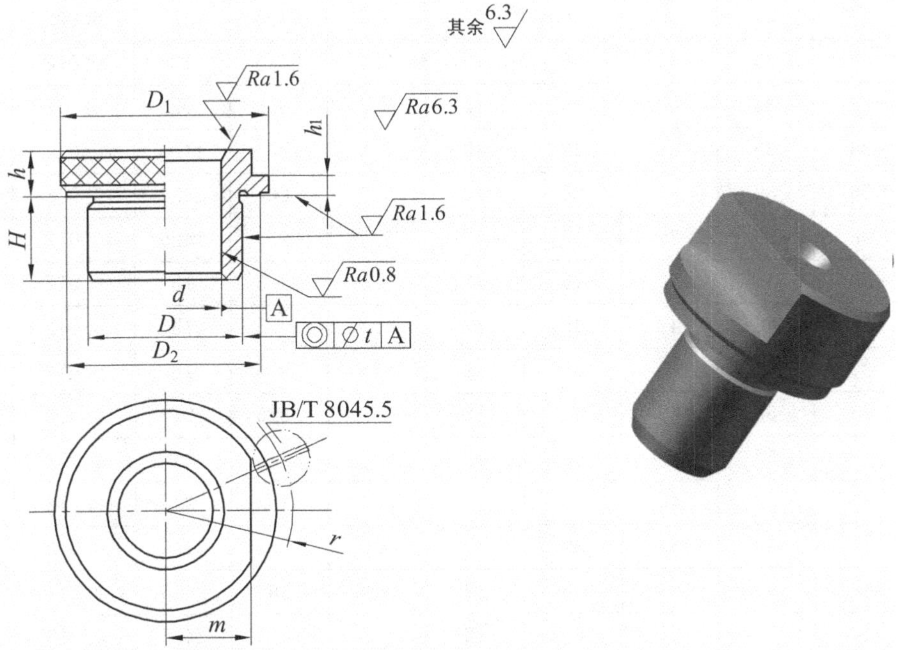

图 5－31 可换钻套(JB/T 8045.2—1999)

表 5－57　可换钻套各部分尺寸

单位：mm

d	D	D_1	D_2	H	h	h_1	r	m	t	配用螺钉
0～3	8	15	12	10	8	3	11.5	4.2	0.008	M5
0～3	8	15	12	10	8	3	11.5	4.2	0.008	M5
0～3	8	15	12	10	8	3	11.5	4.2	0.008	M5
0～3	8	15	12	16	8	3	11.5	4.2	0.008	M5
3～4	8	15	12	10	8	3	11.5	4.2	0.008	M5
3～4	8	15	12	16	8	3	11.5	4.2	0.008	M5
4～6	10	18	15	12	8	3	13	5.5	0.008	M5
4～6	10	18	15	20	8	3	13	5.5	0.008	M5
4～6	10	18	15	25	8	3	13	5.5	0.008	M5
6～8	12	22	18	12	10	4	16	7	0.008	M6
6～8	12	22	18	20	10	4	16	7	0.008	M6
6～8	12	22	18	25	10	4	16	7	0.008	M6
8～10	15	26	22	16	10	4	18	9	0.008	M6
8～10	15	26	22	28	10	4	18	9	0.008	M6
8～10	15	26	22	36	10	4	18	9	0.008	M6
10～12	18	30	26	16	10	4	20	11	0.008	M6
10～12	18	30	26	28	10	4	20	11	0.008	M6
10～12	18	30	26	36	10	4	20	11	0.008	M6
12～15	22	34	30	20	12	5.5	23.5	12	0.008	M8
12～15	22	34	30	36	12	5.5	23.5	12	0.008	M8
12～15	22	34	30	45	12	5.5	23.5	12	0.008	M8
15～18	26	39	35	20	12	5.5	26	14.5	0.012	M8
15～18	26	39	35	36	12	5.5	26	14.5	0.012	M8
15～18	26	39	35	45	12	5.5	26	14.5	0.012	M8
18～22	30	46	42	25	12	5.5	29.5	18	0.012	M8
18～22	30	46	42	45	12	5.5	29.5	18	0.012	M8
18～22	30	46	42	56	12	5.5	29.5	18	0.012	M8
22～26	35	52	46	25	12	5.5	32.5	21	0.012	M8
22～26	35	52	46	45	12	5.5	32.5	21	0.012	M8
22～26	35	52	46	56	12	5.5	32.5	21	0.012	M8
26～30	42	59	53	30	12	5.5	36	24.5	0.012	M8
26～30	42	59	53	56	12	5.5	36	24.5	0.012	M8
26～30	42	59	53	67	12	5.5	36	24.5	0.012	M8

4. 快换钻套

快换钻套结构如图 5－32 所示，具体尺寸可参考表 5－58。

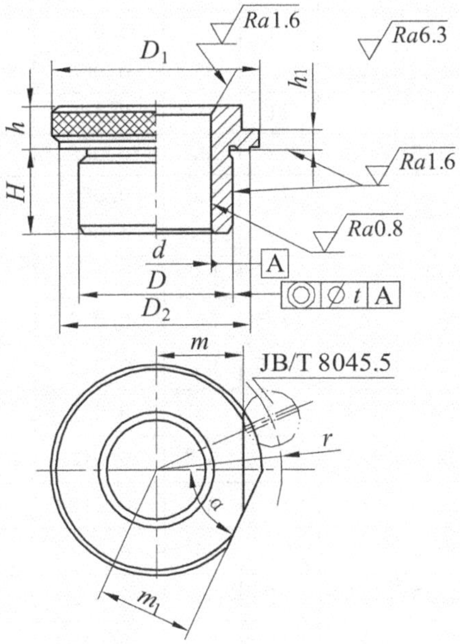

图 5－32 快换钻套(JB/T 8045.3—1999)

表 5－58 快换钻套各部分尺寸 单位：mm

d	D	D_1	D_2	H	h	h_1	r	m	m_1	a	t	配用螺钉
0～3	8	15	12	10	8	3	11.5	4.2	4.2	50°	0.008	M5
0～3	8	15	12	16	8	3	11.5	4.2	4.2	50°	0.008	M5
0～3	8	15	12	—	8	3	11.5	4.2	4.2	50°	0.008	M5
3～4	8	15	12	10	8	3	11.5	4.2	4.2	50°	0.008	M5
3～4	8	15	12	16	8	3	11.5	4.2	4.2	50°	0.008	M5
3～4	8	15	12	—	8	3	11.5	4.2	4.2	50°	0.008	M5
4～6	10	18	15	12	8	3	13	6.5	5.5	50°	0.088	M5
4～6	10	18	15	20	8	3	13	6.5	5.5	50°	0.088	M5
4～6	10	18	15	25	8	3	13	6.5	5.5	50°	0.088	M5
6～8	12	22	18	12	10	4	16	7	7	50°	0.088	M6
6～8	12	22	18	20	10	4	16	7	7	50°	0.088	M6
6～8	12	22	18	25	10	4	16	7	7	50°	0.088	M6
8～10	15	26	22	16	10	4	18	9	9	55°	0.088	M6
8～10	15	26	22	28	10	4	18	9	9	55°	0.088	M6

续 表

d	D	D_1	D_2	H	h	h_1	r	m	m_1	a	t	配用螺钉
8～10	15	26	22	36	10	4	18	9	9	55°	0.088	M6
10～12	18	30	26	16	10	4	20	11	11	55°	0.088	M6
10～12	18	30	26	28	10	4	20	11	11	55°	0.088	M6
10～12	18	30	26	36	10	4	20	11	11	55°	0.088	M6
12～15	22	34	30	20	12	55	23.5	12	12	55°	0.088	M8
12～15	22	34	30	36	12	55	23.5	12	12	55°	0.088	M8
12～15	22	34	30	45	12	55	23.5	12	12	55°	0.088	M8
15～18	26	39	35	20	12	55	26	14.5	14.5	55°	0.012	M8
15～18	26	39	35	36	12	55	26	14.5	14.5	55°	0.012	M8
15～18	26	39	35	45	12	55	26	14.5	14.5	55°	0.012	M8
18～22	30	46	42	25	12	55	29.5	18	18	55°	0.012	M8
18～22	30	46	42	45	12	55	29.5	18	18	55°	0.012	M8
18～22	30	46	42	56	12	55	29.5	18	18	55°	0.012	M8
22～26	35	52	46	25	12	55	32.5	21	21	55°	0.012	M8
22～26	35	52	46	45	12	55	32.5	21	21	55°	0.012	M8
22～26	35	52	46	56	12	55	32.5	21	21	55°	0.012	M8
26～30	42	59	53	30	12	55	36	24.5	25	55°	0.012	M8
26～30	42	59	53	56	12	55	36	24.5	25	55°	0.012	M8
26～30	42	59	53	67	12	55	36	24.5	25	55°	0.012	M8

材料及热处理：

$d \leqslant 26$ mm，T10A，HRC 为 58～64；

$d > 26$ mm，20，渗碳 0.8～1.2 mm，HRC 为 58～64。

标记示例：$d=28$ mm，公差 F7，$D=42$ mm，公差 k6，$H=30$ mm 的快换钻套：钻套 28F7×42k6×30 JB/T 8045.3—1999。

5. 钻套螺钉

钻套螺钉结构如图 5-33 所示，具体尺寸可参考表 5-59。

材料：45；热处理：HRC 为 35～40。

标记示例：d=M10，L=13 mm 的钻套螺钉：M10×13 JB/T 8045.5—1999。

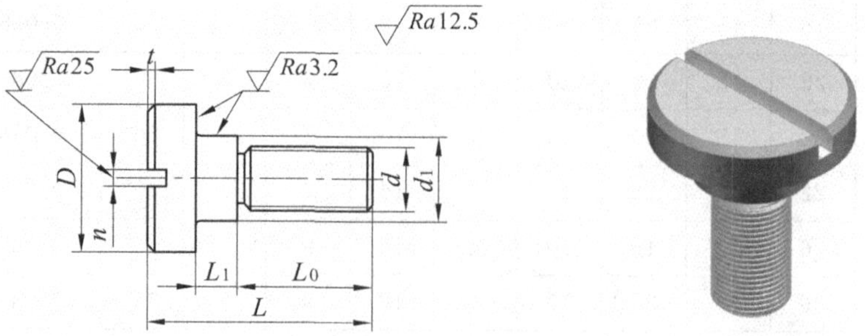

图 5-33　钻套用螺钉(JB/T 8045.5—1999)

表 5－59　钻套螺钉各部分尺寸　　　　单位：mm

d	L_1	d_1	D	d_2	L	L_0	n	t	b	r	钻套内径
M5	3	7.5	13	3.7	15	9	1.2	1.7	1	0.5	>0～6
M5	6	7.5	13	3.7	18	9	1.2	1.7	1	0.5	>0～6
M6	4	9.5	16	4.4	18	10	1.5	2	1.5	0.5	>6～12
M6	8	9.5	16	4.4	22	10	1.5	2	1.5	0.5	>6～12
M8	5.5	12	20	6	22	11.5	2	2.5	1.5	0.5	>12～30
M8	10.5	12	20	6	27	11.5	2	2.5	1.5	0.5	>12～30
M10	7	15	24	7.7	32	18.5	2.5	3	2	1	>30～85
M10	13	15	24	7.7	38	18.5	2.5	3	2	1	>30～85

6. 钻套高度和排屑空间

钻套高度尺寸和排屑空间的确定对钻模的设计也很重要，如图 5－34 所示，钻套高度 H 增大，则导向性能好，刀具刚度提高，加工精度高，但钻套与刀具的磨损加剧。排屑空间 h 增大，排屑方便，但导向性能差，孔的加工精度会降低。

钻套高度和排屑空间的选取可参考表 5－60 进行。

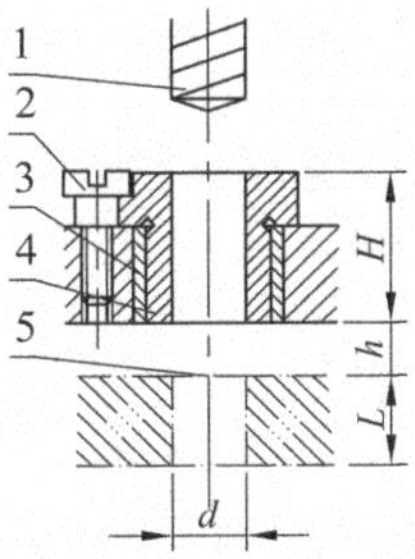

图 5－34　钻套高度和排屑空间

1—钻头；　2—钻套螺钉；　3—衬套；　4—钻套；　5—孔

表 5－60　钻套的选取

项　目	取　值	选取原则
钻套高度 H	$H=(1.5-2)d$	一般螺钉孔、销钉孔或孔距公差 $\delta_L>\pm0.25$ mm 的孔
	$H=(2.5-3.5)d$	精度 H6 或 H7 孔径 $d>\phi12$ mm 的孔或 $\delta_L=\pm0.15$ mm 的孔
	$H=(1.25-1.5)(h+L)$	精度 H7 或 H8 的孔或孔距公差 $\delta_L=\pm0.06-0.10$ mm 的孔
钻套与工件距离 h	$h=(0.3-0.7)d$	加工铸铁，材料硬时，系数取小值；孔位置精度要求高时，允许 $h=0$；当 $L/d>5$ 时，$h=1.5d$

注：表中，δ_L 为孔距公差；d 为孔径；L 为孔深；h 为钻套与工件距离。

5.9.3 定位键

键包括定位键和定向键。

夹具在机床上必须安装，这样才能保证工件与刀具的相对位置。在机床上进行夹具安装的元件称为连接元件。

对于铣床、刨床、钻床、镗床等机床，夹具都是安装在工作台上的，为了确定夹具相对于机床的位置，一般用两个定位键定位，用一组螺栓夹紧。

定位键有矩形和圆形两种，圆形定位键容易加工，但较易磨损，故使用不多。矩形定位键如图 5－35 所示，其上部与夹具体底面上的槽配合，下部与机床工作台上的 T 形槽配合。夹具在工作台上的夹紧是在夹具体上设计几个开口耳座，用 T 形槽螺栓和螺母进行夹紧。钻床夹具一般不固定，如果孔比较大，或用摇臂钻床加工时，可用压板固定或用开口耳座固定，但钻床夹具不用定位键。

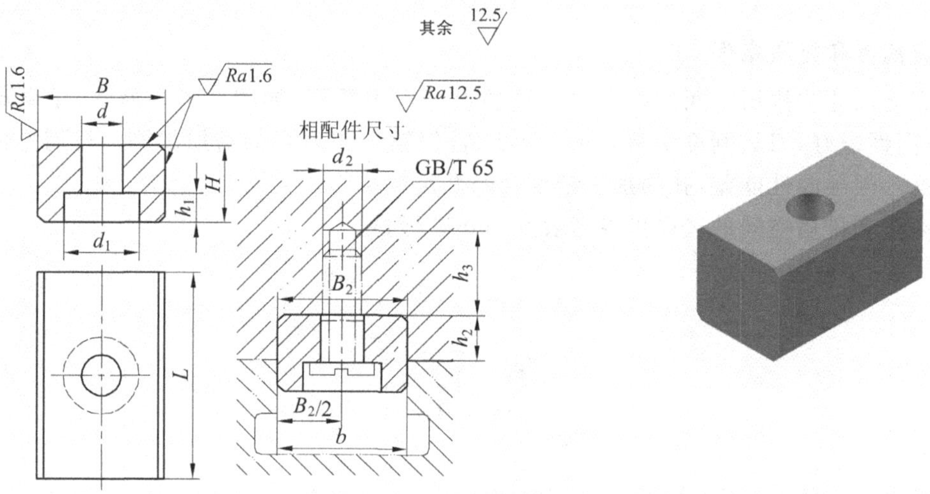

(a)

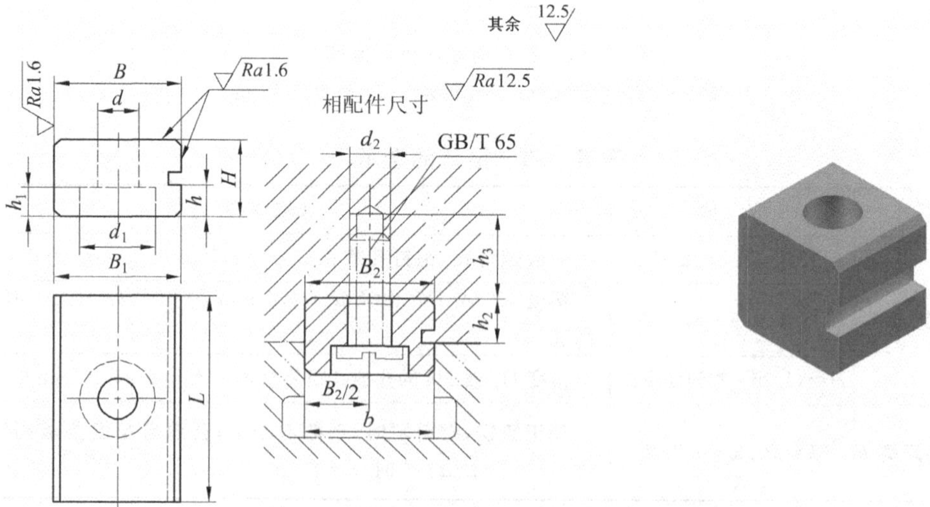

(b)

图 5－35　定位键(JB/T 8016—1999)

(a)A 型；（b)B 型

定位键尺寸见表 5－61。

材料：45；热处理：HRC 为 40～45。

标记示例：

B＝28 mm，公差为 h6 的 A 型定位键：定位键 A28h6 JB/T 8016—1999。

表 5－61　定位键各部分尺寸　　单位：mm

B	B_1	L	H	h	h_1	d	d_1	d_2	T 形槽宽度	B_2	h_2	h_3	螺钉 GB/T65
8	8	14	8	3	3.4	3.4	6	－	8	8	4	8	M3×10
10	10	16	8	3	4.6	4.5	8	－	10	10	4	8	M4×10
12	12	20	8	3	5.7	5.5	10	－	12	12	4	10	M5×12
14	14	20	8	3	5.7	5.5	10	－	14	14	4	10	M5×12
16	16	25	10	4	6.8	6.6	11	－	16	16	5	13	M6×16
18	18	25	12	5	6.8	6.6	11	－	18	18	6	13	M6×16
20	20	32	12	5	6.8	6.6	11	－	20	20	6	13	M6×16
22	22	32	12	5	6.8	6.6	11	－	22	22	6	13	M6×16
24	24	40	14	6	9	9	15	－	24	24	7	15	M8×20
28	28	40	16	7	9	9	15	－	28	28	8	15	M8×20
36	36	50	20	9	13	13.5	20	16	36	36	10	18	M12×25
42	42	60	24	10	13	13.5	20	16	42	42	12	18	M12×30
48	48	70	28	12	17.5	17.5	26	18	48	48	14	22	M16×35
54	54	80	32	14	17.5	17.5	26	18	54	54	16	22	M16×40

5.9.4　操作件

操作件包括以下种类：

(1)操作件。活动手柄，固定手柄，握柄，焊接手柄，杠杆式手柄，直手柄，弯手柄，圆头平手柄，圆头斜手柄，圆头斜形方孔手柄，锥形手柄，螺纹头凸肚手柄，U 形把手，装配把手。

(2)把手。滚花把手，星形把手。

1. 滚花把手

滚花把手如图 5－36、表 5－62 所示。

材料：Q235－A。

标记示例：

d=8 mm 的滚花把手：把手 8 JB/T 8023.1—1999。

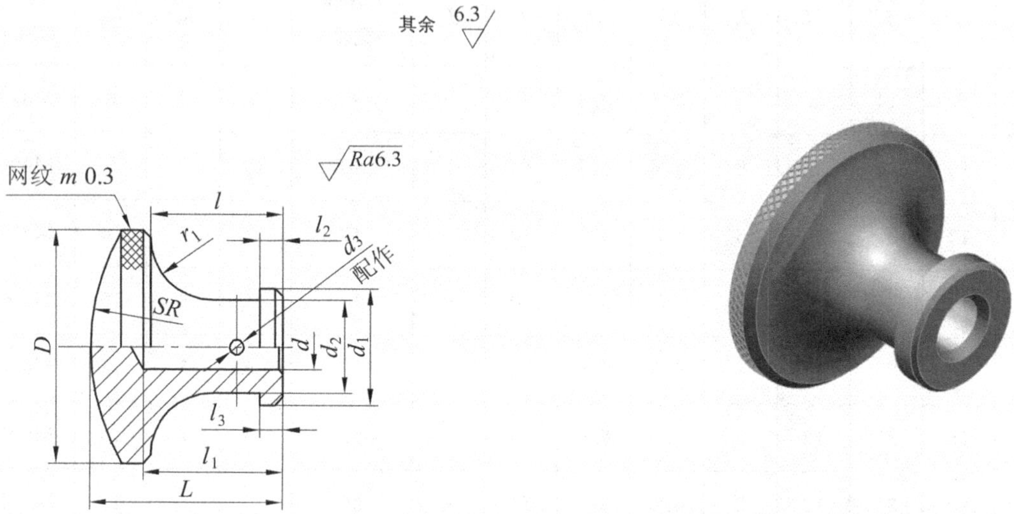

图 5－36　滚花把手(JB/T 8023.1—1999)

表 5－62　滚花把手各部分尺寸　　单位：mm

d	D	L	SR	r_1	d_1	d_2	d_3	l	l_1	l_2	l_3
6	30	25	30	8	15	12	2	17	18	3	6
8	35	30	35	8	18	15	3	20	20	3	8
10	40	35	40	10	22	18	3	24	25	5	10

2. A 型星形把手

A 型星形把手如图 5－37、表 5－63 所示。

材料：ZG45。零件表面应经喷砂处理。

标记示例：

d=10 mm 的 A 型星形把手，把手 A10 JB/T 8023.2—1999。

d=M10 mm 的 B 型星形把手，把手 B10 JB/T 8023.2—1999。

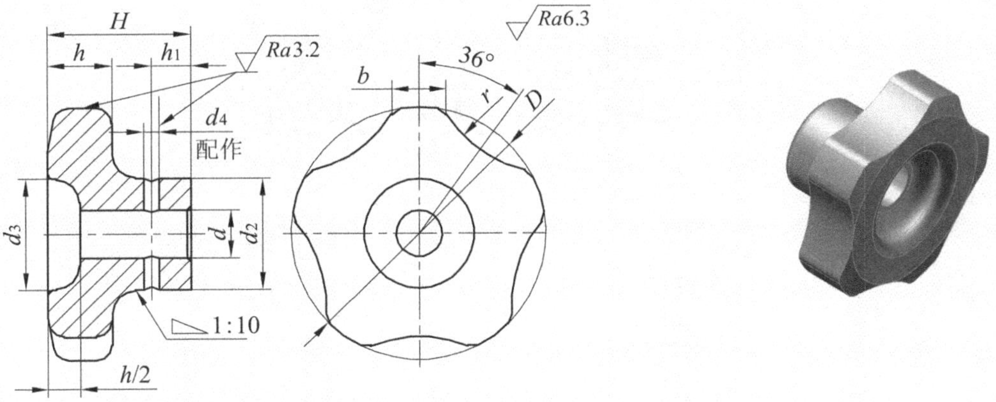

(a)

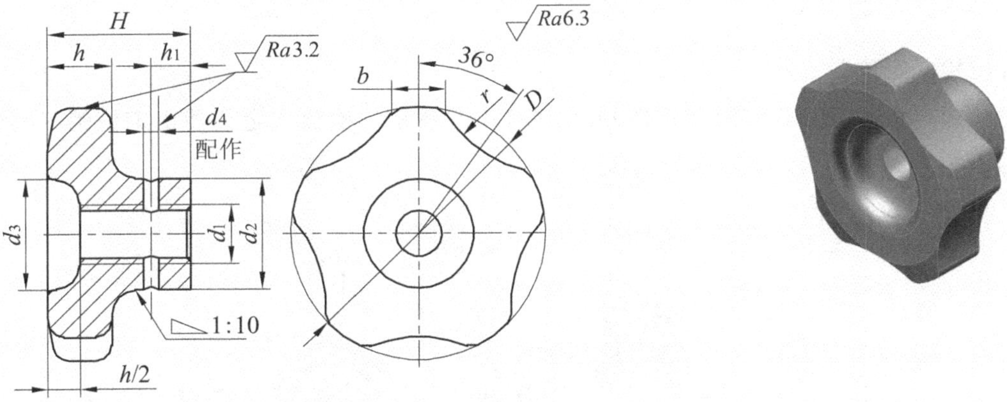

(b)

图 5－37　星形把手(JB/T 8023.2—1999)

(a)A 型；（b)B 型

表 5－63　星形把手各部分尺寸　　单位：mm

d	d_1	D	H	d_2	d_3	d_4	h	h_1	b	r
6	M6	32	18	14	14	2	8	5	6	16
8	M8	40	22	18	16	2	10	6	8	20
10	M10	50	26	22	25	3	12	7	10	25
12	M12	65	35	24	32	3	16	9	12	32
16	M16	80	45	30	40	4	20	11	15	40

5.9.5　对定零件与部件

对定零件与部件包括手拉式定位器、枪栓式定位器、齿条式定位器。

1. 手拉式定位器

手拉式定位器如图 5－38 所示。手拉式定位器由定位销、导套、螺钉、把手等组成。

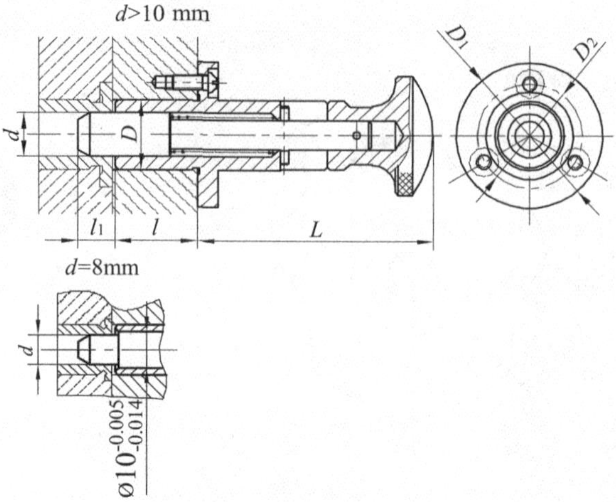

图 5-38　手拉式定位器

2. 枪栓式定位器

枪栓式定位器(JB/T 8021.2—1999)如图 5-39 所示。枪栓式定位器由定位销、壳体、轴等组成。

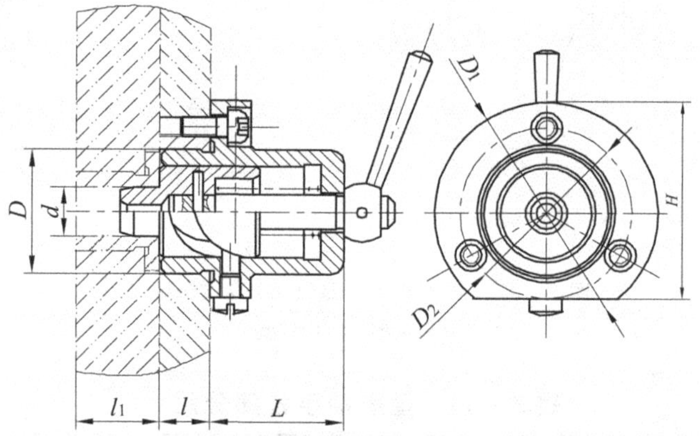

图 5-39　枪栓式定位器

3. 齿条式定位器

齿条式定位器如图 5-40 所示。齿条式定位器由定位销、轴、销套、螺塞等组成。

5.9.6　支撑用零部件

支撑用零部件包括：

(1)支柱；

(2)万能支柱；

(3)螺钉式支柱；

(4)螺钉式支座；

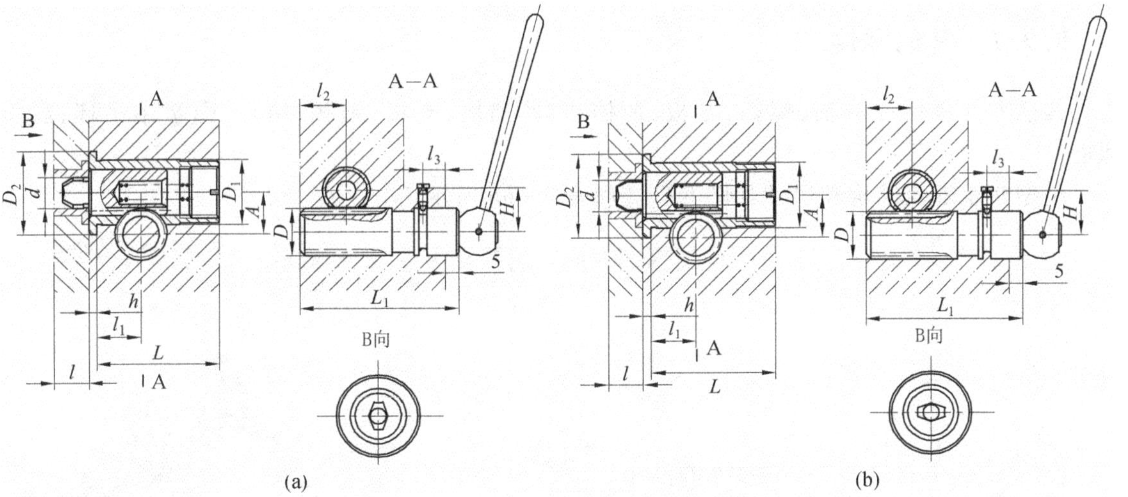

图 5-40　齿条式定位器
(a) A 型；(b) B 型

(5)支脚。低支脚和高支脚。

(6)角铁。等边固定角铁,等边宽固定角铁,不等边窄固定角铁,不等边宽固定角铁。

支柱结构和尺寸如图 5-41 和表 5-64 所示。

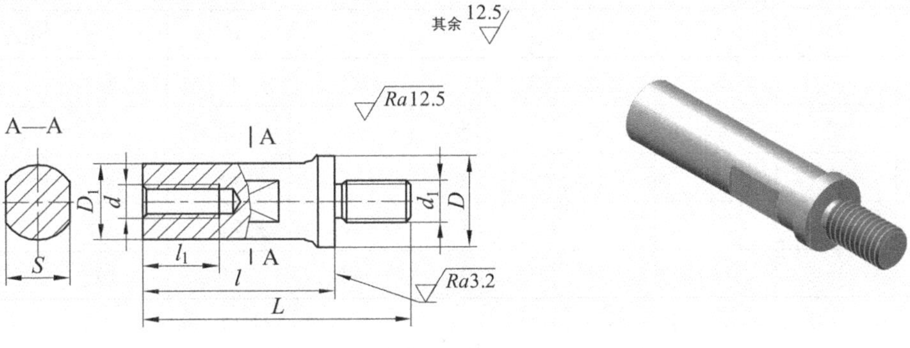

图 5-41　支柱(JB/T 8027.1—1999)

表 5-64　支柱尺寸　　单位:mm

d	L	d_1	D	D_1	S	l	l_1
M5	35	M6	12	8	8	25	10
M5	40	M8	12	8	8	28	10
M6	45	M8	14	12	10	32	12
M6	60	M8	14	12	10	45	12
M6	75	M10	16	14	11	58	12
M8	90	M12	22	16	13	70	16
M8	110	M12	22	16	13	90	16
M10	140	M16	30	20	16	115	20

5.9.7 其他零件

其他零件包括铰链轴、螺塞、导板、薄挡块、厚挡块、支板、锁扣、堵片、弹簧用吊环、起重螺栓。

A 型起重螺栓结构和尺寸如图 5 - 42 和表 5 - 65 所示。

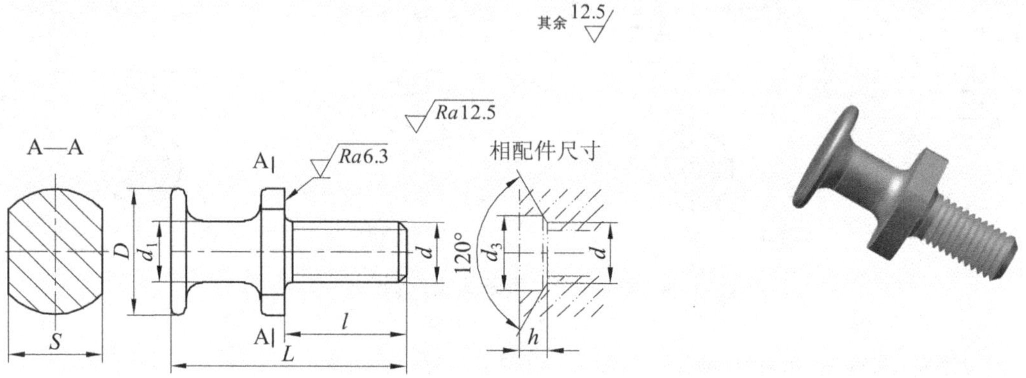

图 5 - 42　起重螺栓(JB/T 8025—1999)

表 5 - 65　起重螺栓 A 型尺寸　　单位:mm

d	D	L	S	d_1	l	d_3	h	允许负荷 $N\approx$
M12	28	52	24	12	25	17	6	1 300
M16	35	62	27	16	32	22	6	1 900
M20	42	75	32	20	38	28	8	2 600
M24	50	90	36	24	45	32	9	3 900
M30	65	110	50	30	54	39	10	6 500

第 6 章　计算机辅助工艺过程设计

6.1　概　　念

6.1.1　工艺设计过程

进行工艺设计时，通常要经过如下过程：

(1)根据产品图纸，分析产品零件的结构特点以及技术要求；

(2)了解产品生产的纲领及批量；

(3)进行工艺决策，确定加工方法和工艺路线；

(4)按企业的实际情况，具体确定机床设备、切削用量、工艺装备以及工时定额；

(5)按规定格式生成正式工艺规程。

计算机辅助工艺设计的原理正是基于人工设计的过程及需要解决的问题而提出的。第一，产品零件的数据信息应能利用，并建立零件信息的数据库；第二，工艺人员的工艺经验、工艺知识能够得到充分的利用和共享；第三，制造资源、工艺参数等以适当的形式建立制造资源和工艺参数库；第四，充分利用标准(典型) 工艺生成新的工艺文件。

一个好的工艺设计工程师必须具备的条件：

(1)具有丰富的生产经验；

(2)熟知企业的各种设备的使用情况；

(3)熟知企业内各种生产工艺方法；

(4)熟知企业内各种与生产加工有关的规范；

(5)熟知与生产管理有关的各种规章制度；

(6)能与有关各方保持友好的协作。

传统的工艺设计存在的缺点：

(1)对工艺设计人员的要求高。传统的工艺设计是由工艺人员手工进行设计的，工艺文件的合理性、可操作性以及编制时间的长短主要取决于工艺人员的经验和熟练程度。这样就不可避免地会导致工艺文件的设计周期和质量不易被保证。因此，传统的工艺设计要求工艺人员具有丰富的生产经验。

(2)工作量大，效率低下。工艺设计需要生成大量的工艺文件，这些工艺文件多以表格、卡片的形式存在。手工进行工艺规程设计一般要经过以下步骤：由工艺人员按零件设计工艺过程，填写工艺卡片、绘制工序草图等；校对；审核；誊写；描图；晒图；装订成册。另外，工艺人员还要进行大量的汇总工作，例如工装汇总、设备汇总等。这些工作量很大，需要花费很长时间。

(3)无法利用 CAD 的图形、数据。随着“甩图板工程”的实施，二维 CAD 技术在企业中的应用已很普及，各部门之间通过电子图档进行交流，然而由于工艺设计部门仍采用人工方式进行设计，这样就无法有效利用CAD的图形和数据。

(4)难以保证数据的准确性。工艺设计需要大量的图形信息、数据信息，并通过工艺设计产生大量的工艺文件和工艺数据；传统的设计方式需要人工处理图形及数据信息，由于数据繁多且很分散，因此，处理起来烦琐、易出错。

(5)信息不能共享。随着企业计算机应用的深入，各部门所产生的数据可以通过计算机进行数据交流和共享，如果工艺部门仍采用手工方式，其他部门的数据就只能通过手工查询，工作效率低且易出错；所产生的工艺数据也无法方便地与其他部门进行交流和共享。

目前，计算机技术的应用已深入到工厂企业的各个领域，当进行工艺设计时，如应用计算机进行工艺的设计，必然大大地提高工艺部门的工作效率、工作质量，提高信息处理能力和企业各部门间的信息交流能力。应用CAPP技术将缩短设计周期，对修改和变更设计能快速作出响应；工艺人员的经验能够得到充分的积累和继承；减少编制工艺文件的工作量和产生错误的可能性并为建立计算机制造系统打下基础。

6.1.2 CAPP概念

1. CAPP的基本概念

(1)CAPP的内涵。计算机辅助工艺过程设计简称CAPP(Computer Aided Process Planning)，是利用计算机进行工艺过程设计的方法。从狭义的观点看，CAPP可完成工艺过程设计，输出工艺规程；从广义的观点看，CAPP的一头向生产规划最佳化及作业计划最佳化发展，作为MRPⅡ的一个重要组成部分，另一头则能扩展生成NC指令。

(2)CAPP的信息流向。随着集成化要求的提高，CAPP在CAD/CAM中起到了桥梁和纽带的作用，对保证CIMS(Computer Integrated Manufacturing System)的信息流畅，实现真正意义的集成有至关重要的作用，其信息流向如图6-1所示。

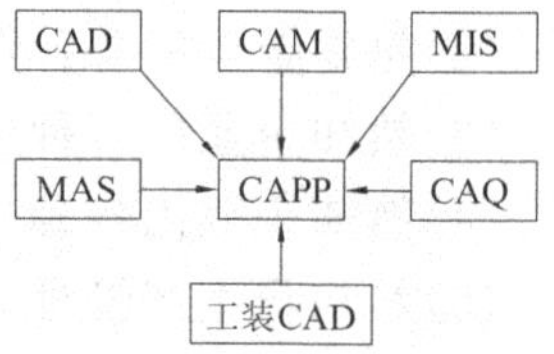

图6-1 CAPP信息流向图

CAPP系统对制造业的将来有着非常重要的意义，比起传统的工艺设计方法，其优点如下：

(1)可以将工艺人员从手工劳动中解放出来；

(2)可以大大缩短工艺设计周期，保证设计质量，提高产品竞争力；

(3)可以提高企业工艺设计标准化，利于工艺设计最优化；

(4)随着现代制造环节的日趋柔性化和信息化，CAPP是其重要的组成部分和技术基础。

2. CAPP的结构组成

CAPP系统的构成与产品开发环境、产品对象、规模大小有关，其基本模块如下：

(1)控制模块。协调各模块的运行，实现人机之间的信息交流，控制零件信息获取方式。

(2)零件信息获取模块。零件信息输入有下列两种方式：人工交互输入，或从CAD系统直接获取或来自集成环境下统一的产品数据模型。

(3)工艺过程设计模块。进行加工工艺流程的决策，生成工艺过程卡。

(4)工序决策模块。生成工序卡。

(5)工步决策模块。生成工步卡及提供形成NC指令所需的刀位文件。

(6) NC 加工指令生成模块。根据刀位文件,生成控制数控机床的 NC 加工指令。

(7) 输出模块。可输出工艺过程卡、工序卡和工步卡、工序图等各类文档,并可利用编辑工具对现有文件进行修改后得到所需的工艺文件。

(8)过程动态仿真。可检查工艺过程及 NC 指令的正确性。

3. CAPP 的基础技术简介

(1)成组技术。成组技术(Group Technology,GT)是一门涉及多学科的综合性技术,利用事物的相似性,把相似问题归类成组,寻求解决这一类问题相对统一的最优方案,从而节约时间和精力,以取得期望的经济效益。其理论基础是相似性,核心是成组工艺,特点是可以扩大零件批量,提高效率,降低成本。

我国 CAPP 的研究与发展可以说是与成组技术密切相关的,早期的 CAPP 系统的开发一般多为以 GT 为基础的变异型 CAPP 系统。

(2)零件信息的描述与获取。一个良好的 CAPP 系统,必须解决好零件信息的描述与输入问题,简明、准确描述零件信息是实现 CAPP 系统的前提条件和 CAPP 系统进行工艺决策分析的可靠保证,也是 CAPP 系统运行的基础和依据。同时对于 CAPP 系统的输出质量和运行效率也具有决定性的影响。

零件的信息包括两方面的内容:零件的几何信息和工艺信息。零件的几何信息亦即零件的图形信息,包括零件的几何形状、尺寸等;工艺信息则包含零件各表面的精度、粗糙度、热处理要求,材料和毛坯类型等多种信息。CAPP 系统对零件图形信息的描述有两个基本要求:一是描述零件的各组成表面的形状、尺寸、精度、粗糙度及形状公差等;二是应明确各组成表面的相互位置关系及其位置公差与连接次序。根据这两方面的内容,CAPP 系统才能确定零件加工表面的加工方法以及相应的加工顺序。

(3)工艺设计决策机制。工艺设计决策机制的核心为特征型面加工方法的选择,零件加工工序及工步的安排及组合,故其主要决策内容有工艺流程的决策、工序决策、工步决策、工艺参数决策等。

(4)工艺数据库。工艺数据库是以一定的组织方式存储在计算机中、按着某种规则相互联系的工艺数据的集合。工艺数据是指在工艺设计过程中所使用及产生的数据。

工艺数据库设计的基本目标是:①能够使用户得到在生产中完成工作所需的准确数据,并且要使这些数据在相当时期内有效。②要求数据库中的元素能代表用户在生产时完整的数据需要;③在性能方面要求数据库结构能允许对数据进行快速访问,使需要数据的人员能够有效完成他们的工作。一个灵活的数据库结构能适应用户环境的变化,以及数据处理的优化。

6.1.3　国内商品化的 CAPP 系统

(1)使用 Word,Excel,AutoCAD 或自己开发的 CAPP 系统。此类 CAPP 系统所生成的工艺文件是以文本文件的形式存在的,无法生成工艺数据,更谈不上工艺数据的管理。

(2)常规的数据库管理系统,工艺卡片使用 Form,Report 或在 AutoCAD 上绘制卡片的 CAPP 系统。此类 CAPP 系统所生成的工艺卡片是由程序设计生成的,工艺卡片的填写无法实现所见即所得,如果企业的卡片形式需要更新就必须更改程序。

(3)注重卡片的生成,但工艺数据的管理功能较弱的 CAPP 系统。此类 CAPP 系统的工艺数据是分散在各个工艺卡片中的,很难做到对工艺数据的集中管理。

(4)采用"所见即所得"的交互式填表方式加工艺数据管理、集成的综合式 CAPP 系统。此类 CAPP 系统的填表方式更符合工艺设计人员的工作习惯,能方便地与企业 PDM 系统集成,管理产品的工艺数据,并为 MRP Ⅱ(Manufacturing Resource Planning),MIS(Management Information System)等系统提供有效的生产和管理用的工艺数据。

6.1.4 工艺设计的数据的标准化与规范化

工艺设计的数据的标准化是 CAPP 优化与规范化输出数字化工艺设计的首要条件,CAPP 输出工艺设计的数据要为企业其他信息化系统读取——即可读性,必须符合标准化与规范化的要求。

工艺设计的数据的标准化与规范化具体要求如下:

(1)工艺路线信息的数字化。工艺路线是传统组织生产的必需文件,也是 ERP(Enterprise Resource Planning)运行能力平衡、安排单位生产计划、计算单位成本等不可缺少的数据。因此,工艺路线信息必须数字化,在产品数据数字化模型中,工艺路线信息的数据是用工艺路线编码形成的 ITEM 表中的一个字段。

(2)工艺规程信息的数字化。工艺规程不仅是工人操作的依据,而且也与计算工时定额、计算工序成本与材料定额有密切关系。

首先必须实现工艺规程内容的标准化。它包括:①加工路线(工序顺序),加工方法,机床类型、规格的选择标准;②装夹方法及工艺装备的选择标准;③加工方法与加工精度的选择标准;④加工余量的选择标准;⑤刀具、量具的选择标准;⑥切削用量的选择标准。

其次,工艺规程信息的数字化必须实现代码化。因为工艺规程的内容有的是文字说明,为了数据库的管理必须用编码表达,采用统一规范的编码才能达到数字化的要求,工艺规程信息是构成 Process 表的主要部分。

(3)材料定额信息的数字化。这是加工前下料的必须数据,也是 ERP 产品原材料需求计划的基础数据,所以材料定额各项目名称必须数字化,定额数据必须标准化。

(4)工时定额信息的数字化。工时定额是按每道工序制订的,是制订各级生产计划和运行 ERP 的基础数据,大到企业的年度计划,小到车间、班组(单元、机床)的作业计划,都是计算工序成本、质量成本的基本数据。因此,工序工时定额各项目名称必须数字化,定额数据必须标准化。

(5)工装设计数据信息的数字化。工装设计与产品设计类似,其数字化需求与产品设计数字化类同。

(6)工艺信息代码化与代码的规范化、标准化。工艺信息代码包括工艺路线代码、设备代码、工装代码、工序代码、工艺规程代码、零件加工分类代码、材料代码等。

(7)工艺文件格式及种类的规范化、标准化。企业信息化后,对原来传统手工作业条件下工艺文件格式及种类必须做相应调整、修改。由于企业信息化实现了数据共享,除了与生产工人直接见面的工艺文件保留纸质文件外,其他部门不再需要纸质文件,只要提供计算机内的信息与数据。关于各种必须保留纸质文件格式的内容也要方便计算机的处理。

(8)所有工艺图纸、表格中的备注栏的内容只能供人阅读,不能作为计算机处理的内容。

(9)工艺设计图纸、表格、文档签署的统一。

(10)设计图纸、表格、文件已使用编码，工艺设计图纸、表格、文档使用时必须保持一致。

6.2　CAXA V5 CAPP 简介

CAXA V5 CAPP 是基于 CAXA V5 协同工作平台的工艺设计、管理一体化解决方案，为企业级工艺业务管理、工艺数据管理和工艺设计提供强大的支撑平台，可以帮助企业实现如下目标：

(1)提高工艺设计和管理工作的效率和质量，缩短工艺准备周期，提高工艺设计的标准化、规范化程度。

(2)以产品结构为核心，集中管理产品生命周期的工艺数据及工艺设计和更改过程，保证企业工艺信息的准确性、一致性和完整性。

(3)为企业、个人以及外来先进工艺知识提供长期积累的机制，从而不断提高企业的整体工艺设计水平，缓解工艺人员短缺和培养周期长的问题。

(4)工艺数据是整个企业运营管理过程中的重要基础数据，统一产品数据模型、工艺数据结构化和单一工艺数据源保证了 CAXA V5 CAPP 系统可以向企业运行管理环节提供各类有效工艺数据，并可根据业务流程控制工艺信息的分发和流转，实现与产品设计部门和企业其他部门完全同步的工程更改控制。

该软件包含的主要模块和功能如下：

(1)工艺性审查。在产品设计过程中实时发现产品设计的工艺性(可制造性)缺陷，提出修改建议或意见。

(2)工艺 BOM 管理。设计 BOM(Bill of Materials)到工艺 BOM 的转换，工艺 BOM 的修改与调整，进行产品、零部件的统计查询，生成零件清单，提供产品、零部件设计图的快速浏览。

(3)工艺分工路线设计。在工艺 BOM 上通过交互的方式对所选的零部件编制工艺分工路线，工艺分工路线信息可以生成用户所需的各种报表。

(4)材料定额编制。在工艺 BOM 上对所选的零部件进行材料定额设计，在设计过程中提供计算公式和电子手册，方便计算和查询，生成的材料定额数据可以进行分类汇总，并生成相应的报表。

(5)工艺配置管理。根据产品批次、架次、生产条件等信息，配置不同的工艺设计方案，基于配置的结果实现不同批架次、生产条件下的工艺信息统计汇总。

(6)工艺设计环境。支持各种工艺类型(机加、装配、钣金、铸造、热表处理、焊接、涂装防锈等)的工艺设计。以交互式为基础，提供多种快捷智能的设计、查询、修订、编辑方式。提供简单、明快的绘图功能，参数化图库管理功能，可以直接在工艺卡片中插入 CAD 图形和 OLE 对象。具有工艺版本及有效性管理功能：①在工艺设计过程中可以触发工装申请；②可输出 PDF、XML、专用文件等通用工艺文件，支持多种方式的打印，如拼图、批量、指定打印，打印文档区分标记(水印)等；③可在工作流程控制下开展工艺设计工作；④通过对工艺设计文档的检入、检出、归档、发放、版本及有效性控制等手段，实现对工艺数据的全生命周期管理；⑤可自动生成各种汇总统计报表。

(7) 工作任务管理。跟踪任务进展情况，按照用户、车间、工艺类型等实时统计一段时间内的工作任务状况、阶段报表，并生成任务分工信息报表，按照任务计划，设置任务的紧急程度、各个节点的工作人员、完成时间等，并进行通知。

(8)工艺文档管理。基于产品结构的工艺数据和工艺文件一体化管理和查询；提供浏览工艺文档工具。

(9)工装设计管理。接收工艺设计环境触发的工装申请，工装申请单审签；工装设计任务分配、工作流程；工装设计结果加入到工艺资源库。

(10)提供丰富的实施、定制及二次开发工具。有数据模型管理工具；用户管理工具；工作流管理工具；工艺知识管理工具；典型工艺管理工具；工艺资源管理工具；卡片模板定制工具；统计汇总定制工具；系统集成工具等。

6.3 CAXA 工艺图表

CAXA 工艺图表是高效、快捷的工艺卡片编制软件，它可以方便地引用设计的图形和数据，同时为生产制造准备各种需要的管理信息。CAXA 工艺图表以工艺规程为基础，针对工艺编制工作烦琐重复的特点，以“知识重用和知识再用”为指导思想，提供了多种方便、实用的快速填写和绘图手段，可以兼容多种 CAD 数据，真正做到“所见即所得”的操作方式，符合工艺人员的工作思维和操作习惯。

CAXA 工艺图表适合于制造业中所有需要工艺卡片的场合，例如机械加工工艺、冷冲压工艺、热处理工艺、锻造工艺、压力铸造工艺、表面处理工艺、电器装配工艺，以及质量跟踪卡、施工记录卡等。利用它提供的大量标准模板，可以直接生成工艺卡片，用户也可以根据需要定制自己的工艺卡片和工艺规程。

CAXA 工艺解决方案系统能大大缩短工艺设计周期，对新产品设计、改型产品和变更设计能快速做出响应；工艺人员的经验能够得到充分的积累和继承，劳动强度大大减轻；而且还可以加强工艺标准化，减小编制工艺文件的工作量和产生错误的可能性，并为建立集成的数字化制造系统打下基础。

6.3.1 用户界面

系统启动后的用户界面如图 6-2 所示，用户通过“文件”下拉菜单中的“新建”，选择要创建的文件类型，就可以进入相应的状态。打开不同类型的文件也会进入相应的状态。

6.3.2 基本概念

1. 模板

卡片模板。系统提供两种类型的模板，一种是单张卡片模板，可以是任何形式的卡片；另一种是工艺规程模板，其中包含工艺过程卡片模板和其他卡片模板。

(1)工艺规程模板。工艺规程模板可以有多张卡片模板。工艺规程模板提供更丰富的卡片操作，如先填写过程卡片，通过过程卡片的记录创建工序卡片，可填写卡片公共信息，系统会自动更新相关卡片的公共信息单元格，可自动生成工序号，可创建首页和附页，可创建统计卡片等。工艺过程卡片是该类模板的核心。

(2)工艺卡片模板。工艺卡片模板就是单张的卡片模板。定制好后，可以直接填写工艺卡片，可生成续页。

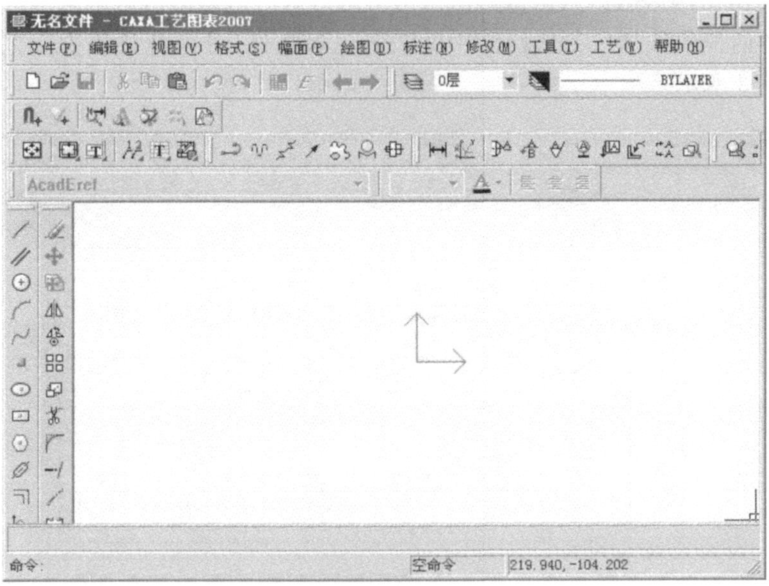

图6-2　用户界面

2. 单元格

在卡片中需要填写之处都需要定义为单元格。单元格可以分为单个单元格、列、续列、表和有续页的表。系统将根据拾取单元格方式确定所需要生成的单元格类型。

3. 知识库关联

填写卡片时，选择蓝色的单元格，卡片树中的内容将被知识库中的内容替代。用光标点取知识库中的内容，系统会直接将选中的内容填写到单元格中。

4. 单元格关联

引用知识库中同一个库的内容，填写时选定一个，另一个自动填上，就是单元格关联。例如，在填写时，选定夹具名称，系统自动将夹具名称和夹具编号填写上。

5. 公共信息

公共信息是在工艺规程中，各个卡片都需要填写的单元格，将这些单元格列为公共信息，可以在填写时一次填写完成所有卡片中的单元格。

公共信息的填写和创建首页与附页功能都可以在工艺下拉菜单中找到。

6. 首页和附页

一个完整的工艺规程是需要有首页和附页的，首页和附页的模板可能与过程卡和工序卡不同。在填写工艺规程时，可以创建首页和附页，并指定其模板。

6.3.3　卡片填写

通过创建新文件，可建立一套工艺规程，也可选择建立单张卡片，填写工艺规程时，首先填写过程卡，然后可以对每道工序行记录创建生成工序卡。在过程卡中，一道工序可能会占用多行，用户填写某一单元格时，系统会自动判断其上面是否存在已经填写的单元格，并将其视为同一工序，没有相邻的则另建一道工序。

在“新建”对话框中选择“工艺规程”中的工艺规程文件，进入此规程中工艺过程卡片的填写状态，如图 6-3 所示。

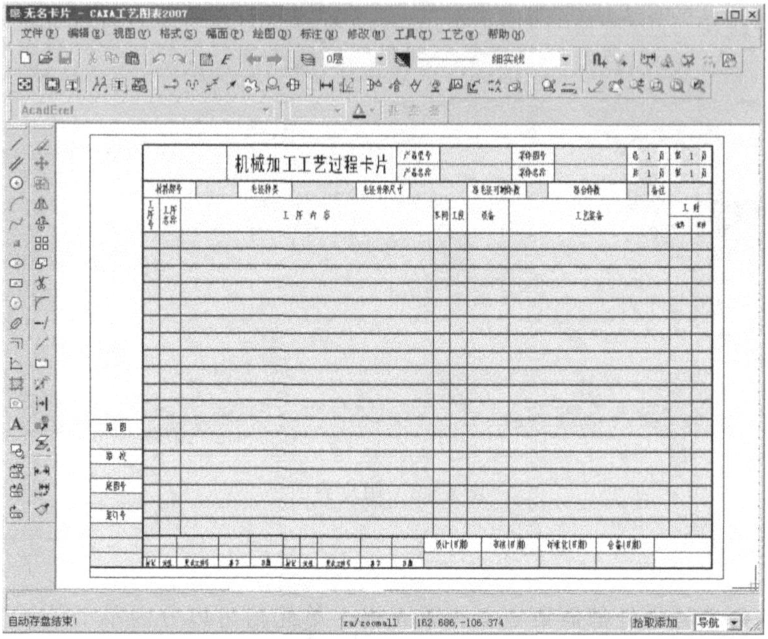

图 6-3　机械加工工艺过程卡片填写

1. 填写单元格

用鼠标单击目标单元格，即可对此单元格进行填写操作。绿色的单元格需要用户手工键入所填内容，蓝色的单元格与知识库相连，点击右边“知识库”中的相关内容，系统将自动填充单元格。

注意：工序之间要留有空白行。

2. 自动生成工序号

填写完第一道工序相关内容后，选取“工艺”下拉菜单中的“自动生成工序号”，可自动生成工序号，如图 6-4 所示。

3. 生成工艺卡片

按下 Ctrl 键，在目标工序行中任意位置单击鼠标左键，行被选中；再单击鼠标右键，弹出菜单。

选择“生成工序卡片”，弹出选择工艺卡片模板对话框，这里有用户在规程模板中指定的工序卡片，如图 6-5 所示。

用户选择卡片模板后，系统会创建一张新的卡片，并打开新卡片，将当前记录的内容填写到新卡片相应的单元格中，该卡片和记录保持一种对应关系，再次选择该记录，快捷菜单将添加新的菜单命令：“打开工序卡片”和“删除工序卡片”，并去除了菜单命令“删除行记录”，在行记录生成相应的卡片后，不能直接删除行记录。

另外，工序卡片可以插入图形文件，选择“工艺”下拉菜单中的“插入图形文件”便可插入 exb 格式的图形文件。

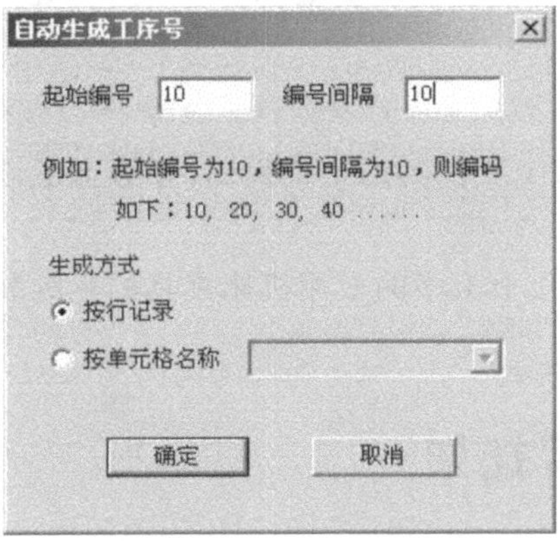

图 6-4　生成工序号对话框

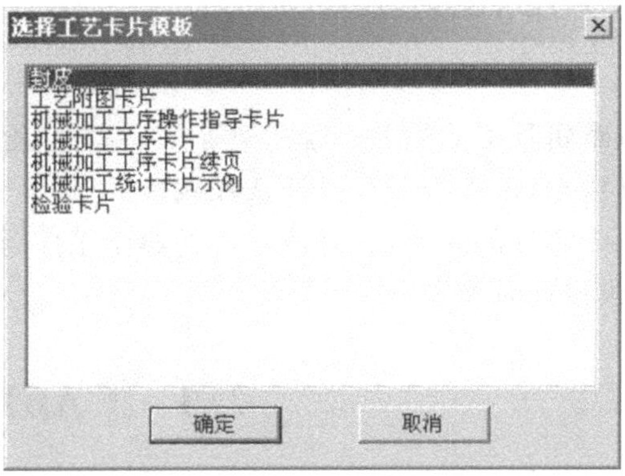

图 6-5　选择工艺卡片模板

4. 填写公共信息

公共信息是在工艺规程中各个卡片都需要填写的单元格，将这些单元格列为公共信息，可以在填写时一次填写完成所有卡片中的单元格。选择“工艺”下拉菜单中的“输入公共信息”，如图 6-6 所示。

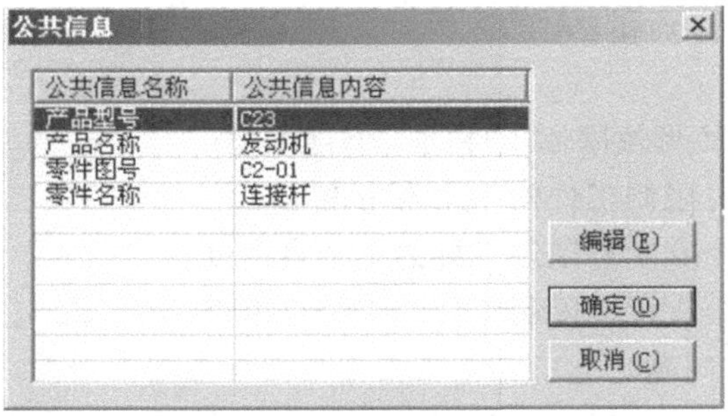

图 6-6　填写公共信息对话框

5. 卡片树

卡片树在屏幕的右侧，可用来进行卡片间的切换，实现卡片的导航。双击对应的卡片名即可切换到相应卡片的填写状态。

第7章 典型设计题目与夹具示例

本章辑录了CA6140后托架等7个零件，给出了每个零件的二维工程图，并给出了该零件的三维模型，可作为课程设计选作题目。

每个零件的后面，针对该零件的典型工序，给出了几个工序的专用机床夹具的三维装配模型，可供设计时参考。

7.1 CA6140后托架

CA6140后托架零件图如附录1中附图1-1所示。该零件为CA6140三杠的后端支承件，其中平行的3个孔分别用来支承丝杠、光杠和开关杠，三者和安装底面之间有一定的位置要求。CA6140后托架三维模型如图7-1所示。

7.1.1 铣削底平面夹具

底面加工时，工艺要求铣削，这里给出粗铣底平面夹具结构示例三维模型，如图7-2所示。

夹具的定位：

(1)右侧可移动的长V形块限制工件的3个自由度；

(2)后侧面1个支承钉限制工件的1个自由度；

(3)左侧水平方向1个支承钉限制工件的1个自由度；

(4)左侧垂直方向1个支承钉限制工件的1个自由度。

该定位不存在过定位问题。

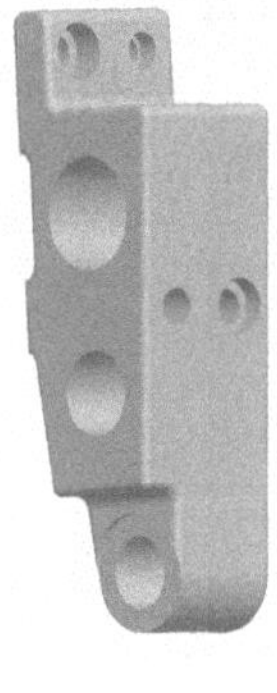

图7-1 CA6140后托架三维模型

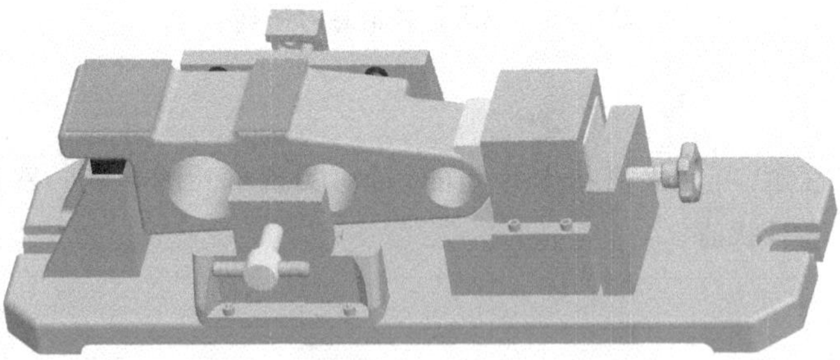

图7-2 铣削底平面夹具三维模型

夹具采用手动夹紧方式，两处夹紧配置：①前面采用单螺旋夹紧机构；②右侧面采用带可移动的V形块的螺旋夹紧机构。在夹紧和松开工件时比较费时费力，但由于该工件具有体积小、工件材料易切削、切削力不大等特点，该夹具这样配置较为合理。

7.1.2 镗削三孔夹具

CA6140后托架3个孔的加工可采用镗削工序，这里给出镗削三孔夹具结构示例三维模型，如图7-3所示。

夹具的定位。由零件图可知，ϕ40 mm，ϕ30.2 mm，ϕ25.5 mm 3个孔的轴线与底平面有平行度公差要求，在对孔进行加工前，底平面进行了粗铣加工。因此，选底平面作为定位精基准（设计基准）来满足平行度公差要求。

孔ϕ40 mm，ϕ30.2 mm，ϕ25.5 mm的轴线间有位置公差，选择左侧面为定位基准来设计镗模，从而满足孔轴线间的位置公差要求。定位用底平面和两个侧面共限制工件的6个自由度。

夹具的夹紧。采用两处夹紧配置：①侧面采用单螺旋夹紧机构；②顶面采用压板-螺旋夹紧机构。

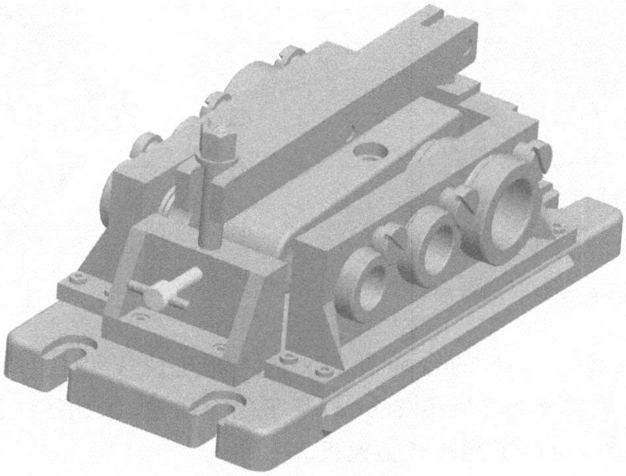

图7-3 镗削三孔夹具三维模型

7.2 CA6140法兰盘

CA6140法兰盘零件图如附录1中附图1-2所示。法兰盘为盘类零件，用于小刀架的调整。中心的ϕ20孔安装手轮的转轴，有配合要求。ϕ45外圆用于法兰盘的安装，精度要求较高。

CA6140法兰盘三维模型如图7-4所示。

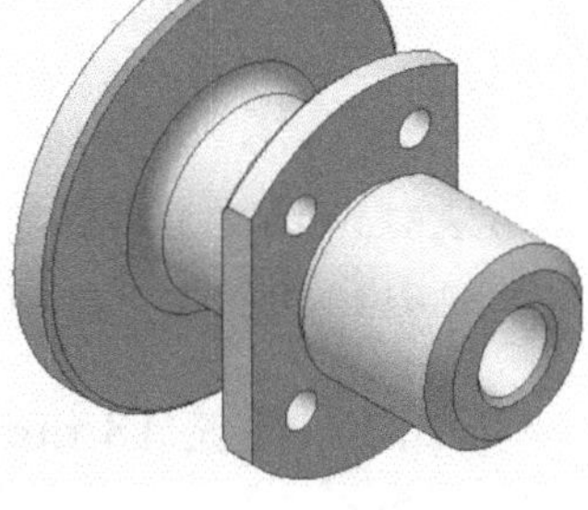

图7-4 CA6140法兰盘三维模型

7.2.1 粗铣侧平面夹具

本套夹具是针对ϕ90平面的两侧平面的铣削加工来设计的，这里给出粗铣侧平面夹具结构示例三维模型，如图7-5所示。

夹具的定位。选择ϕ100 mm侧平面作为主要定位基准。采用1个支承板（限制3个自由度）和1个定位销（心轴）（限制

2个自由度)共限制工件的5个自由度。

夹具的夹紧。针对成批量的工艺特征,夹具选用DQG型气缸,通过联动的铰链机构带动转动压板夹紧工件。进行加工之前应该进行试夹,然后将夹具调整到最合适的夹紧位置。

7.2.2 钻台阶孔夹具

CA6140法兰盘钻台阶孔夹具的机床夹具结构示例三维模型如图7-6所示。

图7-5 粗铣侧平面夹具三维模型

图7-6 钻台阶孔夹具三维模型

本夹具可用于钻、铰 $\phi4$,$\phi6$ 的台阶孔,由于台阶孔位于圆柱外圆表面上,并且相对 $\phi90$ mm外圆端面的位置尺寸为28±0.3 mm,基于以上因素,采用了气缸带动铰链机构夹紧工件,为了便于拆卸工件,设计了翻转式钻模板。

夹具的定位。本夹具采用了V形块(限制4个自由度)、固定式定位销(限制1个自由度)和挡销(限制1个自由度)达到完全定位。

夹具的夹紧。夹紧装置采用了气缸带动对称联动结构螺钉支座→连接器→铰链叉座→钩型压板,最终由钩型压板夹紧工件。在夹具的底座和支承板上各有一个进气/出气孔,通过两孔的充气、放气可以实现工件的夹紧和松开。夹紧工件的范围由铰链叉座和螺钉支座上的六角螺母调节。

7.3 CA6140拨叉1

CA6140拨叉1零件图如附录1中附图1-3所示。关键面为花键和18 mm叉口。

CA6140拨叉1三维模型如图7-7所示。

7.3.1 粗铣18 mm槽夹具

当加工18 mm槽时,工艺要求铣削,粗铣18 mm槽夹具结构示例三维模型如图7-8所示。

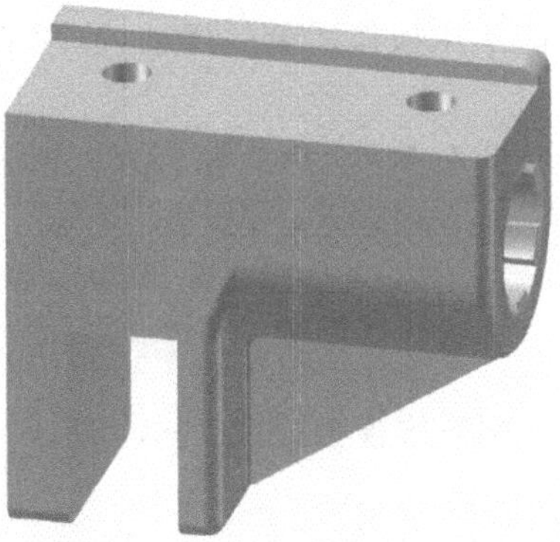

图 7－7　CA6140 拨叉 1 三维模型

图 7－8　粗铣 18mm 槽夹具三维模型

夹具的定位。以花键孔和端面为定位基准，花键轴限制 5 个自由度，支承板限制 1 个自由度。

夹具的夹紧。依靠气缸的活塞杆头上的斜楔伸缩推动导杆顶起有杠杆作用的压块，夹紧挡块，从而夹紧工件。当气缸放开工件时，向外抽走“挡块-滑杆”组合，腾出空间，实现了工件的装卸操作。夹具结构复杂，机构紧凑，操作简单，稳重可靠，外形尺寸小(286 mm×266 mm×240 mm)，可实现自动夹紧。

7.3.2　精铣 18 mm 槽夹具

加工 18 mm 槽时，工艺要求铣削，精铣 18 mm 槽夹具结构示例三维模型如图7－9所示。

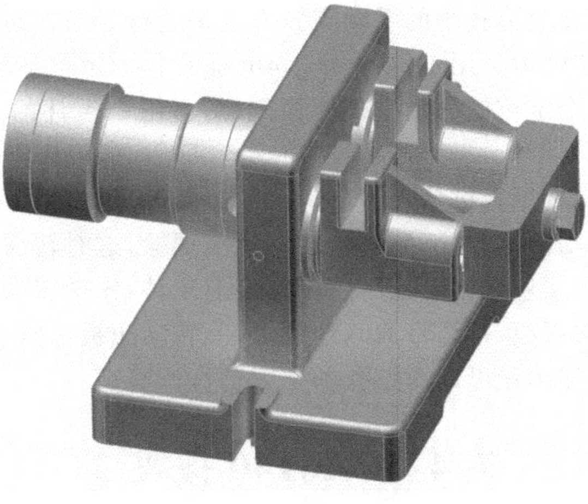

图 7－9　精铣 18 mm 槽夹具结构三维模型

夹具的定位。以花键孔和端面为定位基准，花键轴限制 5 个自由度，自位支承限制工件的 1 个自由度。

夹具的夹紧。这个夹具气缸在夹具体一侧，其他都在另一侧，气缸通过长螺栓和活塞杆连接，作伸缩运动，因为压板有螺栓向里拉，还有弹簧向外顶，所以活塞伸缩时压板也能跟着作轴向移动，用于夹紧和松开工件。

在气缸活塞杆向外运动时，松开压板，只须把压板旋转 90°，由于压板的宽度小于两工件之间的间隙，压板处于两个工件之间，直接取出工件，完成装卸工作。压板和螺栓之间还是一对球面垫圈。当工件总长度有差异时，通过这对球面垫圈能让压板作适量的摆动，使两工件夹紧力一致，从而提高夹紧效果。

该结构主要特点就是结构简单、外形小，长、宽、高尺寸分别为 330 mm，275 mm，175 mm，零件紧凑，可实现自动夹紧。

7.3.3 钻 2 - M8 孔夹具

在加工底面时，工艺要求铣削，钻 2 - M8 孔夹具结构示例三维模型如图 7 - 10 所示。

图 7 - 10 钻 2 - M8 孔夹具三维模型

夹具的定位。由于本夹具是钻床夹具，在钻床上加工，工件受力主要为竖直方向，即为刀具的轴向方向，可以采用夹紧力较小的手动夹紧方式来进行径向方向的夹紧，轴向靠工作台支承来抵消钻孔时产生的切削力。用工件的 ϕ22 mm 通孔作为定位基准，用长心轴来定位，限制工件的 4 个自由度；用 2 个定位销分别实现侧面定位，各限制工件的 1 个自由度，实现工件的完全定位。

夹具的夹紧。采用螺旋压板机构。

夹具的工作过程：松动活节螺栓，顺时针转动活节螺栓，这时转动压板也能顺时针转动，工件右端面部分夹紧元件圆压块被移走，工件拆卸；装上工件，先把转动压板转到工件右端面，然后再把活节螺栓转到转动压板，拧紧带肩六角螺母，使转动压板压紧工件。在底座两边有两个支座螺钉，通过调整螺钉伸出量可以对钻孔的位置进行调整。

7.4 CA6140 拨叉 2

CA6140 拨叉 2 零件图如附录 1 中附图 1 - 4 所示。关键面为 ϕ25 mm 内孔、16 mm 槽和 12 mm 叉口。

CA6140 拨叉 2 三维模型如图 7 - 11 所示。

7.4.1 铣 16 mm 槽夹具

当加工 16 mm 槽时，工艺要求铣削，铣 16 mm 槽夹具三维模型如图 7 - 12 所示。

夹具的定位。以加工完成的 ϕ25 mm 孔为主要定位基准，选用长销作为内孔定位元件，限制了工件的 4 个自由度。用一个挡销限制了工件的 1 个自由度，采用浮动支承限制了工件的 1 个自由度，共限制了工件的 6 个自由度，实现了完全定位。

夹具的夹紧。采用螺旋-开口垫圈夹紧机构，实现手动夹紧。

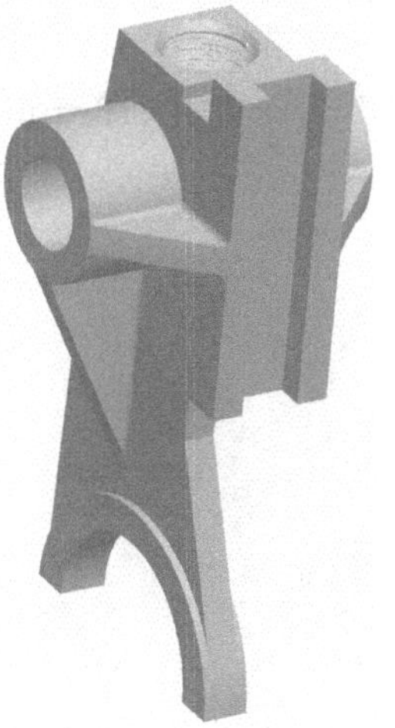

图 7-11　CA6140 拨叉 2 三维模型

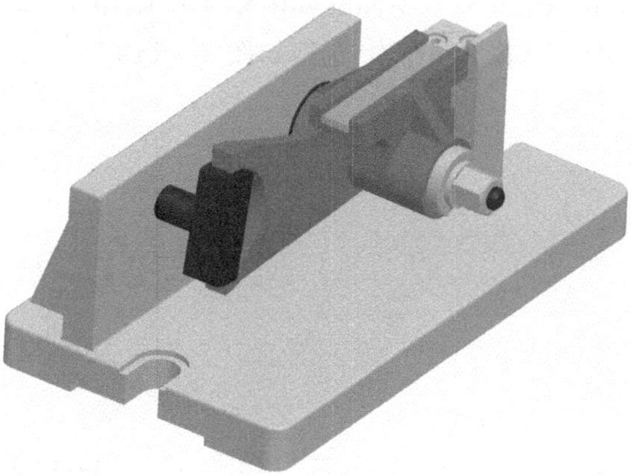

图 7-12　铣 16 mm 槽夹具三维模型

7.4.2　铣叉口侧面夹具

当加工叉口侧面时，工艺要求铣削，铣叉口侧面夹具三维模型如图 7-13 所示。

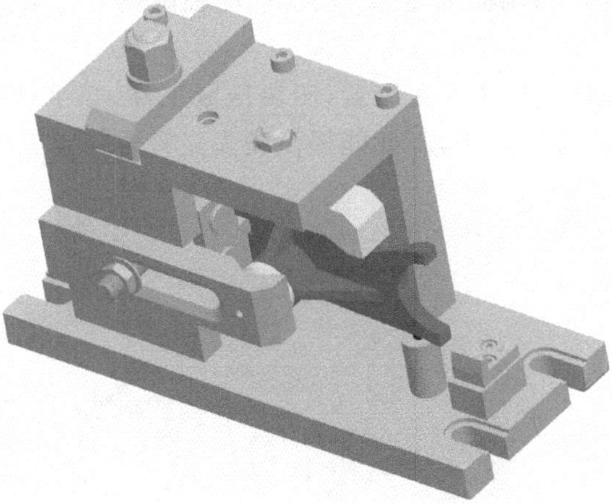

图 7-13　铣叉口侧面夹具三维模型

夹具的定位。以加工好的 ϕ25 mm 孔为主要定位基准，选用长销作为内孔定位，限制了工件的 4 个自由度。以 ϕ42 mm 的圆柱端面为定位时，为了防止过定位，本夹具采用了浮动支承限制了工件的 1 个自由度，最后利用 1 个支承钉限制了工件的 1 个旋转自由度，共限制了工件的 6 个自由度。

夹具的夹紧。夹具的夹紧采用了一联动机构来实现夹紧，通过转动螺母，联动机构运动带动两压板实现了纵向和横向的同时夹紧。这样使得夹紧操作简单，又由于本次工序所需力不大，故采用了手动夹紧。

7.5 CA6140 拨叉 3

CA6140 拨叉 3 零件图如附录 1 中附图 1-5 所示。关键面为花键孔、18 mm 槽和 8 mm 槽。CA6140 拨叉 3 三维模型如图 7-14 所示。

图 7-14 CA6140 拨叉 3 三维模型

7.5.1 铣 40 mm×28 mm 平面夹具

当加工 40 mm×28 mm 面时，工艺要求铣削，铣 40 mm×28 mm 平面夹具三维模型如图 7-15 所示。

夹具的定位。以花键孔和端面为定位基准，花键轴限制 5 个自由度，支承板限制 1 个自由度。

夹具的夹紧。采用楔槽式快速夹紧装置，压块压紧工件，当手柄向下扳动时，导套槽中的销带动导套，导套和套筒式螺纹连接，因此能提供较大夹紧力夹紧工件。

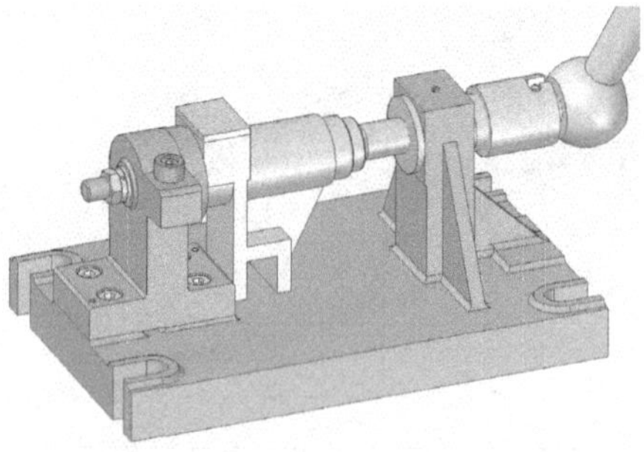

图 7-15 铣 40 mm×28 mm 平面夹具三维模型

7.5.2 粗铣 8 mm 槽夹具

当加工 8 mm 槽时，工艺要求铣削，粗铣 8 mm 槽夹具三维模型如图 7-16 所示。

夹具的定位。以花键孔和端面为定位基准，花键轴限制 5 个自由度，支承板限制 1 个自由度。

夹具的夹紧。采用气缸夹紧装置，选用管接式耳座气缸。夹紧装置工作时气缸启动，推动顶杆，顶住压板一侧，另一侧压紧工件。工件加工完成后，顶杆缩回，握住手柄滑动压板，取出工件。

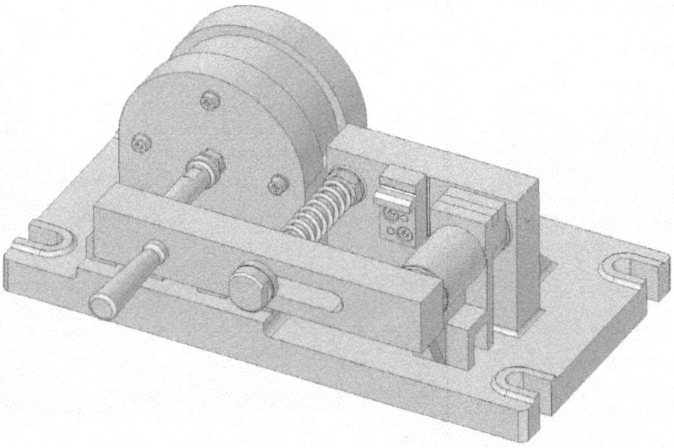

图 7－16　粗铣 8mm 槽夹具三维模型

7.5.3　钻 ϕ22 mm 孔夹具

当加工 ϕ22 mm 的孔时，工艺要求钻削，钻 ϕ25 的孔夹具三维模型如图 7－17 所示。

夹具的定位。基准面为外圆弧面，使用 V 形块作为外圆面定位元件，限制工件的 4 个自由度，用支承钉限制工件的 1 个自由度。

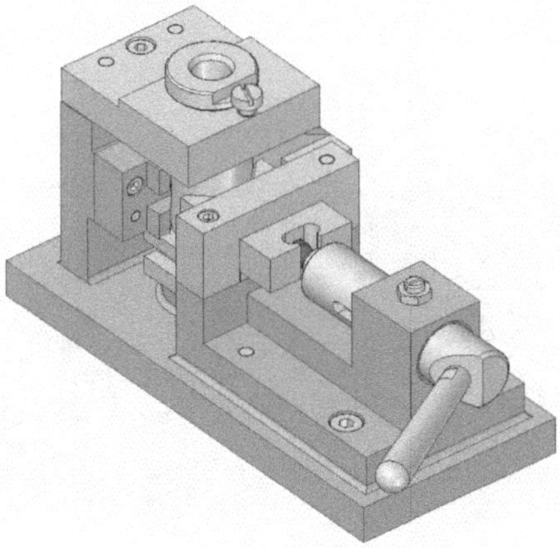

图 7－17　钻 ϕ22 mm 孔夹具三维模型

夹具的夹紧。采用楔槽式快速夹紧装置，其特点是夹紧采用手动夹紧，灵活多变，可随时进行调整。

7.6 CA6140 拨叉 4

CA6140 拨叉 4 零件图如附录 1 中附图 1－6 所示。关键面为 ϕ25 mm 内孔、16 mm 槽和 12 mm 叉口。

CA6140 拨叉 4 三维模型如图 7－18 所示。

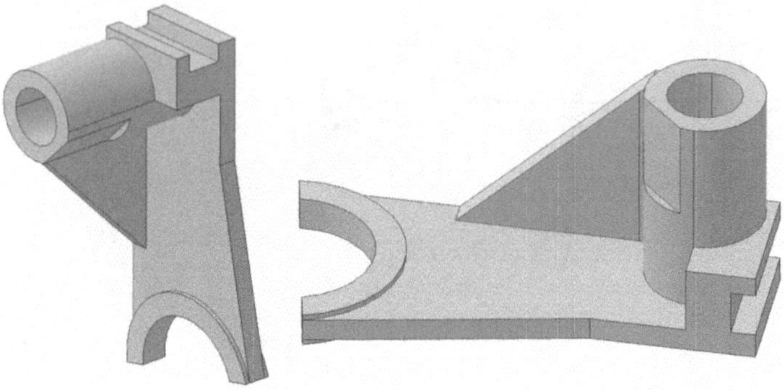

图 7－18 CA6140 拨叉 4 三维模型

当加工 ϕ25 mm 的孔时，工艺要求钻削，钻 ϕ25 mm 的孔夹具结构示例三维模型如图 7－19 所示。

夹具的定位。工件主要要求孔的精度和垂直精度，以 ϕ40 mm 外圆表面为基准，采用 V 形块限制 2 个自由度，底平面限制工件的 3 个自由度。

夹具的夹紧。采用楔槽式快速夹紧装置，其特点是夹紧采用手动夹紧，灵活多变，可随时进行调整。

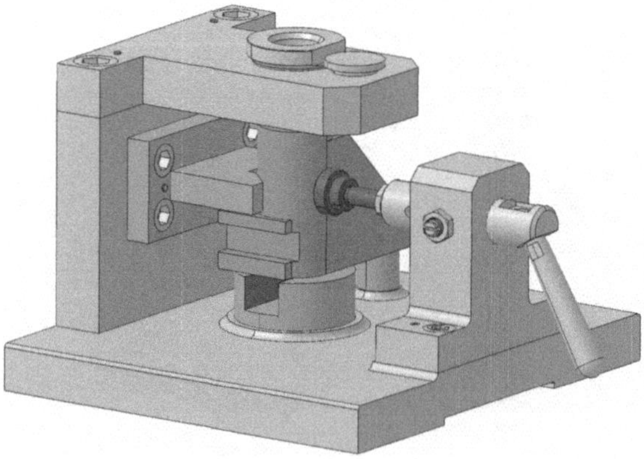

图 7－19 钻 ϕ25 mm 孔夹具三维模型

7.7 CA6140 拨叉 5

CA6140 拨叉 5 零件图如附录 1 中附图 1－7 所示。关键面为 ϕ22 mm 内孔和 20 mm

叉口。

CA6140 拨叉 5 三维模型如图 7－20 所示。

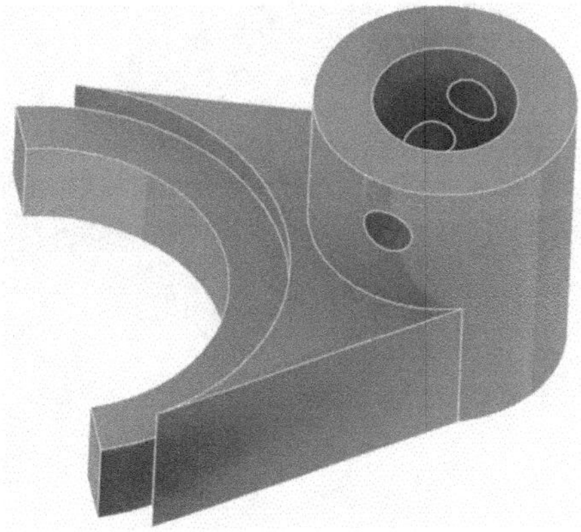

图 7－20　CA6140 拨叉 5 三维模型

7.7.1　钻 M8 底孔夹具

当加工 M8 底孔时，工艺要求先钻出底孔，再攻丝，钻 M8 底孔夹具三维模型如图 7－21 所示。

工件毛坯铸造时，两件铸在一起，在后续工序中分开。

夹具的定位。一面两销，限制工件的 6 个自由度。

夹具的夹紧。螺旋压板机构。

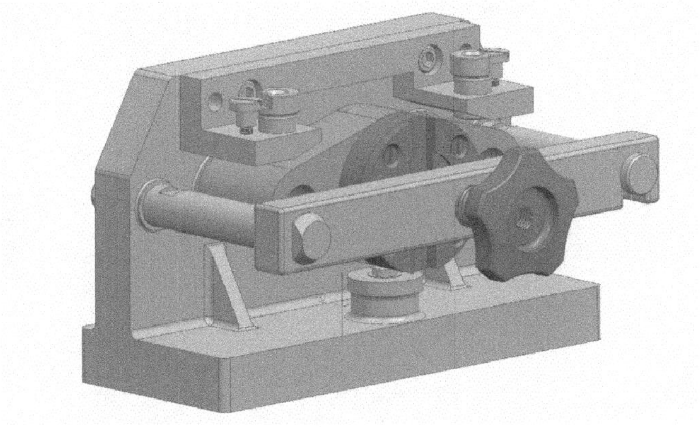

图 7－21　钻 M8 底孔夹具三维模型

7.7.2　铣 ϕ73 mm 上平面夹具

加工 ϕ73 mm 平面时，工艺要求平面铣削，粗铣 ϕ73 mm 上平面夹具三维模型如图 7－22 所示。工件毛坯铸造时，两件铸在一起，在后续工序中分开。本夹具同时加工两组工件。

夹具的定位：双 V 形块和底平面定位，限制工件的 6 个自由度。

夹具的夹紧：气缸推动摆杆，带动可移动 V 形块实现工件的定位与夹紧。

本夹具使用气动夹紧装置，同时加工两组工件，装夹效率高。

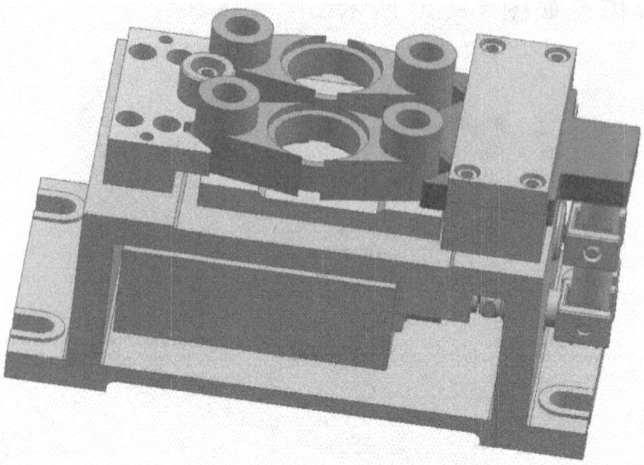

图 7-22　粗铣 ϕ73 mm 上平面夹具三维模型

附　　录

附录 1　典型零件图

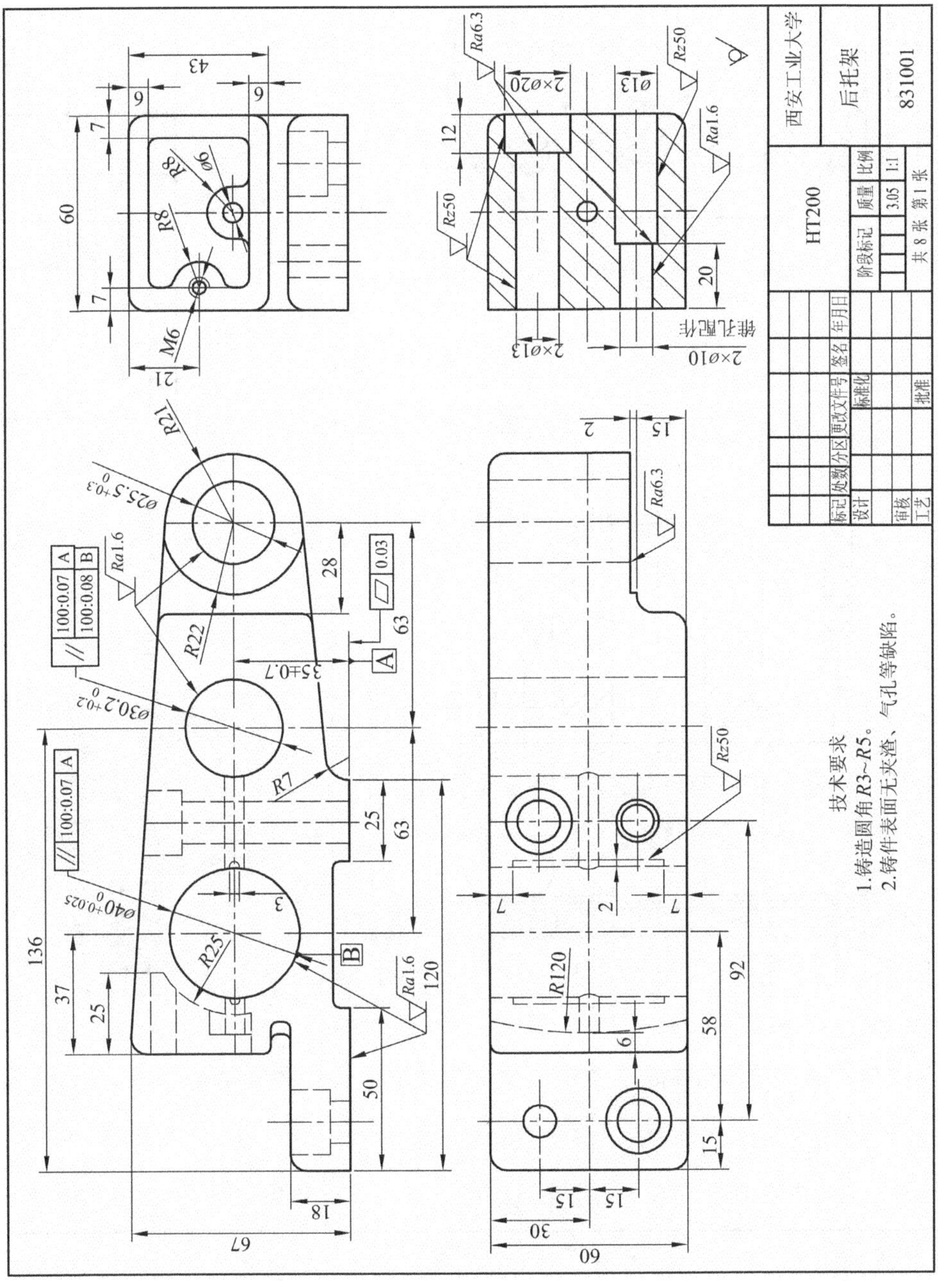

附图1-1 CA6140后托架零件图

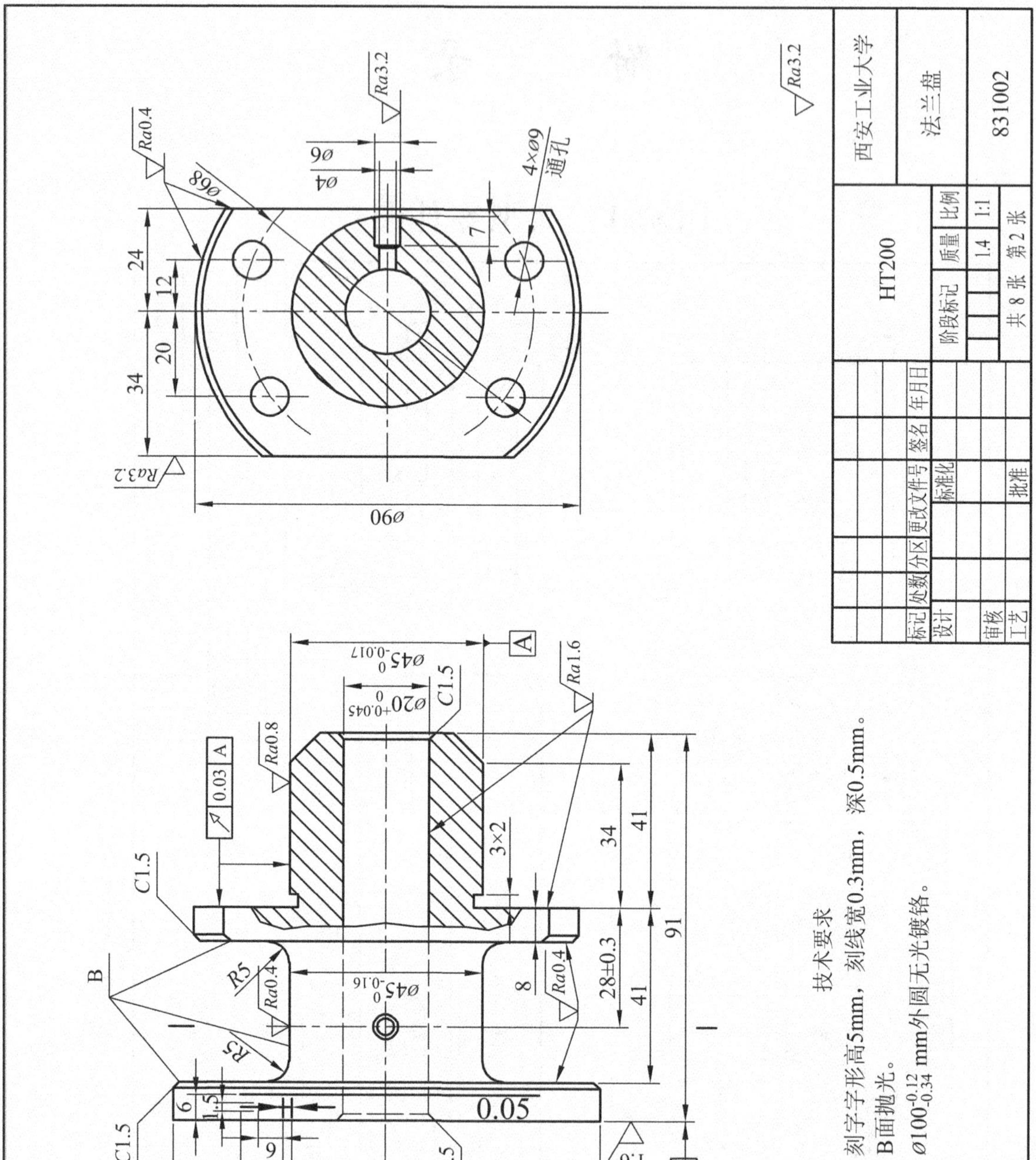

附图1-2 CA6140法兰盘零件图

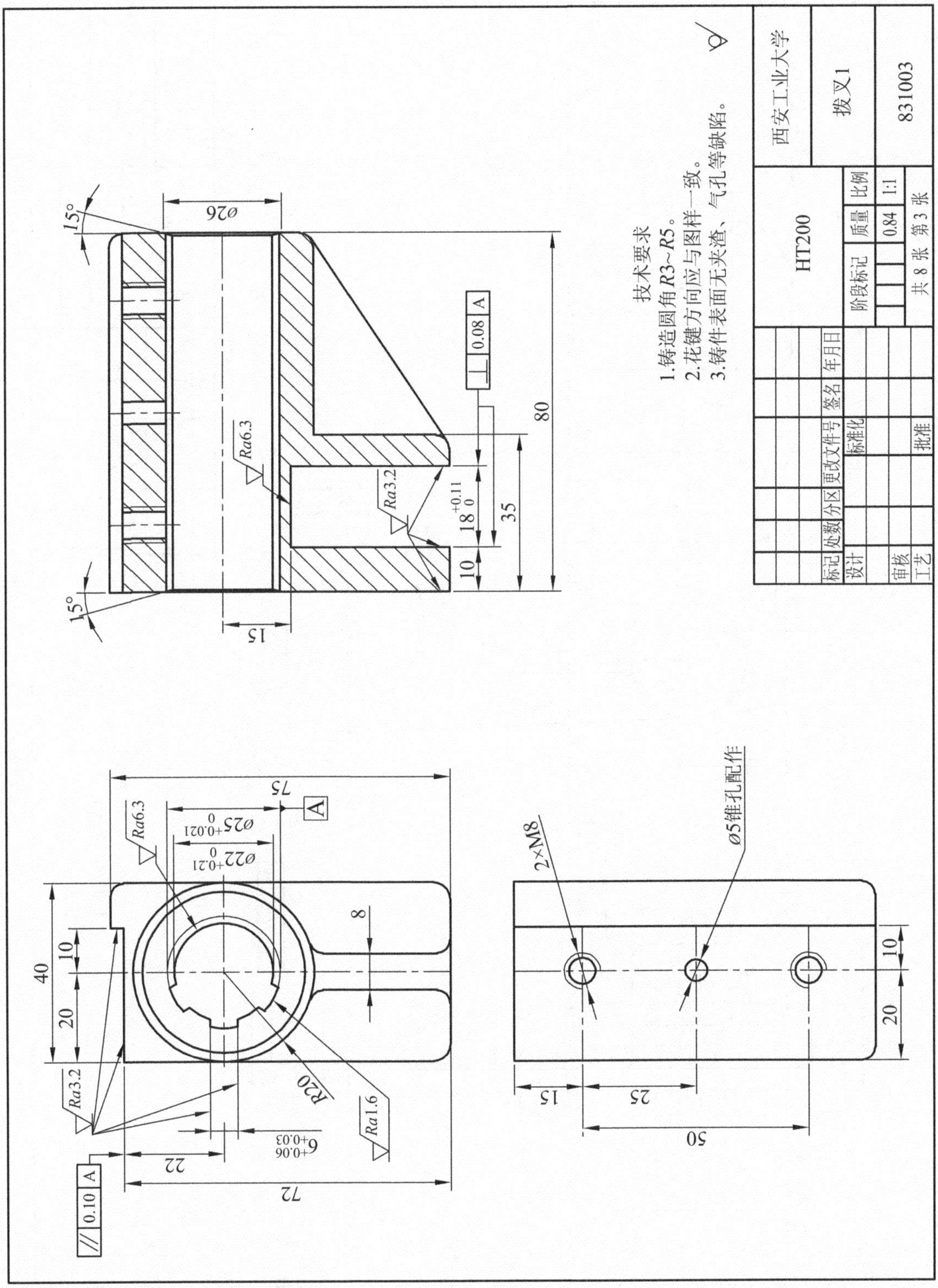

附图1-3　CA6140拨叉1零件图

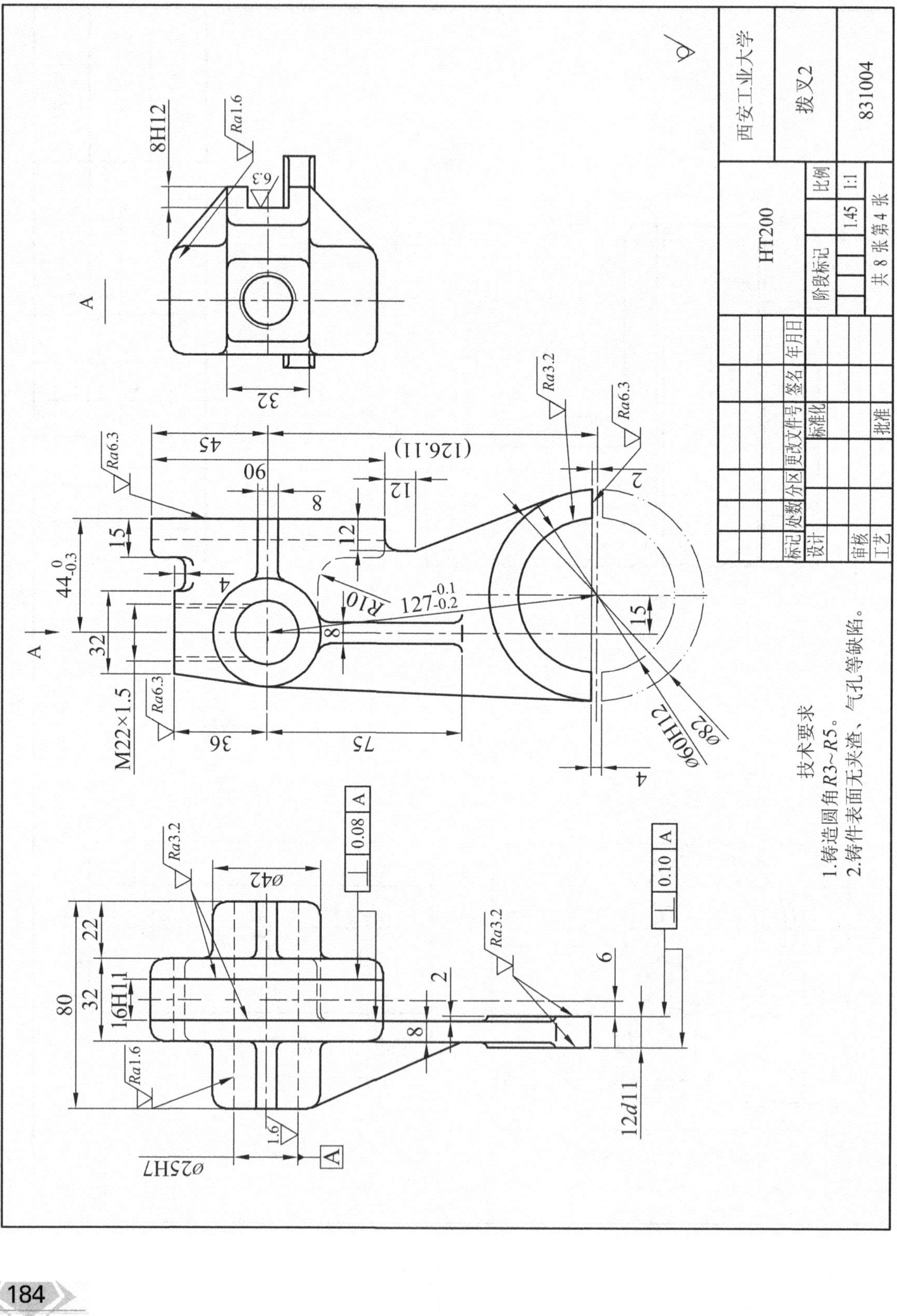

附图1-4 CA6140拨叉2零件图

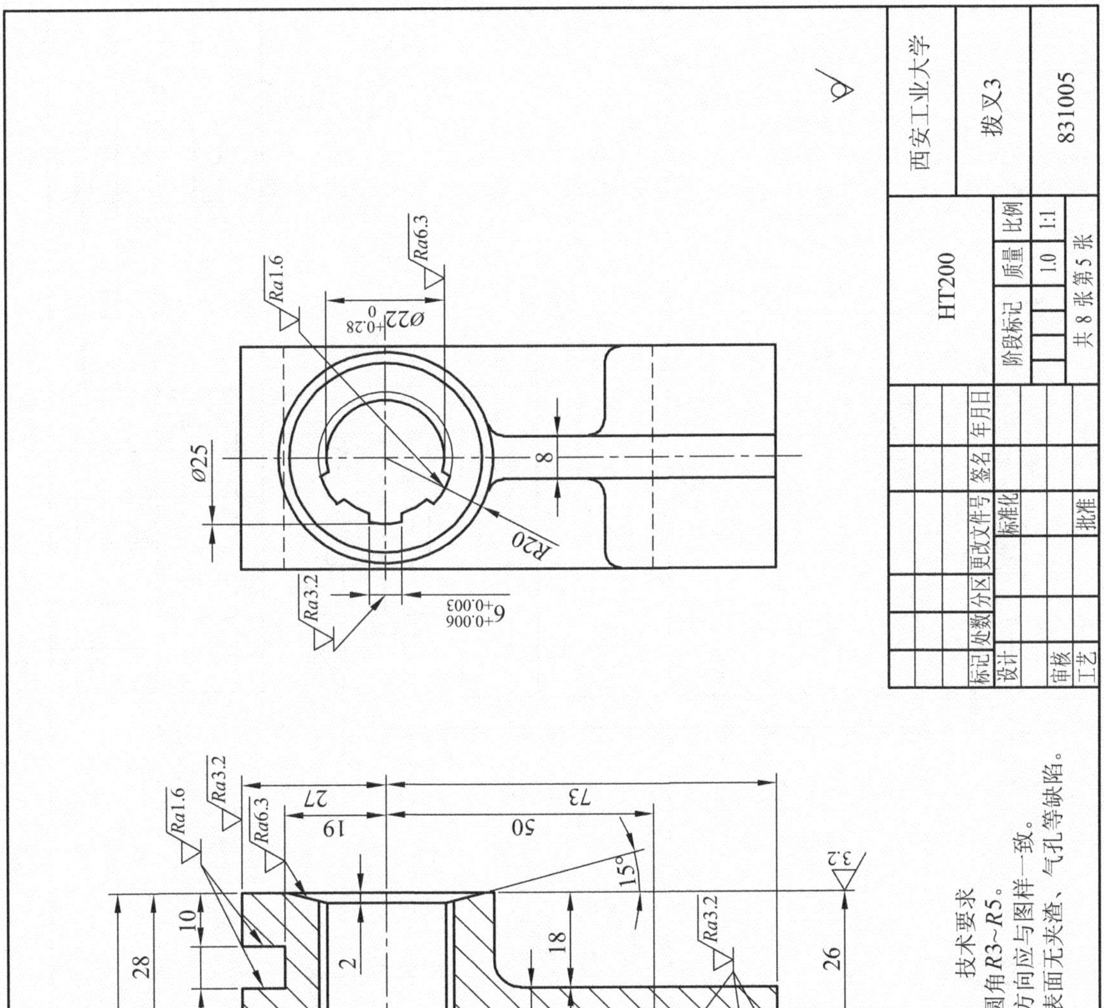

附图1-5 CA6140拨叉3零件图

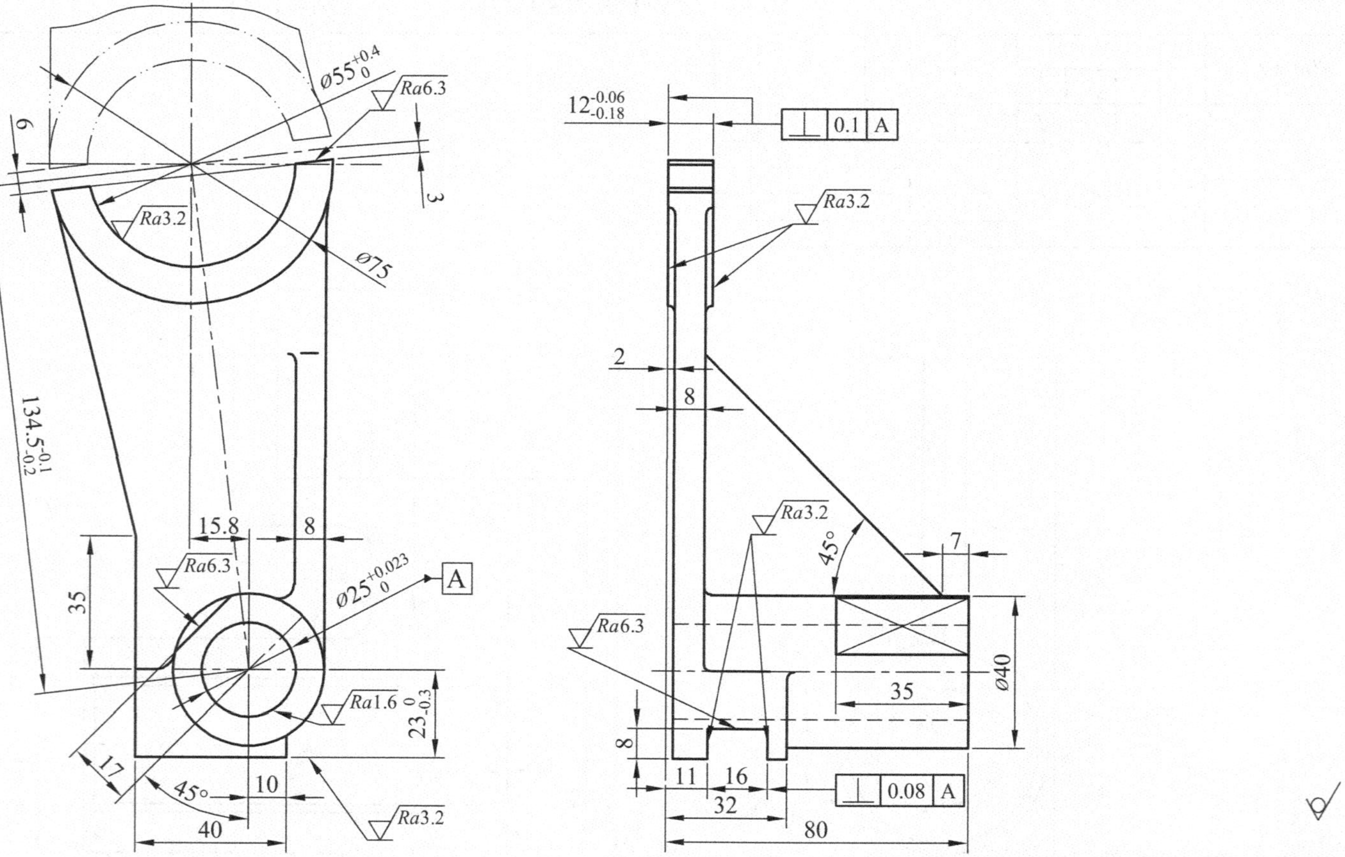

技术要求

1.铸造圆角$R3\sim R5$。
2.两件铸在一起。
3.锐边倒角$C0.5$。
4.铸件表面无夹渣、气孔等缺陷。

标记	处数	分区	更改文件号	签名	年月日	HT200			西安工业大学
设计			标准化			阶段标记	质量	比例	拨叉4
							1.12	1:1	
审核									831006
工艺			批准			共 8 张 第6 张			

附图1-6 CA6140拨叉4零件图

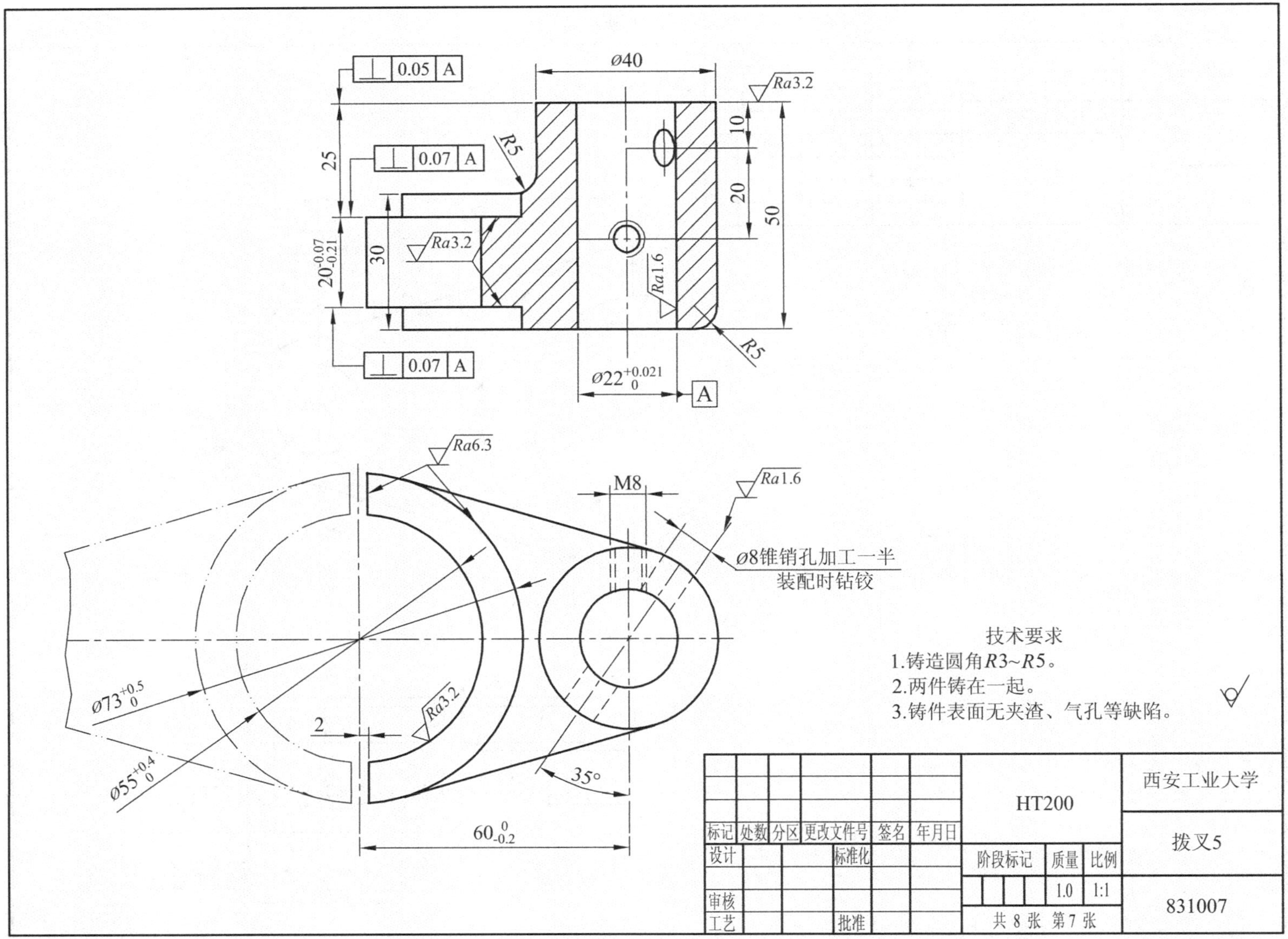

附图1-7 CA6140拨叉5零件图

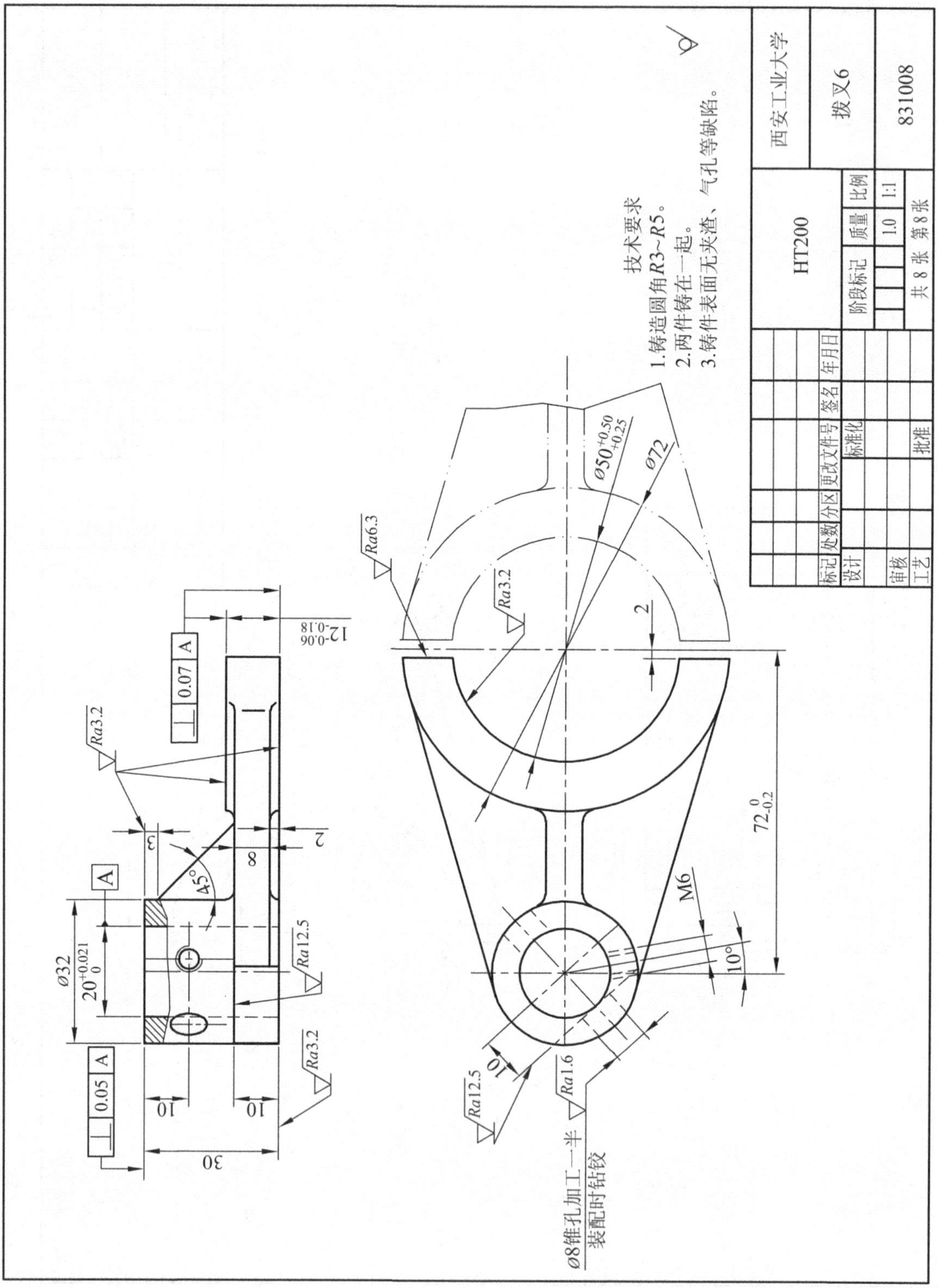

附图 1-8 CA6140 拨叉 6 零件图

附录 2　零件设计参考题目

附 2.1　轴杆类零件

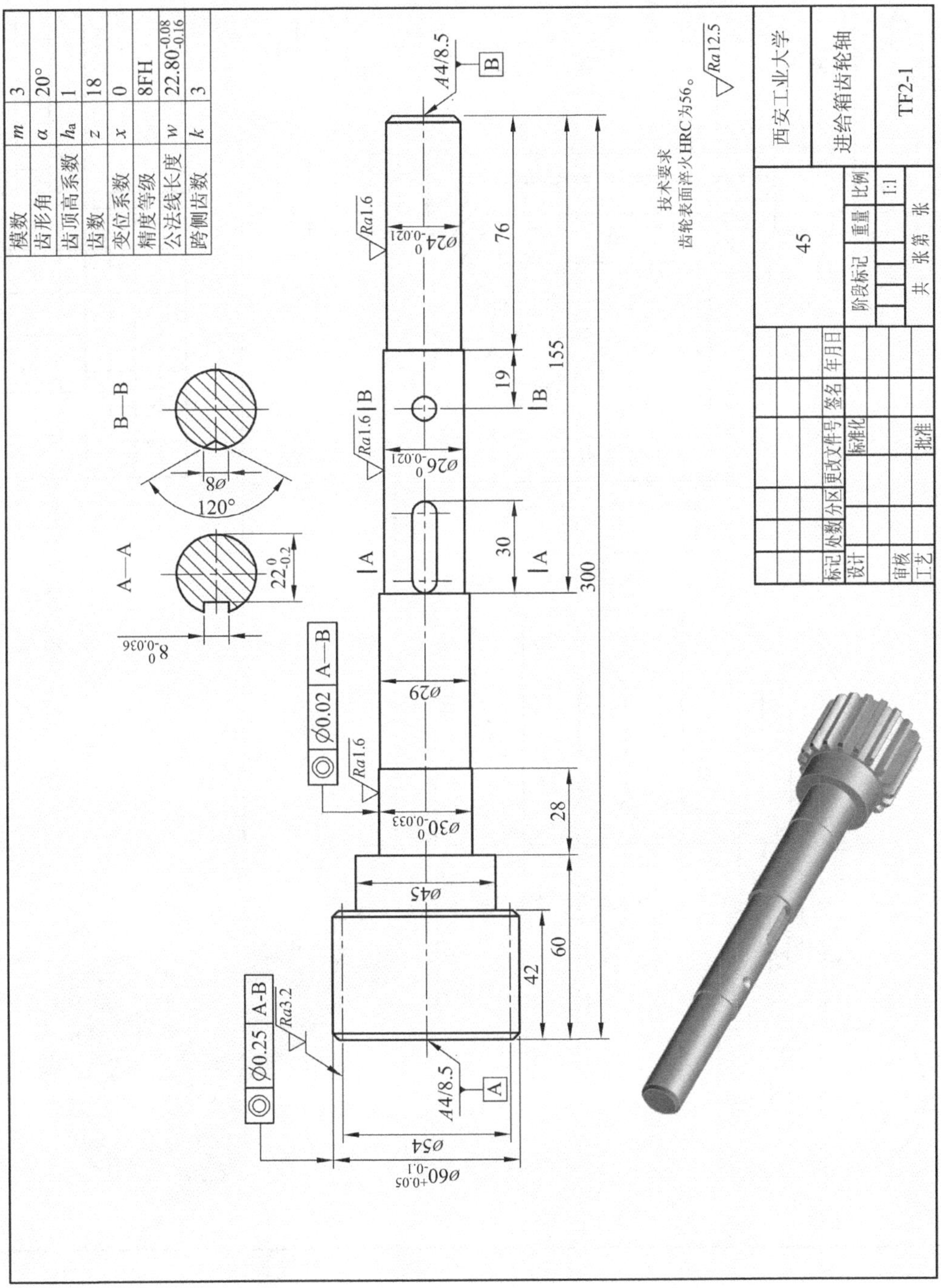

附图 2-1　进给箱齿轮轴

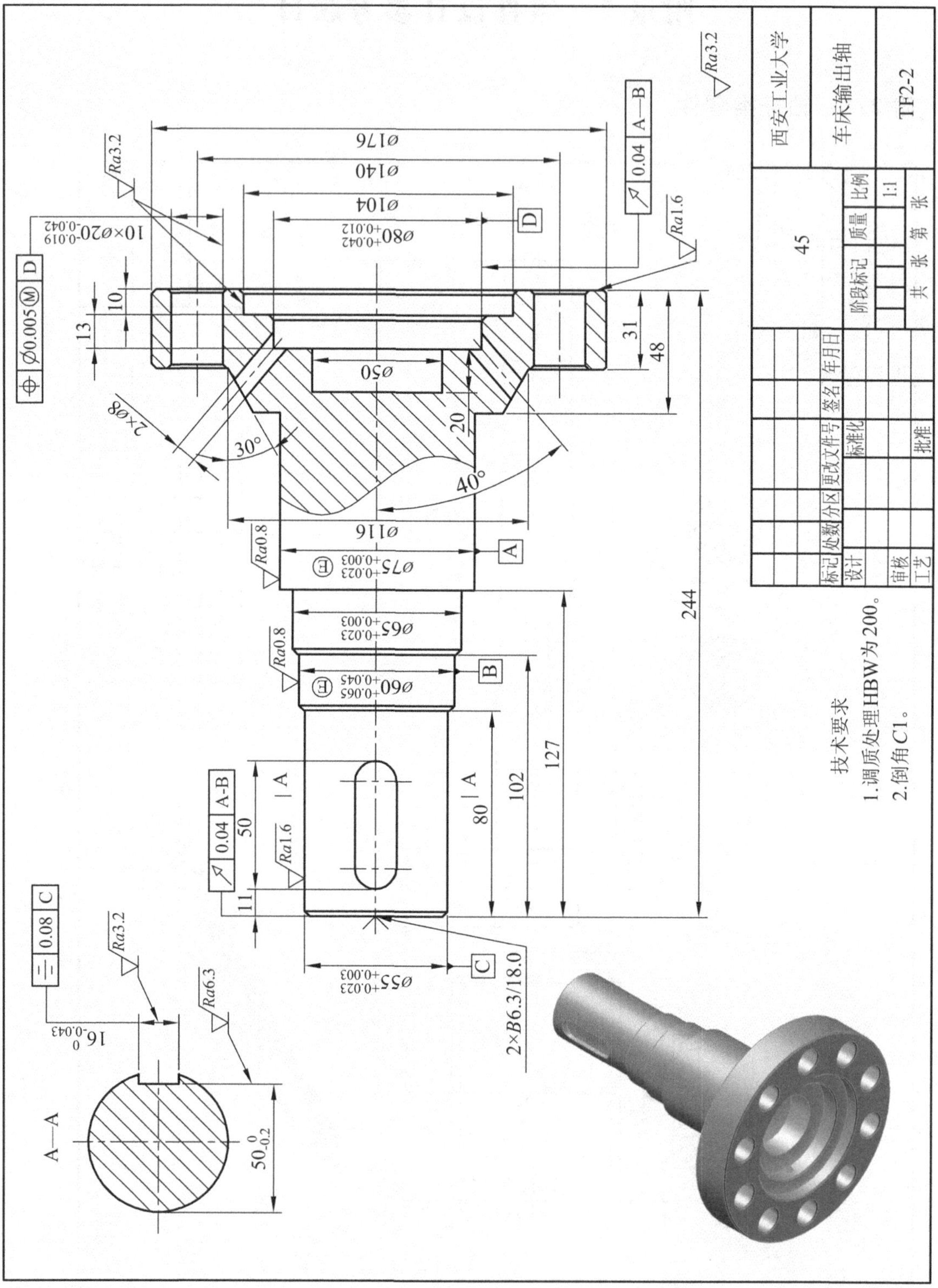
西安工业大学
车床输出轴
TF2-2
45
标记 处数 分区 更改文件号 签名 年月日
设计 标准化 阶段标记 质量 比例
审核
工艺 批准
1:1
共 张 第 张
技术要求
1.调质处理HBW为200。
2.倒角C1。
A—A
Ra3.2
Ra1.6
Ra0.8
Ra6.3
ø176
ø140
ø104
ø116
ø50
2×ø8
30°
40°
244
127
102
80
50
11
31
48
13
10
20
0.04 A—B
0.08 C
ø0.005 Ⓜ D
2×B6.3/18.0

附图 2-2　车床输出轴

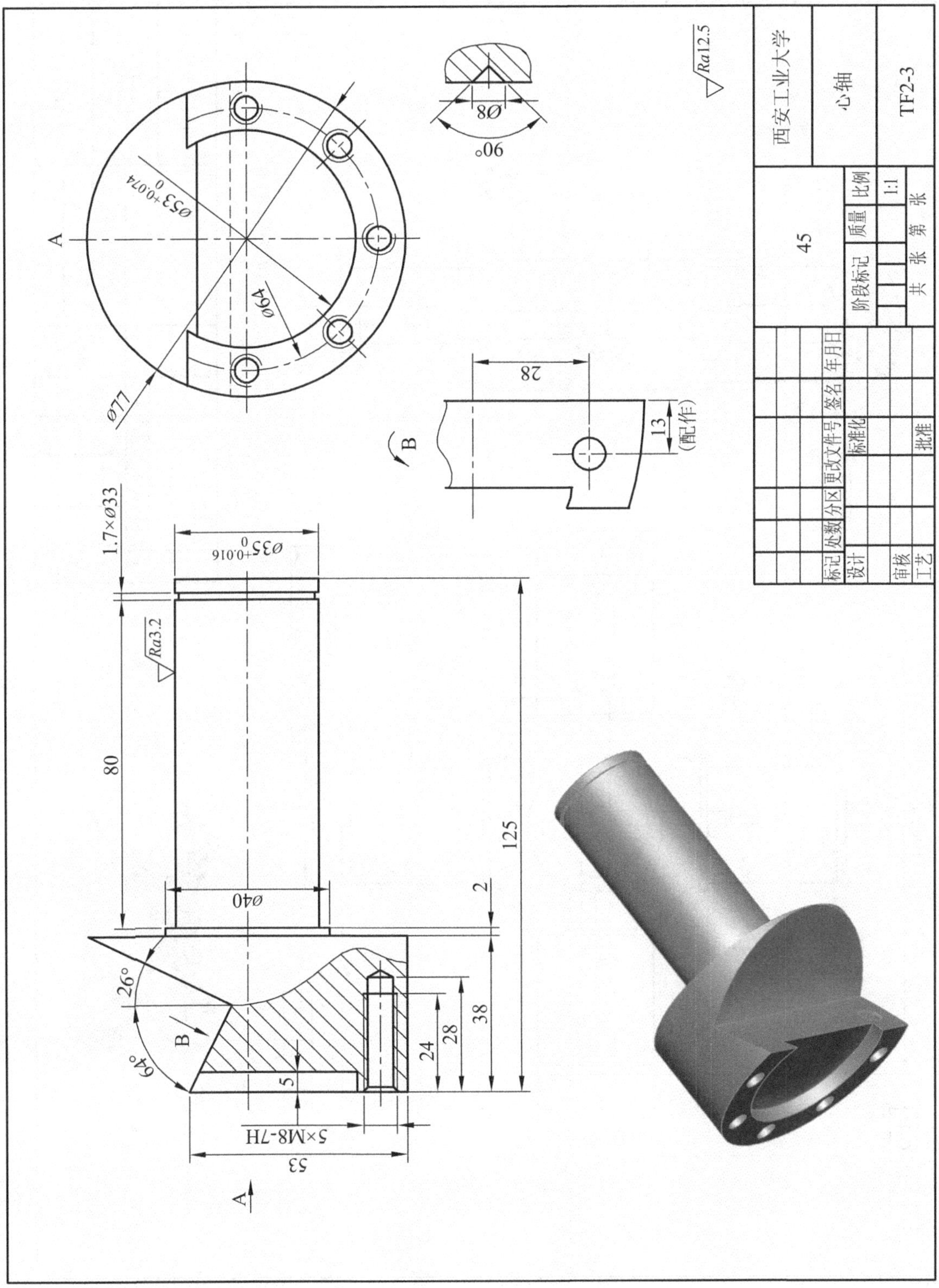
西安工业大学
心轴
TF2-3
45
阶段标记
质量
比例
1:1
共 张 第 张
标记
处数
分区
更改文件号
签名
年月日
设计
标准化
审核
工艺
批准
Ra12.5
Ra3.2
Ø8
90°
Ø53+0.074 0
Ø64
Ø77
A
B
28
13
(配作)
1.7×Ø33
Ø35+0.016 0
80
125
Ø40
2
26°
64°
5
24
28
38
5×M8-7H
53

附图2-3 心轴

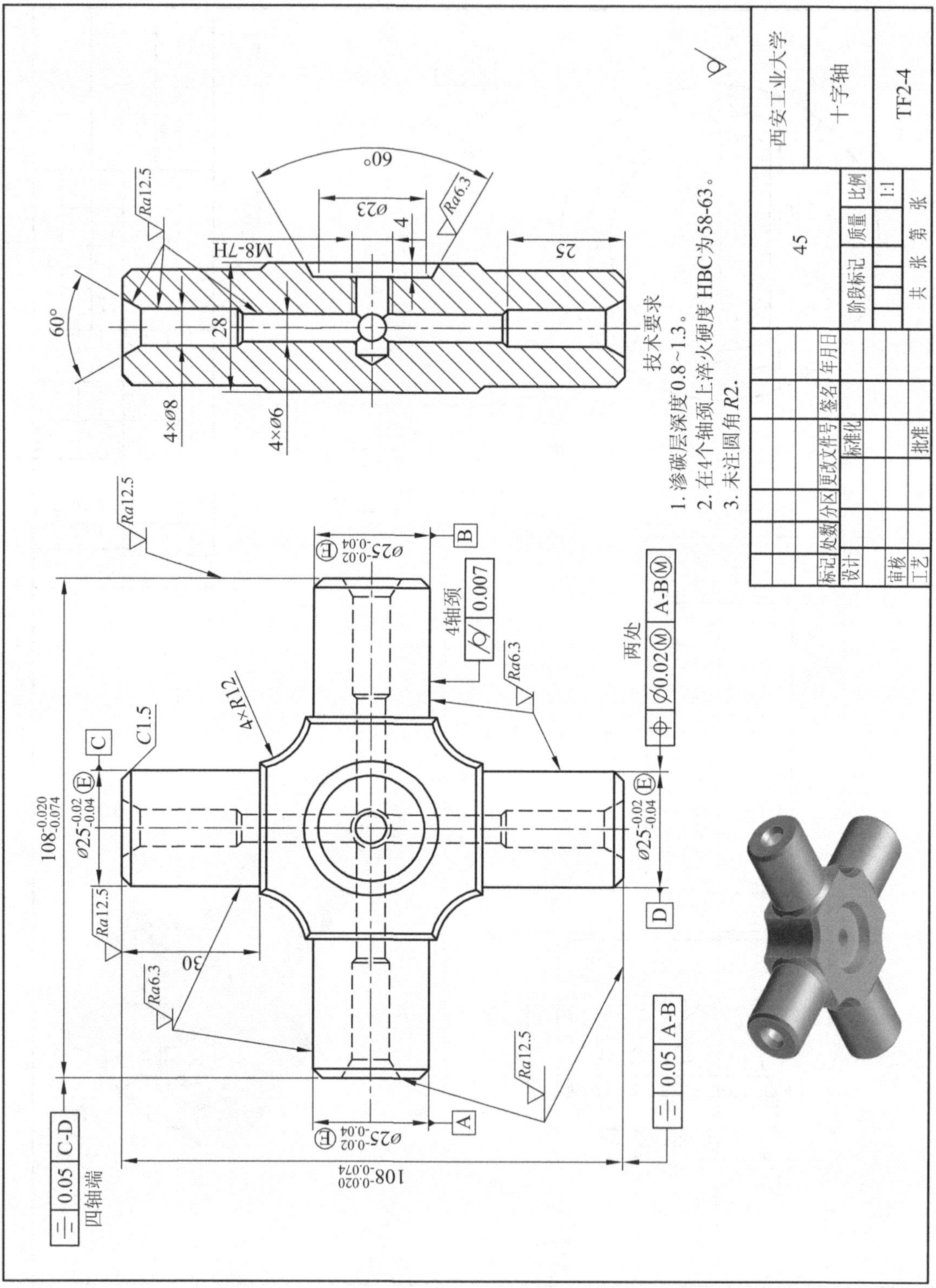
技术要求
1. 渗碳层深度 0.8~1.3。
2. 在4个轴颈上淬火硬度 HBC为58-63。
3. 未注圆角 R2.
西安工业大学
十字轴
TF2-4
45
1:1
标记 处数 分区 更改文件号 签名 年月日
设计 标准化 阶段标记 质量 比例
审核
工艺 批准 共 张 第 张
四轴端
两处
4轴颈
4×R12
C1.5
60°
M8-7H
4×ø8
4×ø6
ø23
28
25
30

附图 2-4　十字轴

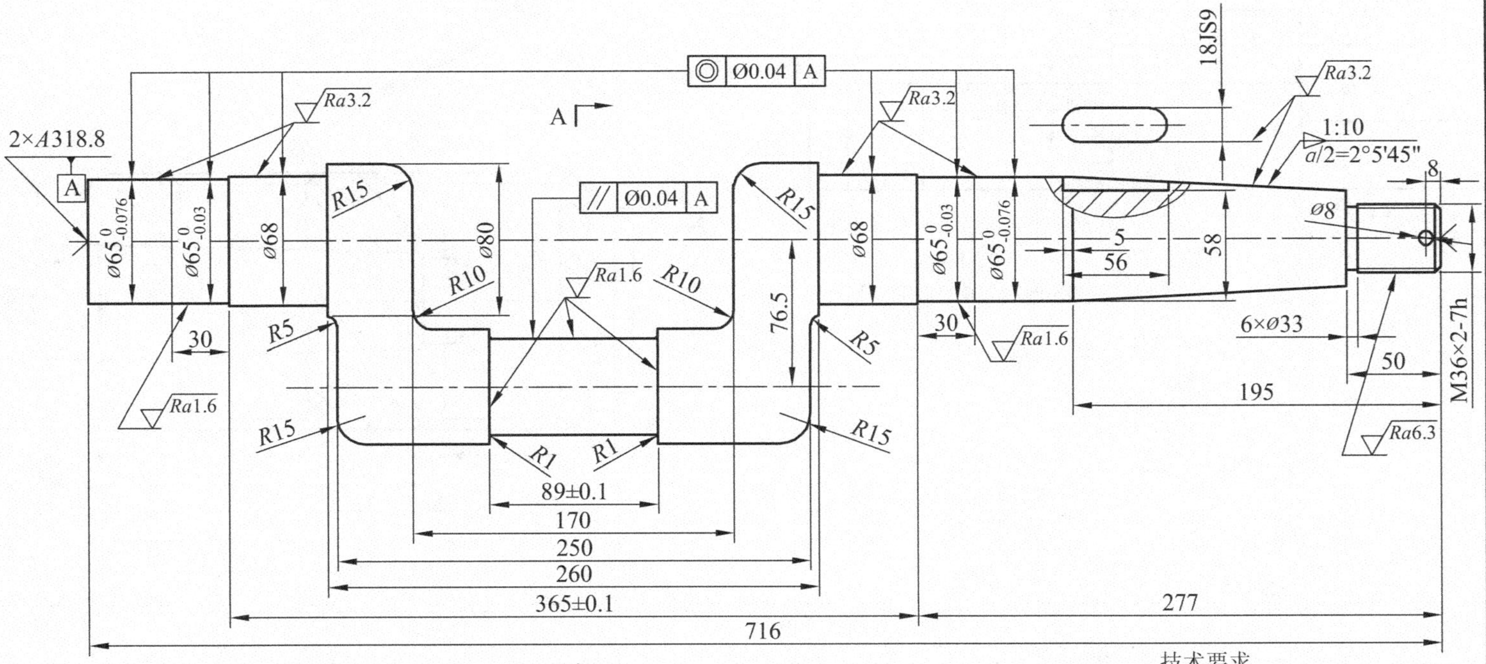

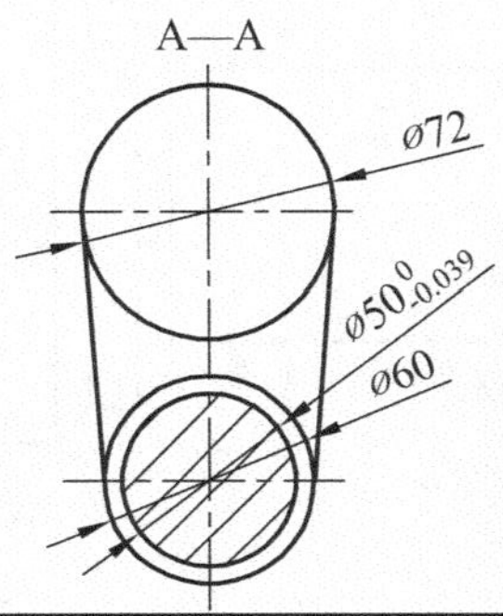

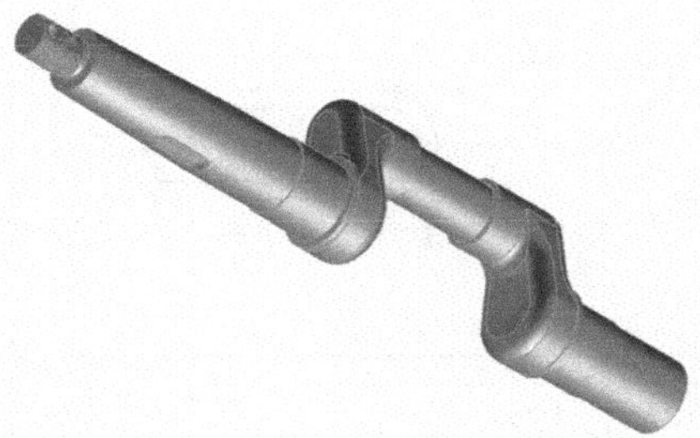

技术要求

1. 锐角、尖角、锐边倒钝。
2.零件加工表面上，不应有划痕、擦伤等损伤零件表面的缺陷。
3.去除毛刺飞边。

						45			西安工业大学
标记	处数	分区	更改文件号	签名	年月日				
设计			标准化			阶段标记	质量	比例	曲轴
								1:1	
审核									TF2-5
工艺			批准			共 张 第 张			

附图 2-5 曲轴

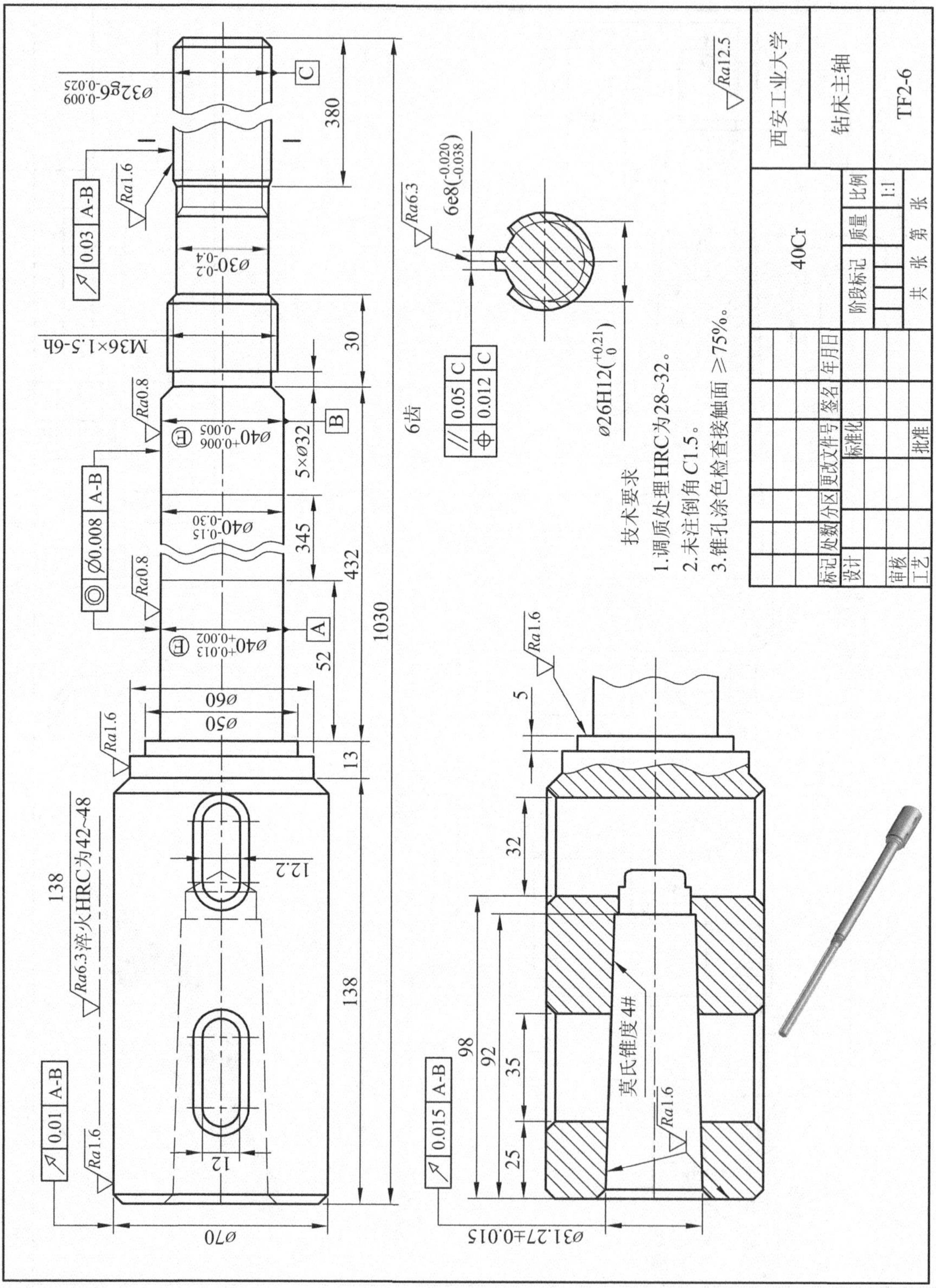
西安工业大学
钻床主轴
TF2-6
40Cr
阶段标记
质量
比例
1:1
共 张 第 张
标记 处数 分区 更改文件号 签名 年月日
设计
标准化
审核
工艺
批准
技术要求
1.调质处理HRC为28~32。
2.未注倒角C1.5。
3.锥孔涂色检查接触面≥75%。
Ra12.5
Ø32g6(-0.009/-0.025)
380
C
Ra1.6
0.03 A-B
Ø30(-0.2/-0.4)
M36×1.5-6h
30
Ra0.8
Ø40(+0.006/-0.005)
B
5×Ø32
0.008 A-B
Ø40(-0.15/-0.30)
345
432
Ø40(+0.013/+0.002)
A
52
1030
Ø60
Ø50
Ra1.6
13
138
Ra6.3淬火HRC为42~48
138
12.2
12
0.01 A-B
Ra1.6
Ø70
Ra6.3
6e8(-0.020/-0.038)
Ø26H12(+0.21/0)
6齿
0.05 C
0.012 C
Ra1.6
5
32
98
92
35
25
莫氏锥度4#
Ra1.6
0.015 A-B
Ø31.27±0.015

附图 2-6 钻床主轴

附 2.2 轮盘类零件

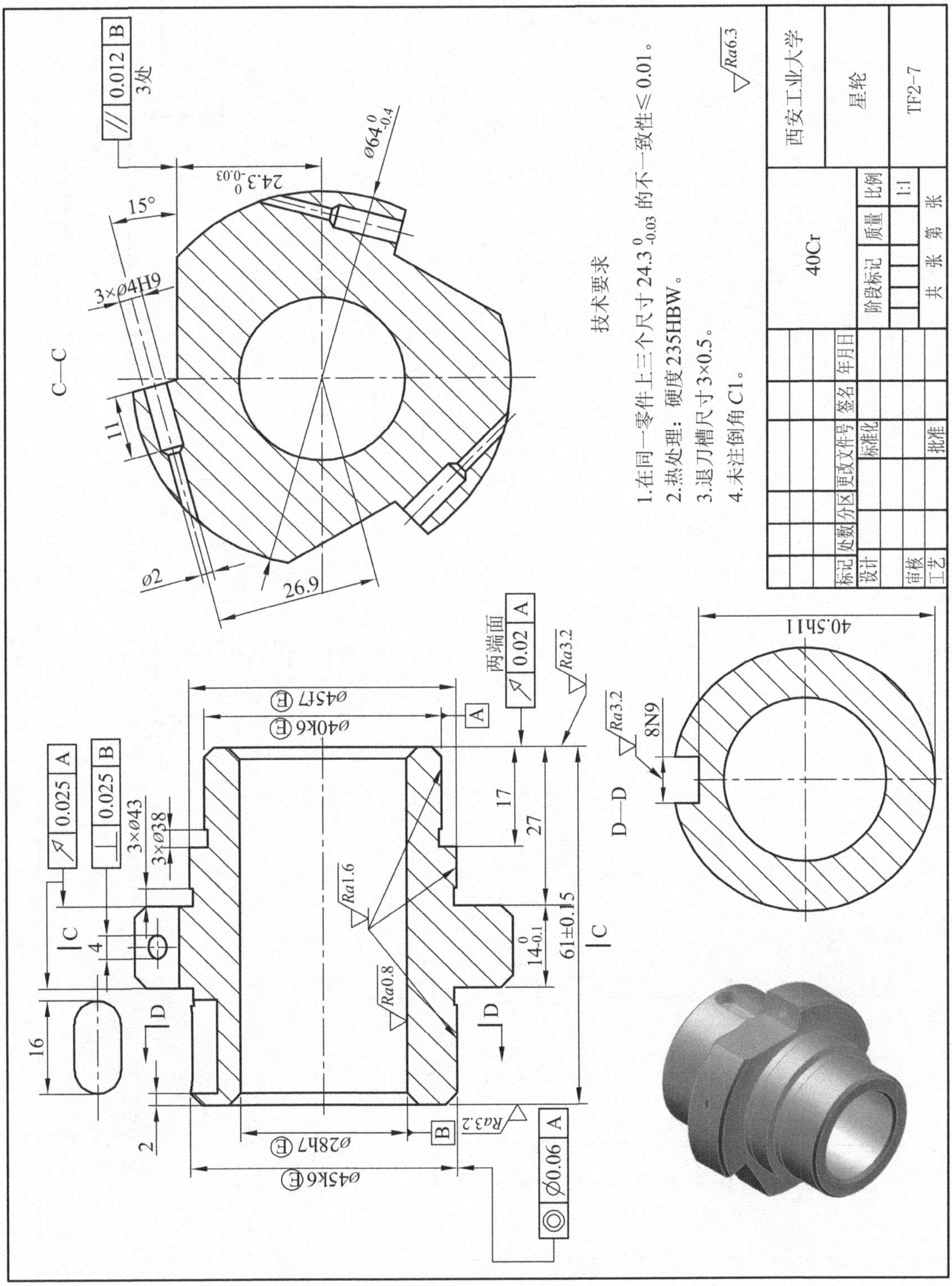

图 2-7 星轮

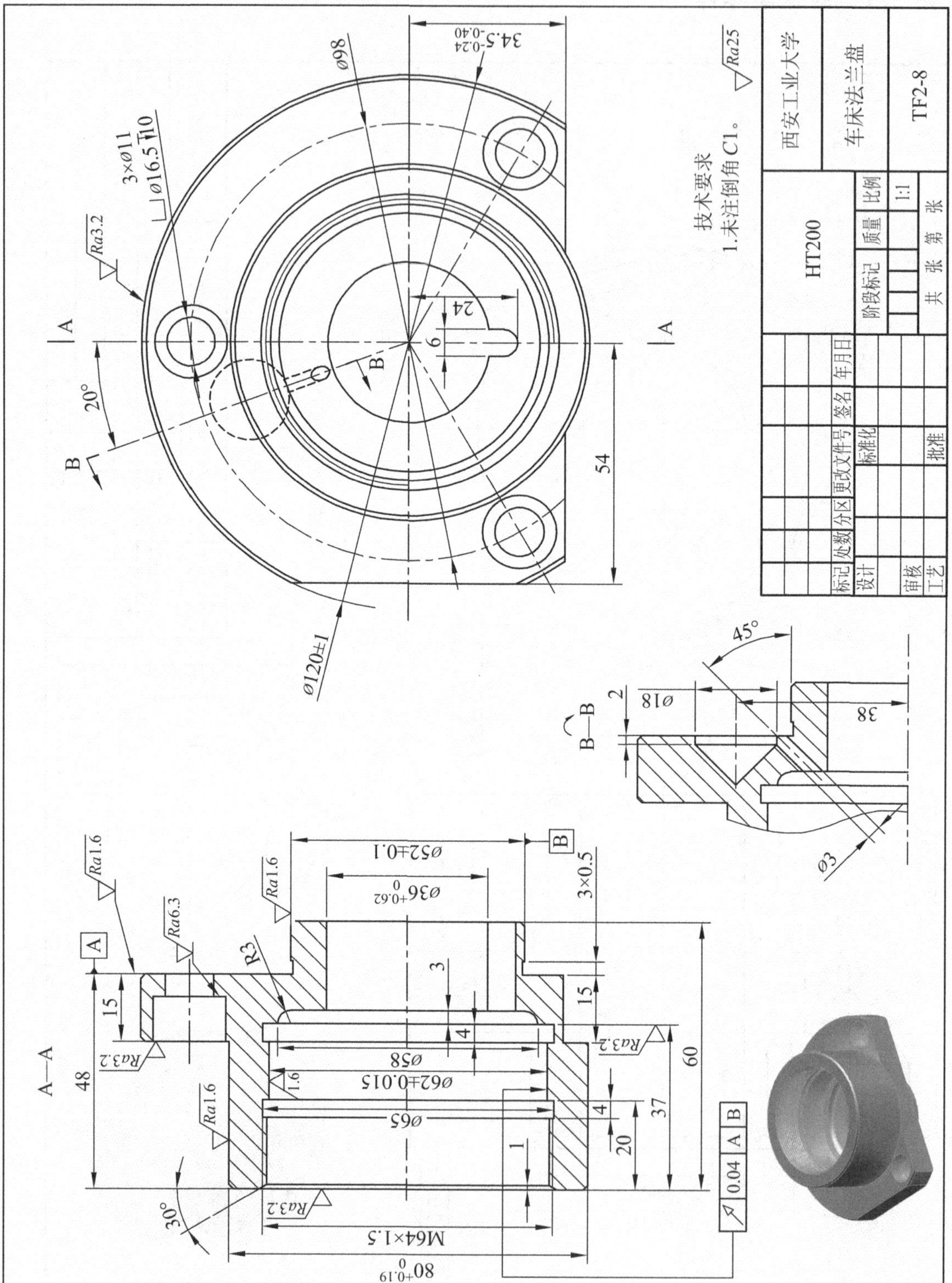
技术要求
1.未注倒角C1。
Ra25
西安工业大学
车床法兰盘
TF2-8
HT200
阶段标记
质量
比例
1:1
共 张 第 张
标记 处数 分区 更改文件号 签名 年月日
设计
标准化
审核
工艺
批准
A—A
B—B
3×Ø11
Ø16.5↧10
Ø98
34.5-0.24-0.40
Ø120±1
24
6
20°
54
45°
Ø18
38
2
Ø3
Ø52±0.1
Ø36+0.62 0
3×0.5
R3
Ø58
Ø62±0.015
Ø65
M64×1.5
80+0.19 0
0.04 A B
48
15
60
37
20
30°
Ra1.6
Ra6.3
Ra3.2

附图2-8　车床法兰盘

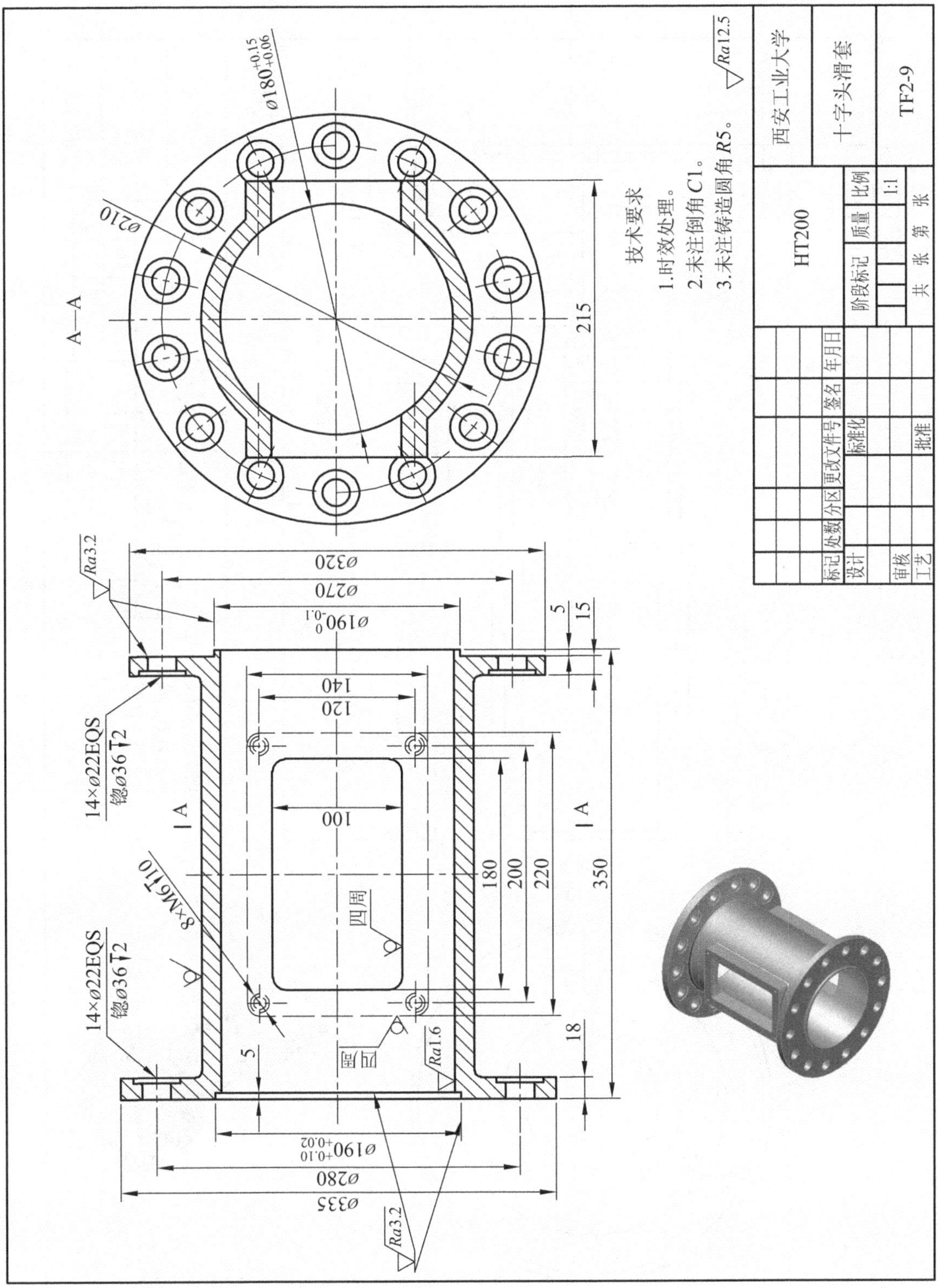
A—A
技术要求
1.时效处理。
2.未注倒角C1。
3.未注铸造圆角R5。
HT200
西安工业大学
十字头滑套
TF2-9
标记 处数 分区 更改文件号 签名 年月日
设计 标准化 阶段标记 质量 比例
1:1
审核
工艺 批准 共 张 第 张
14×ø22EQS
锪ø36↧2
8×M6↧10
四周
ø320
ø270
ø190
ø280
ø335
ø210
350
215
180
200
220
140
120
100

附图 2-9 十字头滑套

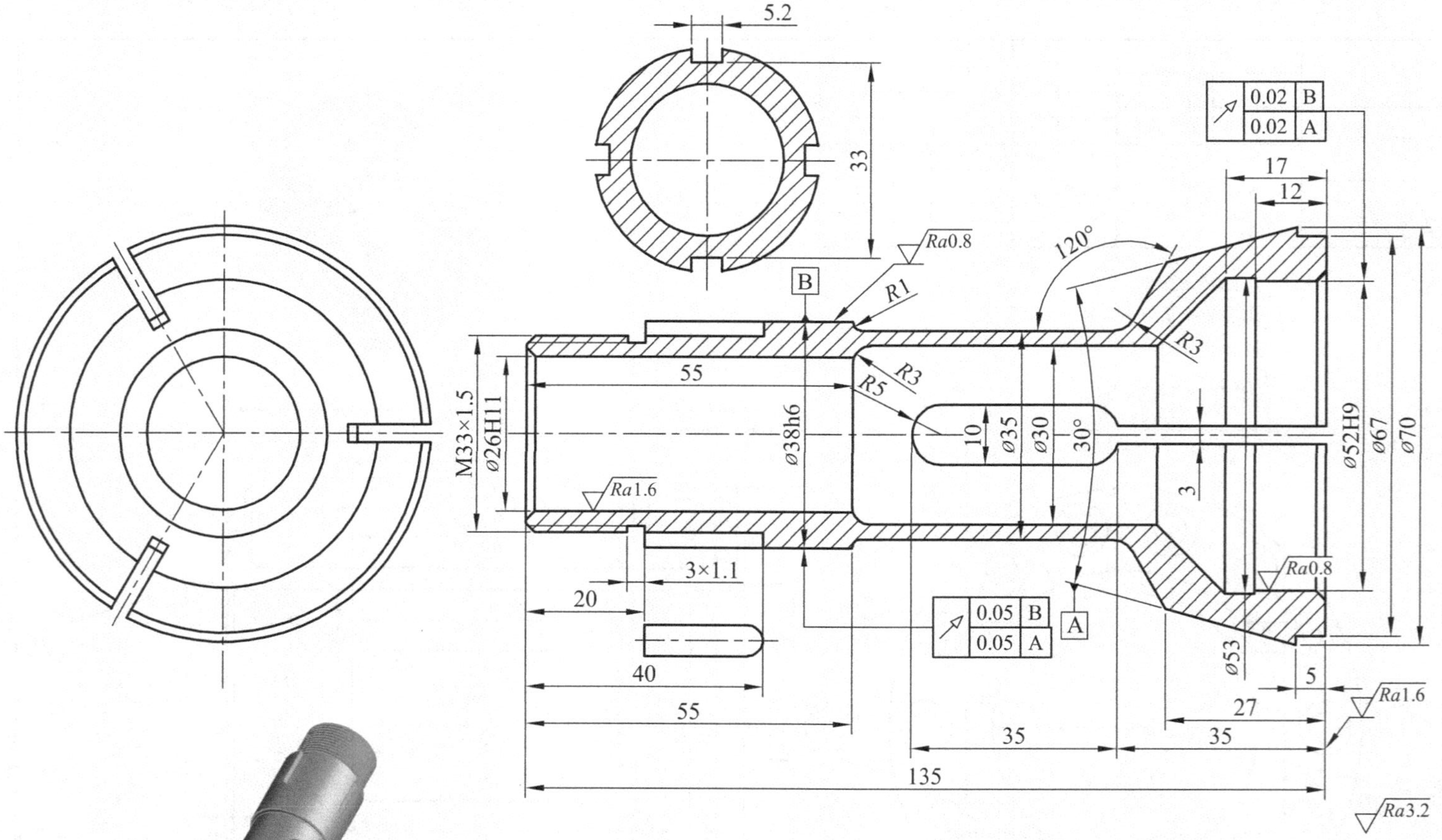

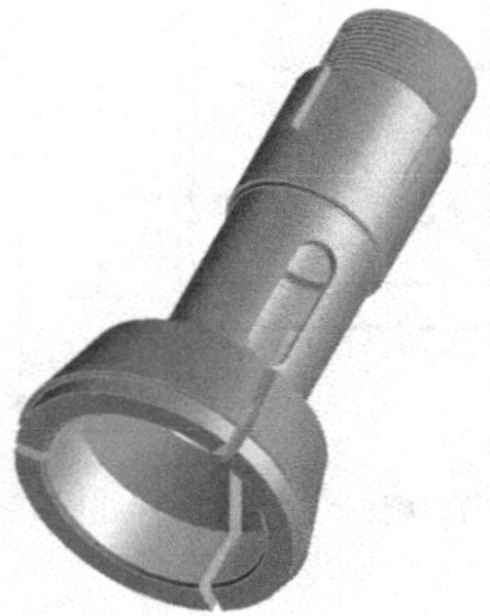

技术要求

1.27淬火HRC为50，其余HRC为43。

2.锐角修钝。

3.孔口倒角C1。

						65Mn		西安工业大学
标记	处数	分区	更改文件号	签名	年月日			
设计			标准化			阶段标记	质量	比例	弹簧夹头
								1:1	
审核									TF2-10
工艺			批准			共 张 第 张			

附图 2-10 弹簧夹头

附 2.3 支架类零件

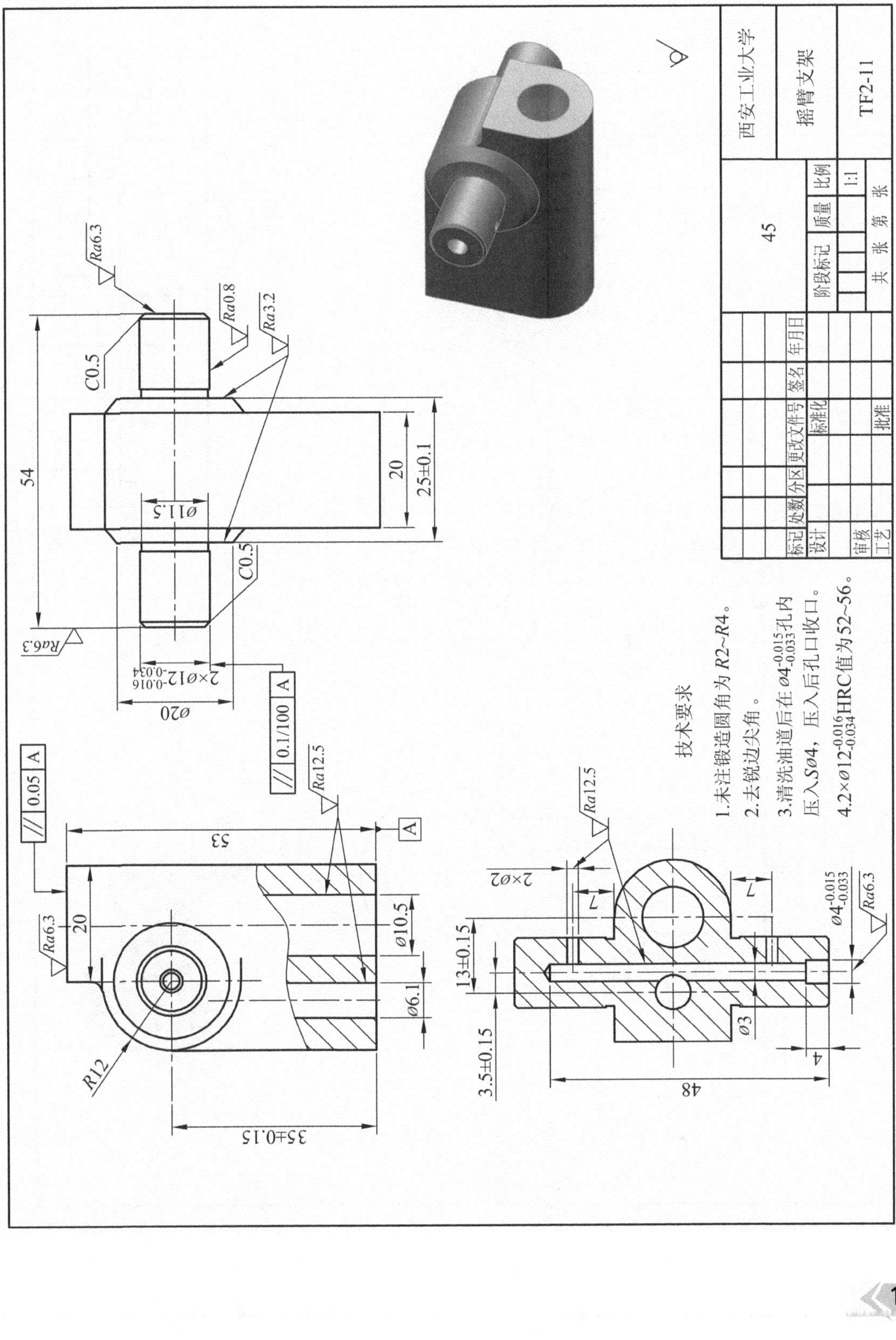

附图 2-11 摇臂支架

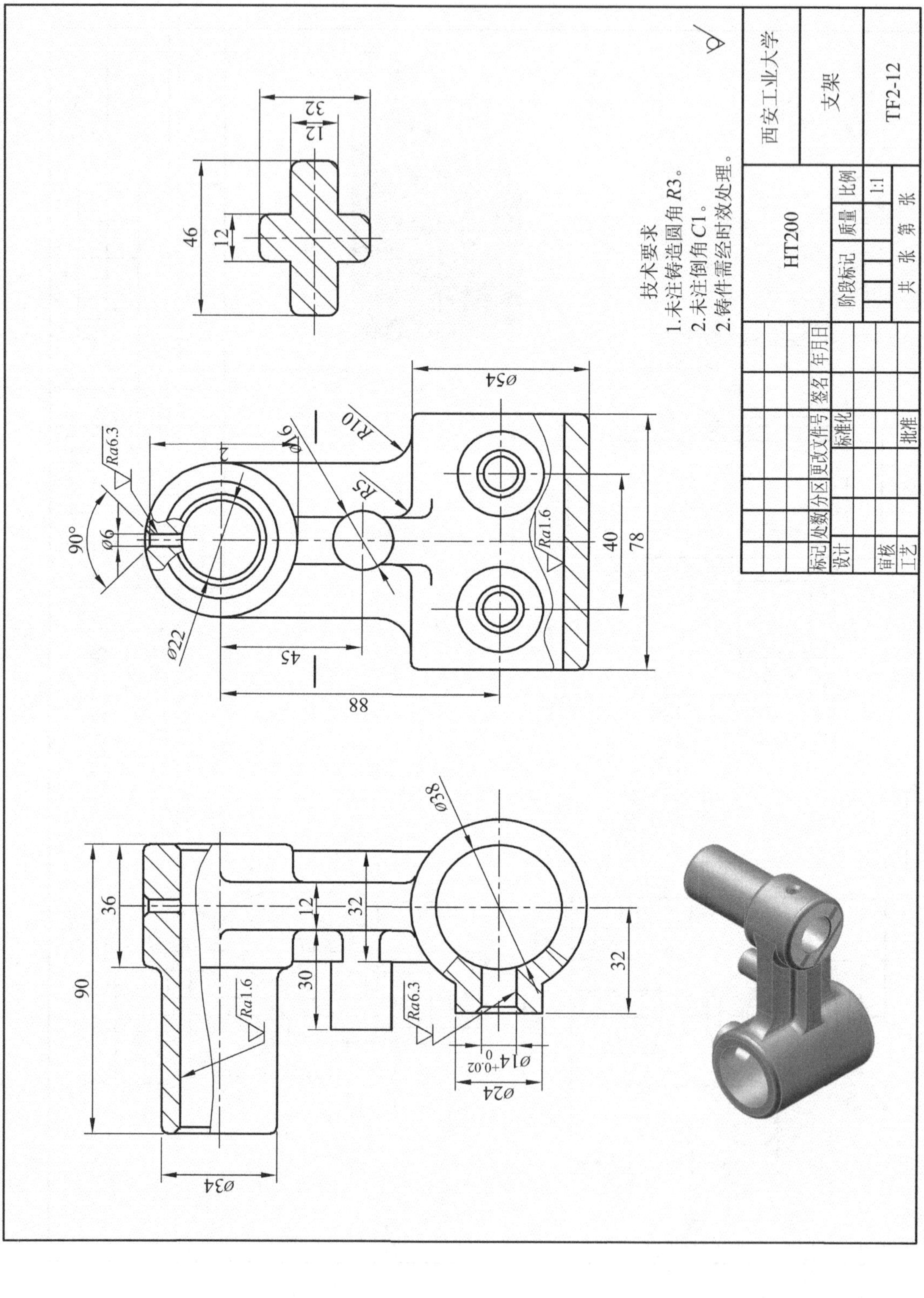
技术要求
1.未注铸造圆角R3。
2.未注倒角C1。
3.铸件需经时效处理。
西安工业大学
支架
TF2-12
HT200
阶段标记
质量
比例
1:1
共 张 第 张
标记 处数 分区 更改文件号 签名 年月日
设计 标准化
审核
工艺 批准
32
12
46
12
ø54
R10
Ra6.3
ø16
R5
90°
ø6
Ra1.6
40
78
ø22
45
88
ø38
36
90
12
32
32
30
Ra1.6
Ra6.3
ø14+0.02 0
ø24
ø34

附图 2-12 支架

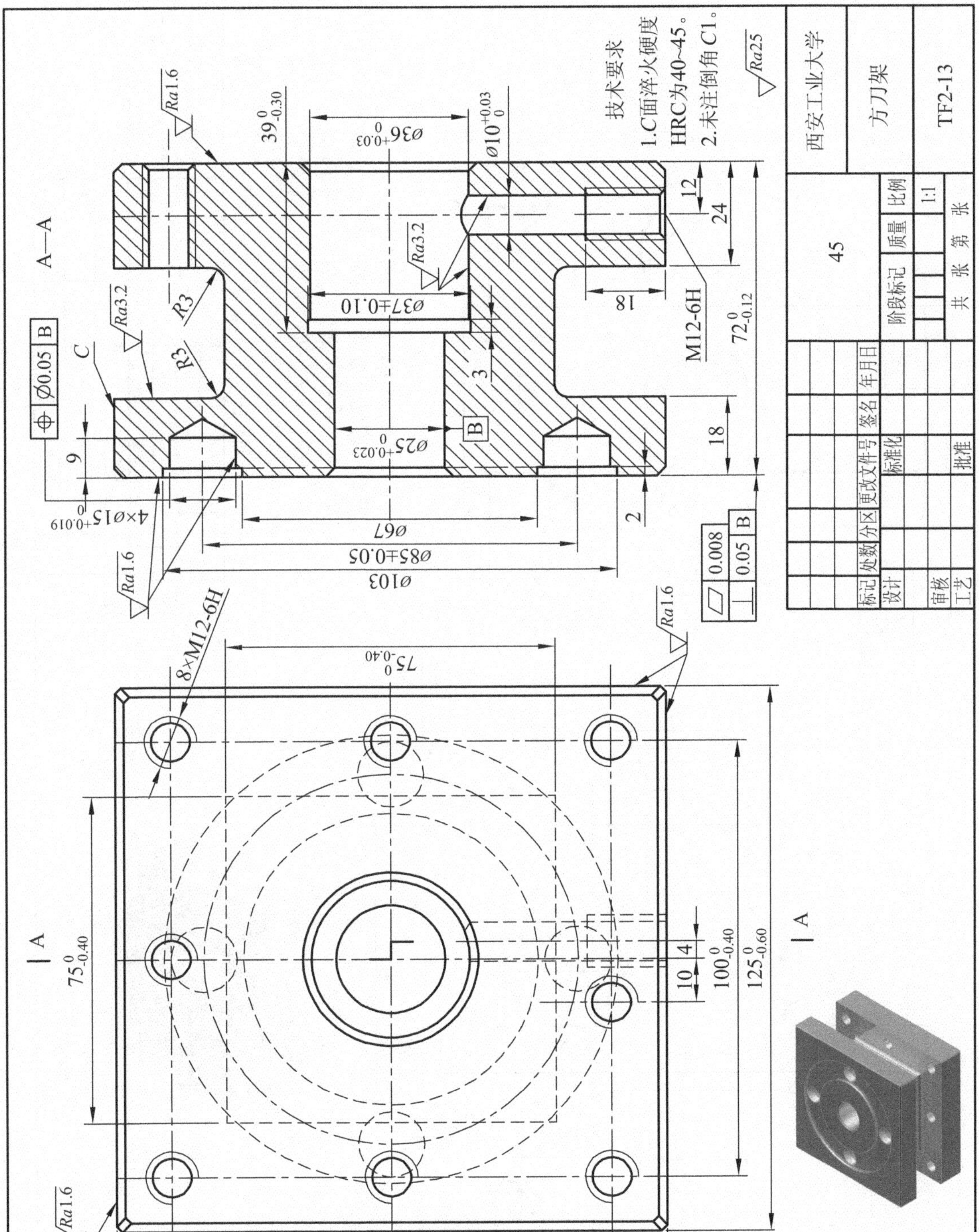
A—A
技术要求
1.C面淬火硬度HRC为40~45。
2.未注倒角C1。
Ra25
西安工业大学
方刀架
TF2-13
45
阶段标记 质量 比例
1:1
共 张 第 张
标记 处数 分区 更改文件号 签名 年月日
设计 标准化
审核
工艺 批准
M12-6H
8×M12-6H
4×Ø15 +0.019 0
Ø67
Ø85±0.05
Ø103
Ø37±0.10
Ø36 +0.03 0
Ø25 +0.023 0
Ø10 +0.03 0
39 0 -0.30
72 0 -0.12
75 0 -0.40
100 0 -0.40
125 0 -0.60
R3
Ra1.6
Ra3.2
Ø0.05 B
0.008
0.05 B
C
B
A

附图 2-13 方刀架

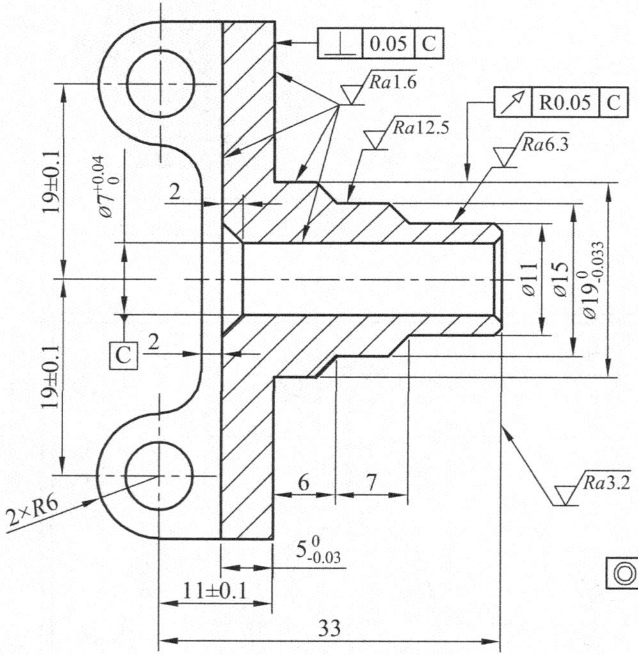

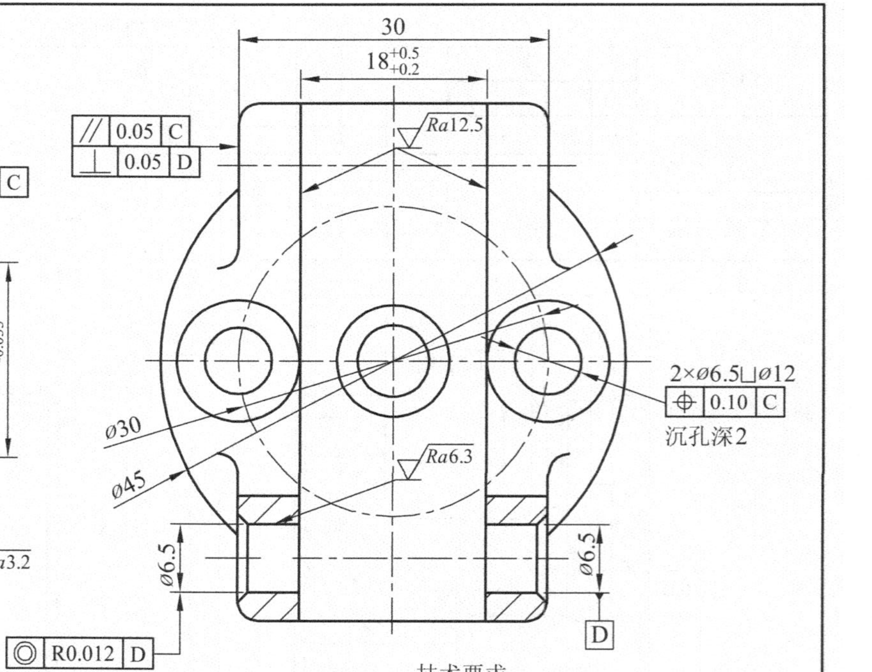

技术要求

1.正火处理硬度HBW为250～300。

2.球墨铸铁的金相组织，基本为 85%以上的珠光体，球化率应大于80%，不允许有片状石墨存在。

3.未注铸造圆角 *R*2～*R*4，拔模斜度3°。

4.去锐边、尖角。

5.未注倒角 *C*1。

标记	处数	分区	更改文件号	签名	年月日	QT600-3			西安工业大学
设计			标准化			阶段标记	质量	比例	飞锤支架
								1:1	
审核									TF2-14
工艺			批准			共 张 第 张			

附图 2-14　飞锤支架

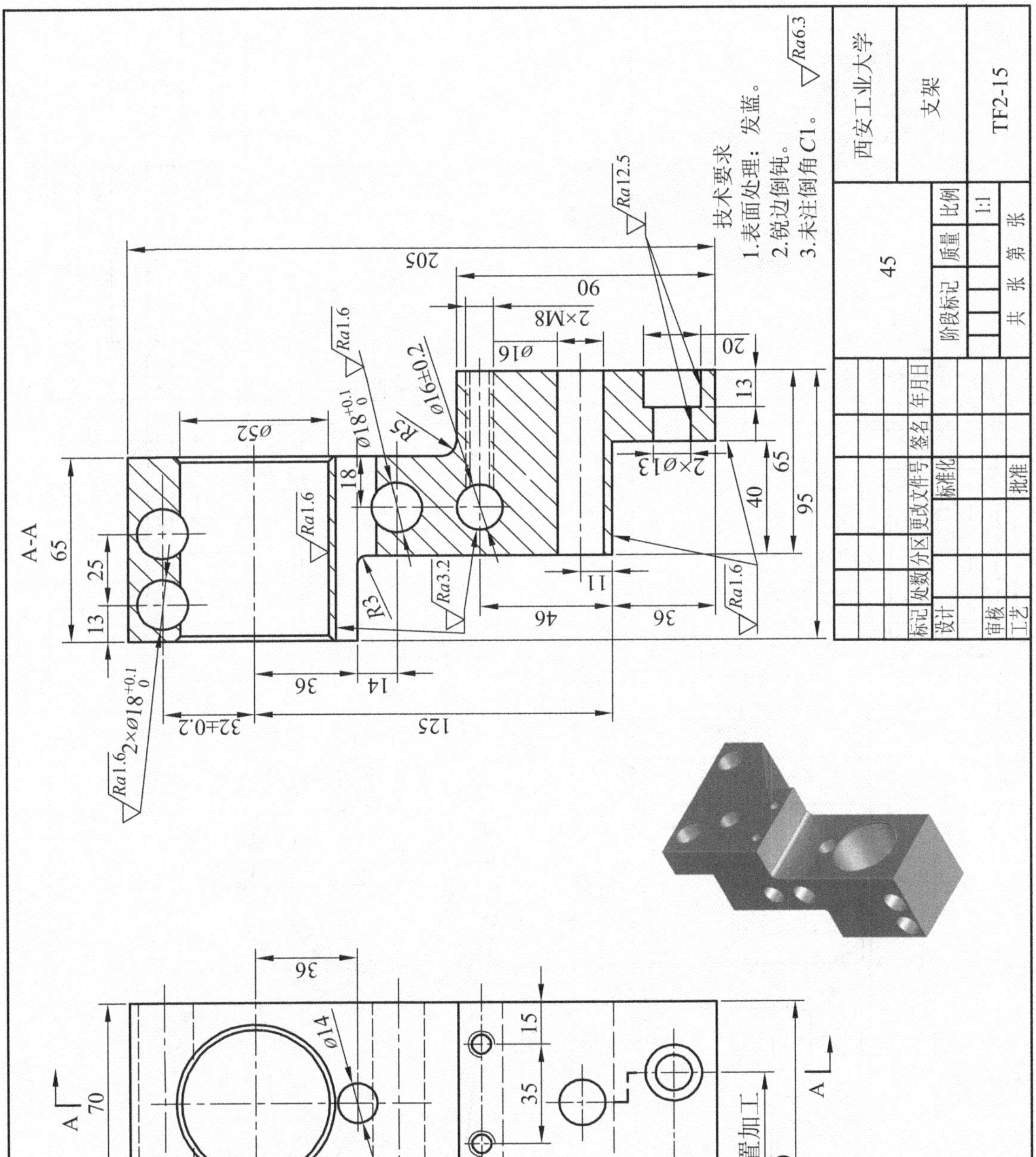
A-A
技术要求
1.表面处理：发蓝。
2.锐边倒钝。
3.未注倒角C1。
Ra6.3
Ra12.5
Ra1.6
Ra3.2
205
90
2×M8
ø16
20
13
65
95
40
2×ø13
ø52
ø18$^{+0.1}_{0}$
ø16±0.2
R5
R3
18
11
46
36
14
125
32±0.2
2×ø18$^{+0.1}_{0}$
25
13
70
ø14
15
35
120
30°
安装时配置加工
A
西安工业大学
支架
TF2-15
45
阶段标记
质量
比例
1:1
共 张
第 张
标记
处数
分区
更改文件号
签名
年月日
设计
标准化
审核
工艺
批准

附图 2-15 支架

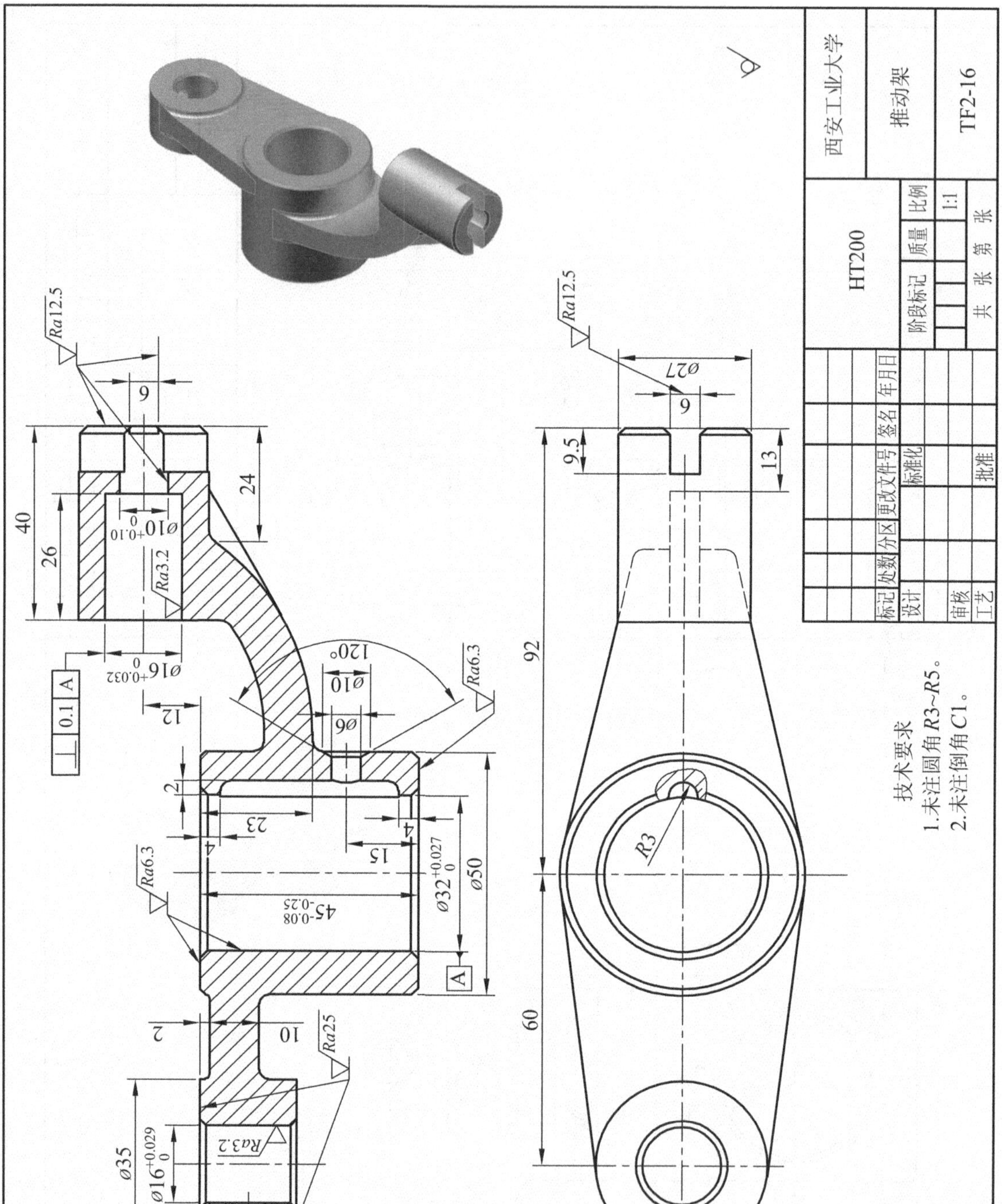
西安工业大学
推动架
TF2-16
HT200
阶段标记
质量
比例
1:1
共 张 第 张
标记 处数 分区 更改文件号 签名 年月日
设计
标准化
审核
工艺
批准
技术要求
1.未注圆角R3~R5。
2.未注倒角C1。
Ra12.5
Ra3.2
Ra6.3
Ra25
Ø10+0.10 0
Ø16+0.032 0
Ø32+0.027 0
Ø16+0.029 0
45-0.08 -0.25
Ø50
Ø35
Ø27
Ø10
Ø6
120°
M8-6H
0.1 A
R3
40
26
24
6
12
2
23
15
4
10
20
9.5
13
92
60

附图 2-16　推动架

附 2.4 支座类零件

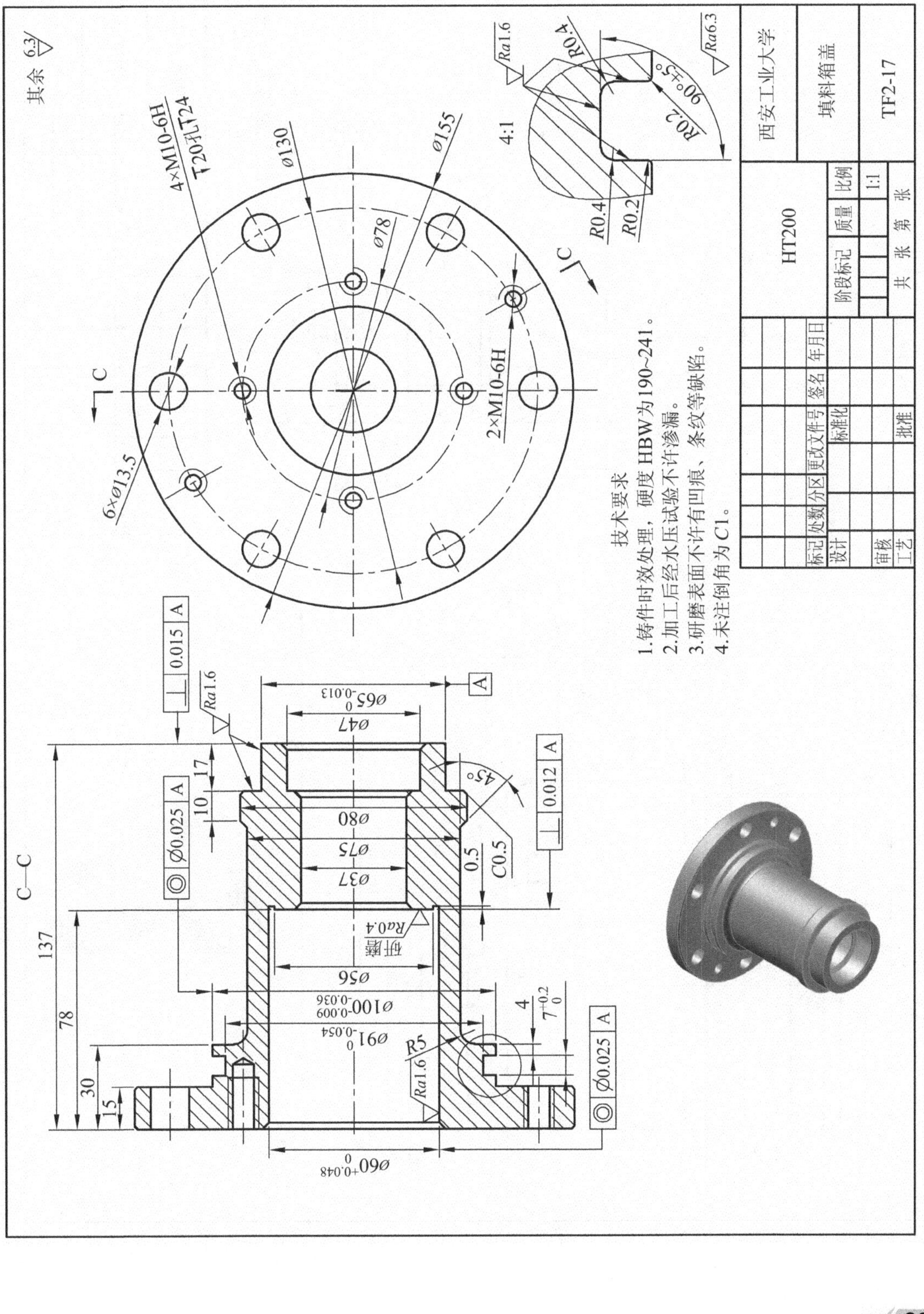

附图2-17 填料箱盖

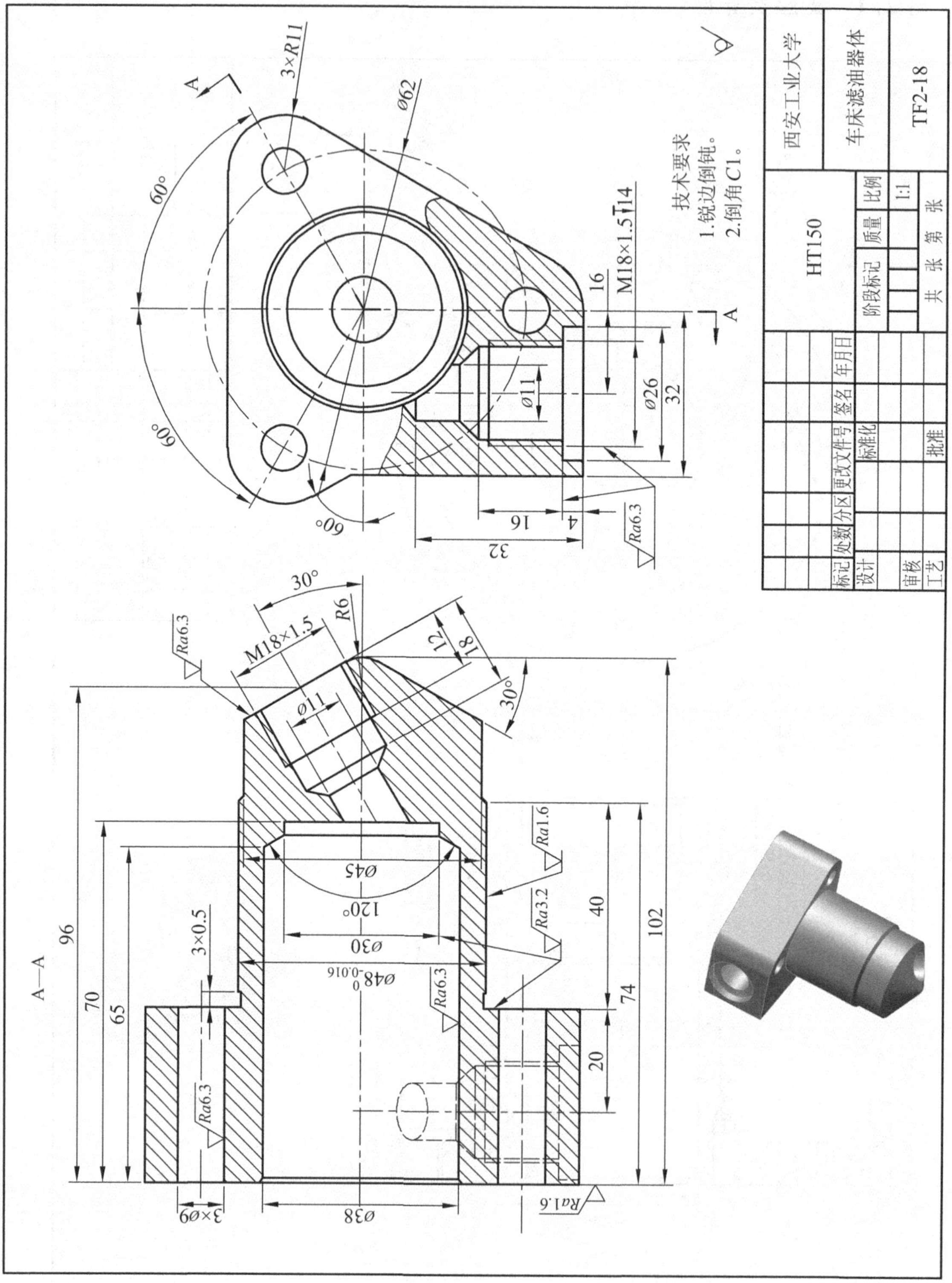

附图 2-18　车床滤油器体

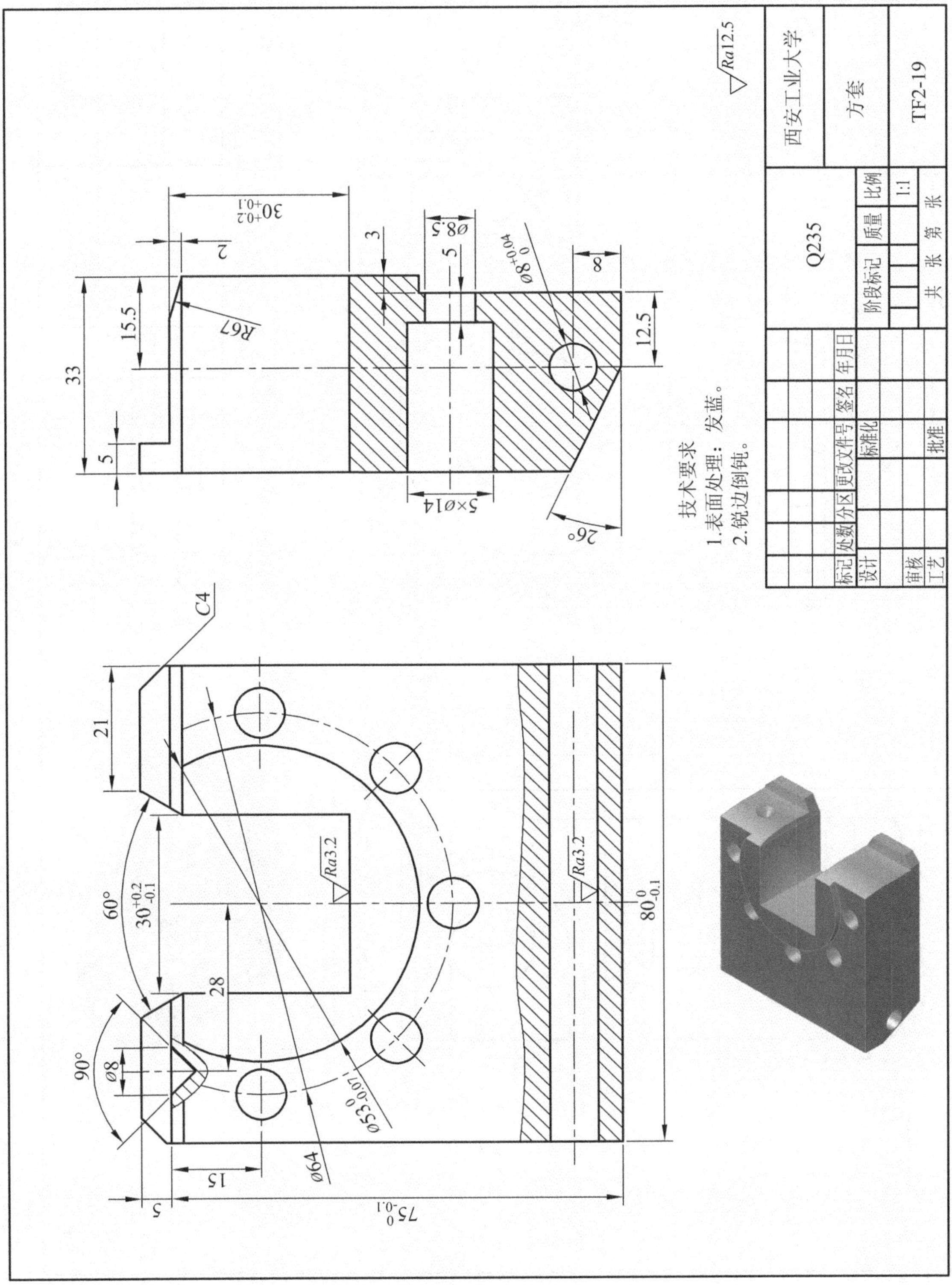

技术要求
1.表面处理：发蓝。
2.锐边倒钝。
Ra12.5
Ra3.2
西安工业大学
方套
TF2-19
Q235
阶段标记
质量
比例
1:1
共 张
第 张
标记
处数
分区
更改文件号
签名
年月日
设计
标准化
审核
工艺
批准
C4
21
60°
90°
28
15
5
ø8
ø64
33
15.5
12.5
R67
26°
8
3
2
5×ø14
ø8.5

附图 2-19 方套

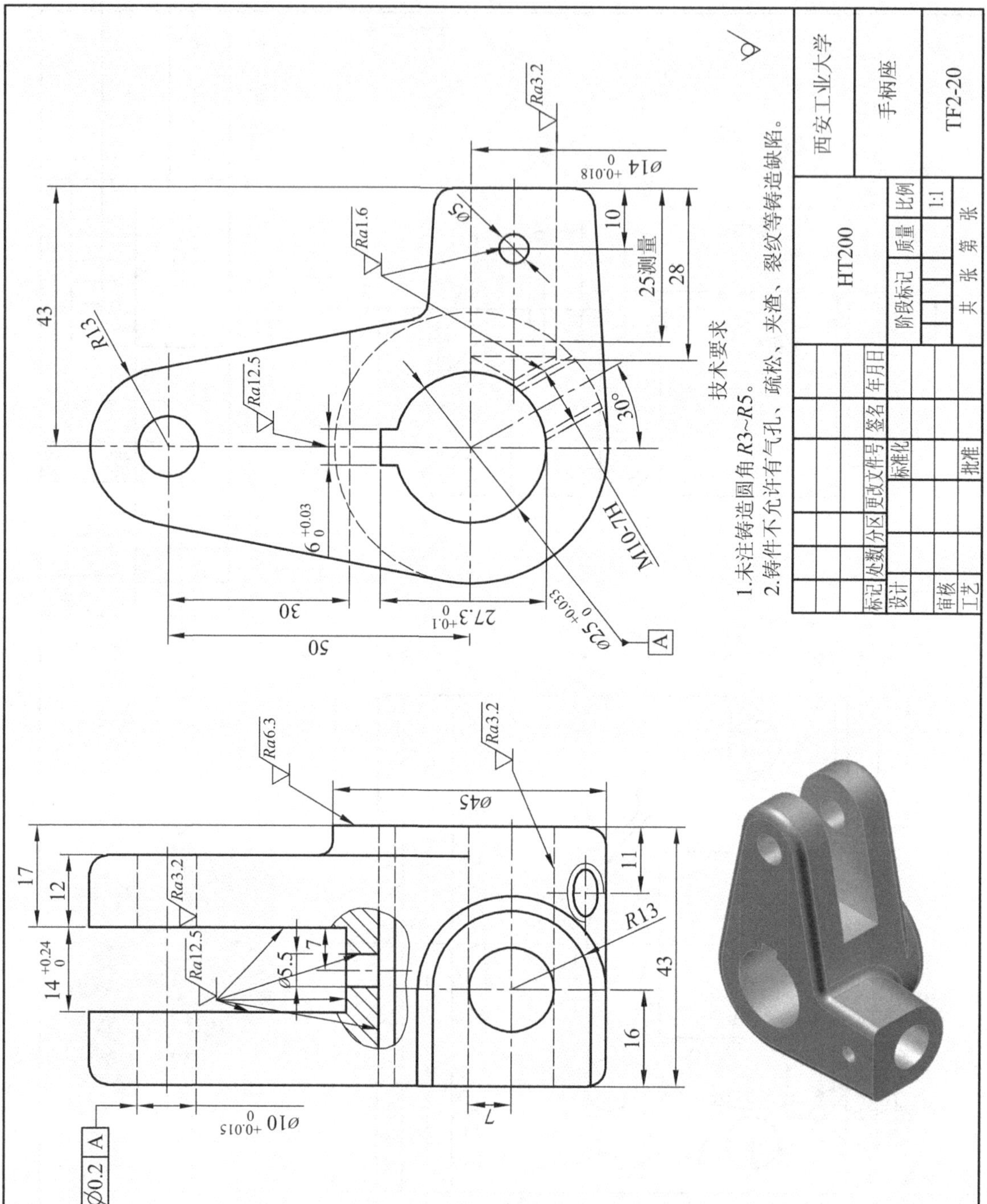
技术要求
1.未注铸造圆角R3~R5。
2.铸件不允许有气孔、疏松、夹渣、裂纹等铸造缺陷。
西安工业大学
手柄座
TF2-20
HT200
标记 处数 分区 更改文件号 签名 年月日
设计 标准化
审核
工艺 批准
阶段标记 质量 比例
1:1
共 张 第 张
R13
43
30
50
27.3
30°
M10-7H
25测量
28
10
A
Ø45
17
12
16
11
7
R13
Ra3.2
Ra6.3
Ra12.5
Ra1.6
Ø0.2 A

附图 2-20　手柄座

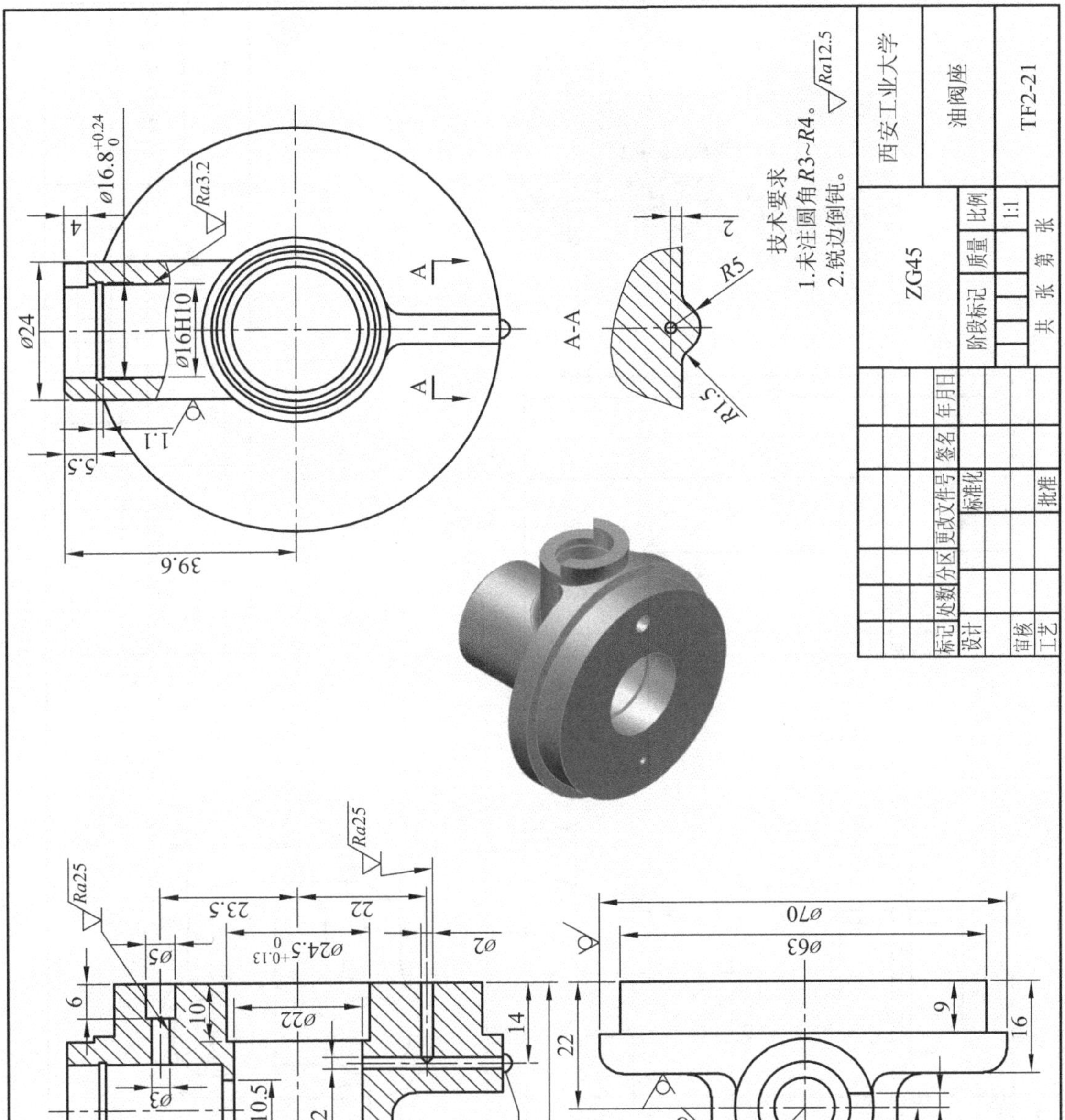
技术要求
1.未注圆角R3~R4。
2.锐边倒钝。
Ra12.5
西安工业大学
油阀座
TF2-21
ZG45
阶段标记
质量
比例
1:1
共　张　第　张
标记
处数
分区
更改文件号
签名
年月日
设计
标准化
审核
工艺
批准
A-A
R5
R1.5
ø16.8+0.24 0
Ra3.2
ø24
ø16H10
1.1
5.5
39.6
4
7
ø70
ø63
9
16
22
2.5
135°
ø32
Ra25
23.5
22
ø5
ø24.5+0.13 0
ø2
ø22
10
6
14
ø3
ø10.5
焊封
55
26.6±0.11
Rc3/4
2
20
60°

附图 2-21　油阀座

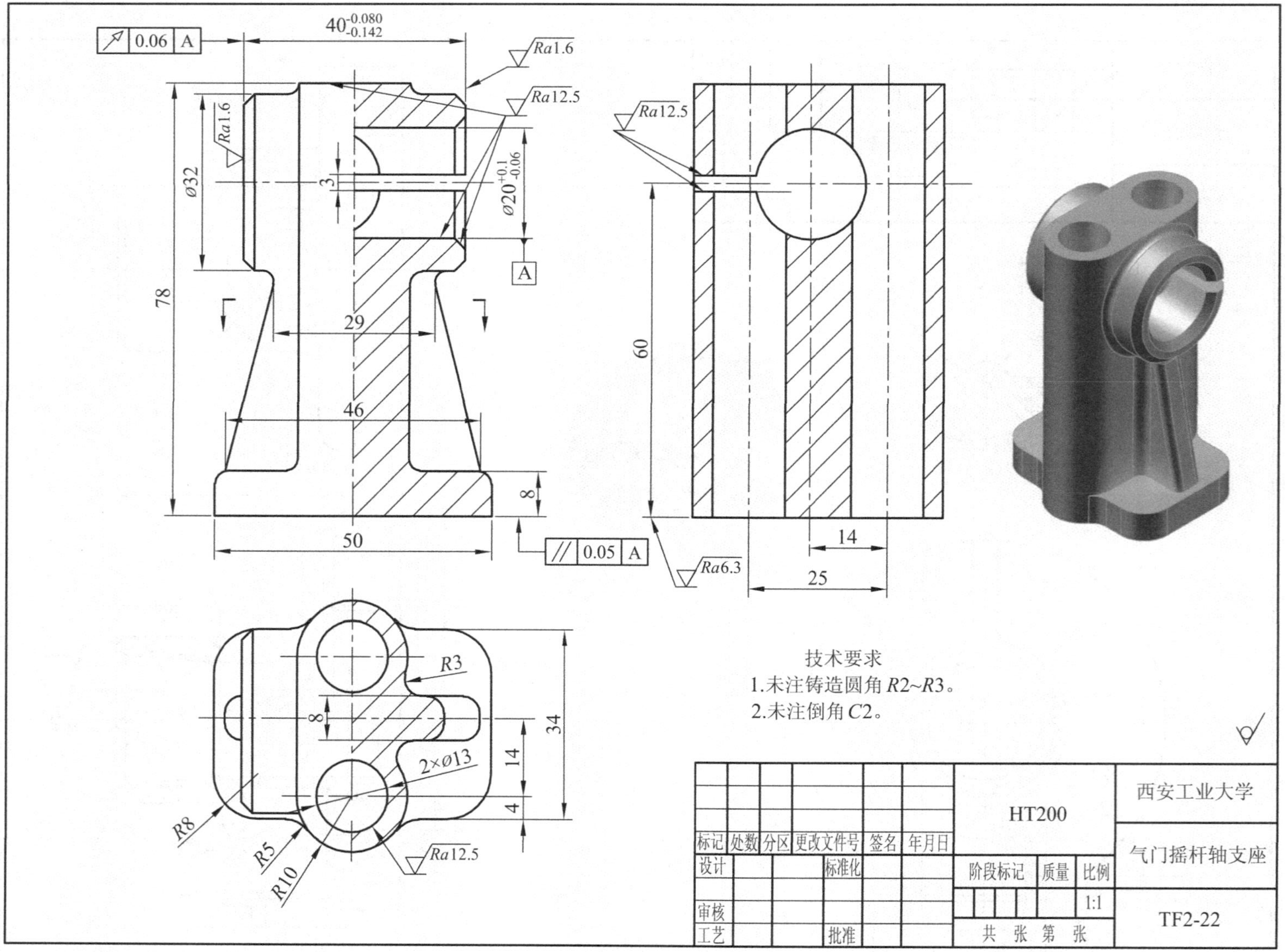

附图 2-22　气门摇杆轴支座

附 2.5 箱体类零件

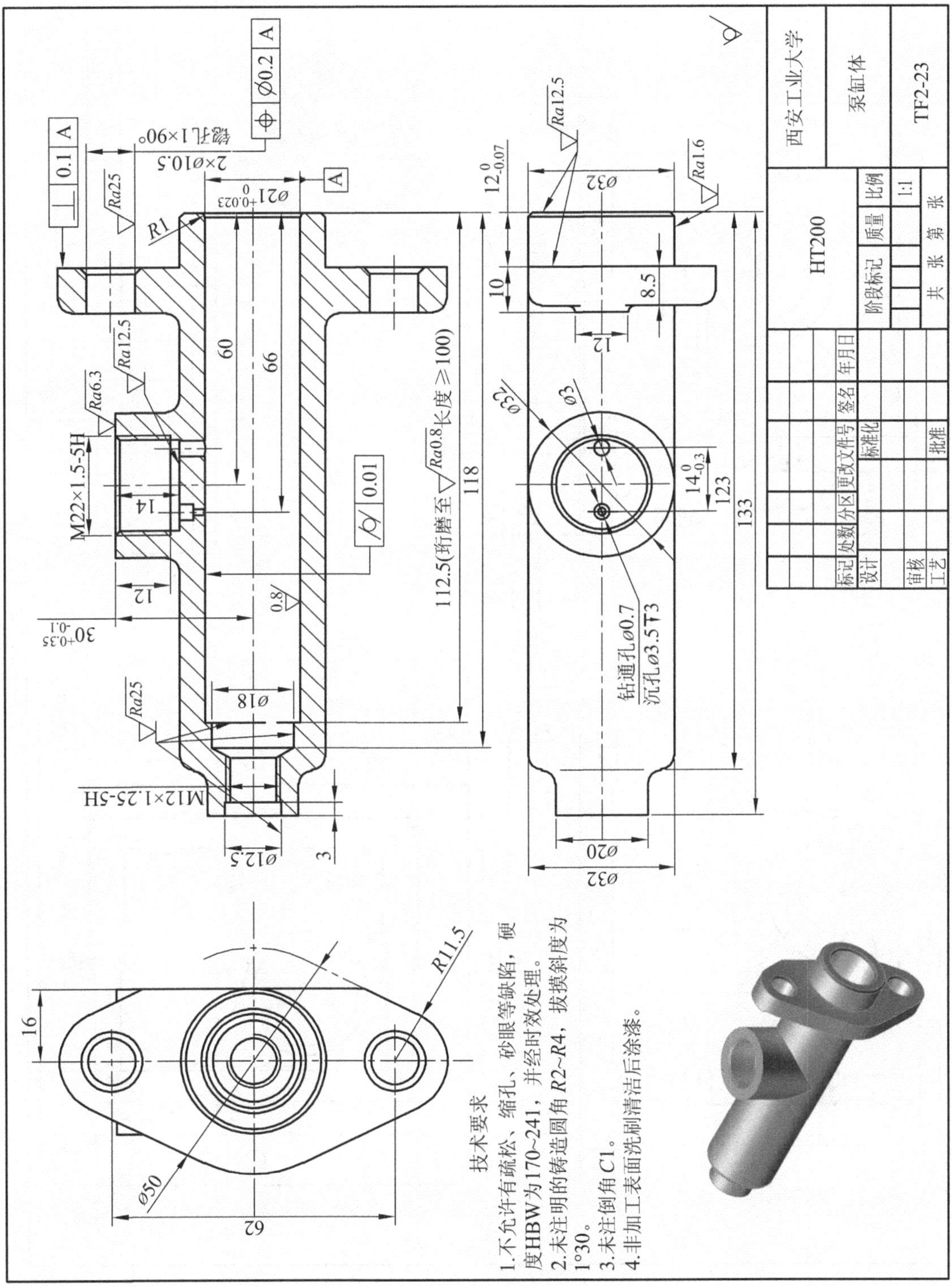

附图 2-23 泵缸体

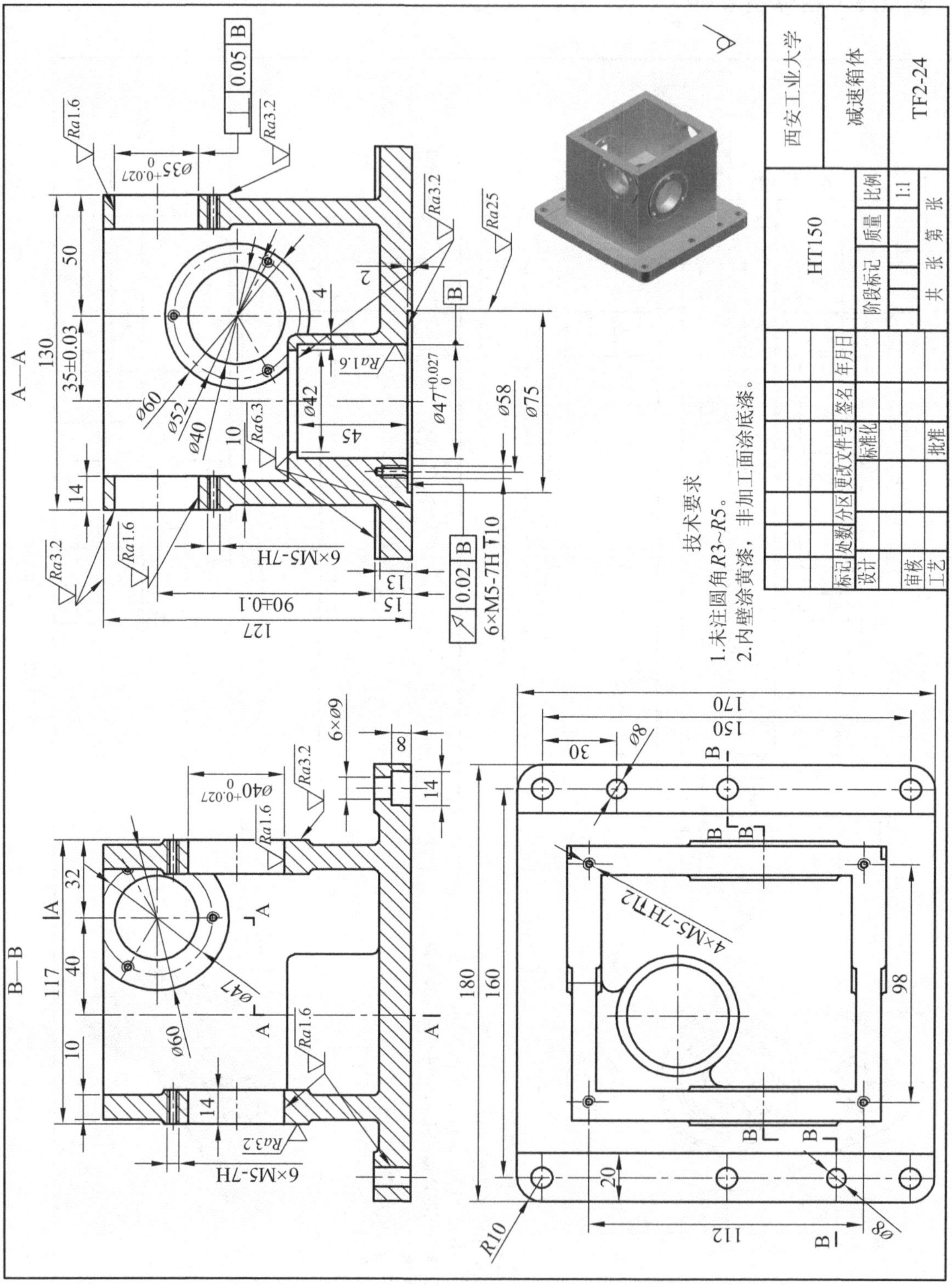
A—A
B—B
技术要求
1.未注圆角R3~R5。
2.内壁涂黄漆，非加工面涂底漆。
西安工业大学
减速箱体
TF2-24
HT150
标记 处数 分区 更改文件号 签名 年月日
设计 标准化
审核
工艺 批准
阶段标记 质量 比例
1:1
共 张 第 张
6×M5-7H
6×M5-7H ↧10
4×M5-7H ↧12
6×⌀9
⌀35+0.027 0
⌀40+0.027 0
⌀47+0.027 0
35±0.03
90±0.1
0.05 B
0.02 B
R10

附图 2-24 减速箱体

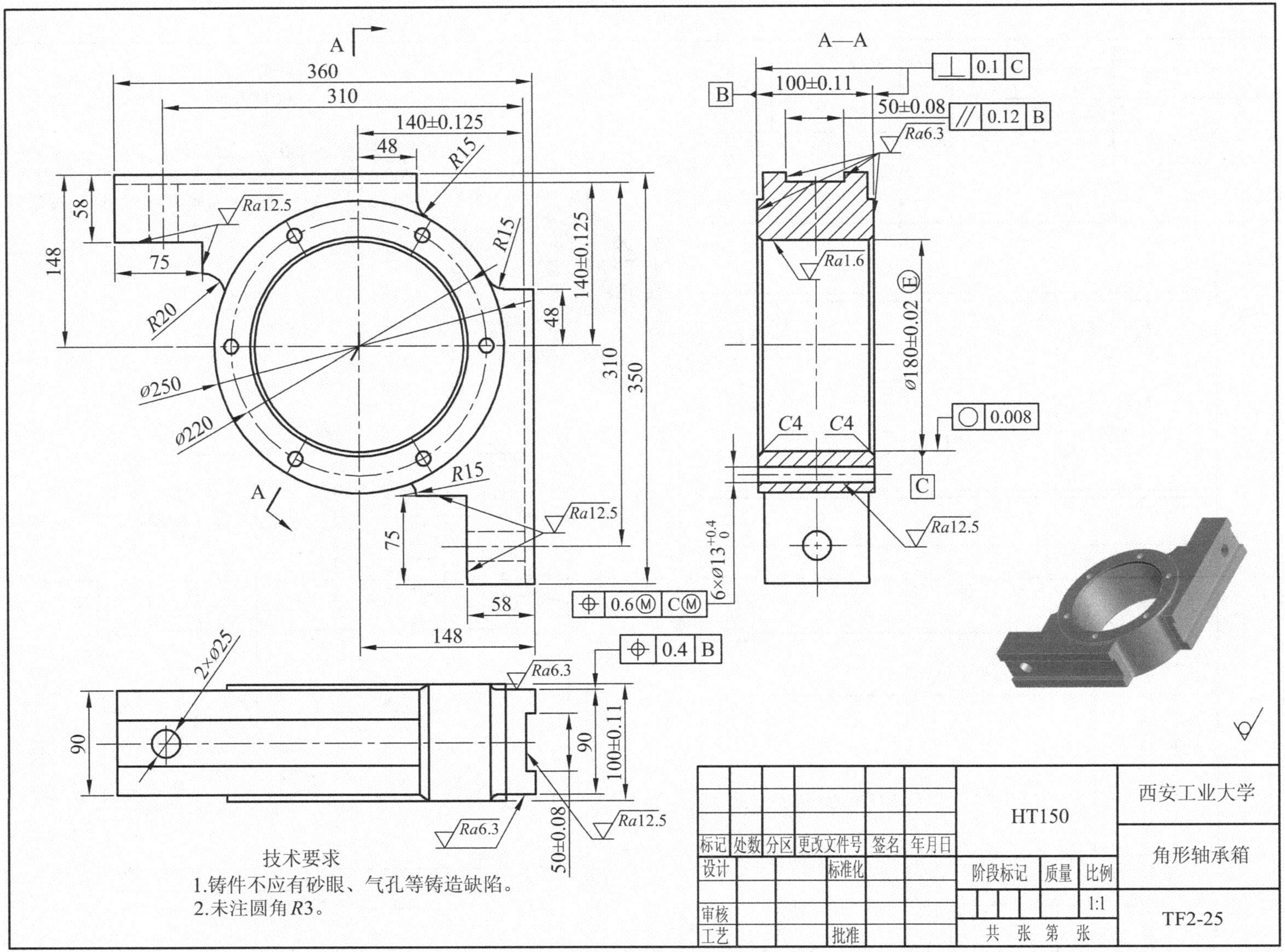
A
A—A
360
310
140±0.125
48
R15
R15
R15
R20
58
148
75
Ra12.5
ø250
ø220
48
140±0.125
310
350
75
58
148
100±0.11
50±0.08
⊥ 0.1 C
// 0.12 B
B
C
Ra6.3
Ra1.6
ø180±0.02 Ⓔ
○ 0.008
C4
C4
Ra12.5
6×ø13 +0.4 0
⊕ 0.6Ⓜ CⓂ
⊕ 0.4 B
2×ø25
90
90
100±0.11
50±0.08
Ra6.3
Ra12.5
技术要求
1.铸件不应有砂眼、气孔等铸造缺陷。
2.未注圆角R3。
标记 处数 分区 更改文件号 签名 年月日
设计 标准化
审核
工艺 批准
HT150
阶段标记 质量 比例
1:1
共 张 第 张
西安工业大学
角形轴承箱
TF2-25

附图 2-25　角形轴承箱

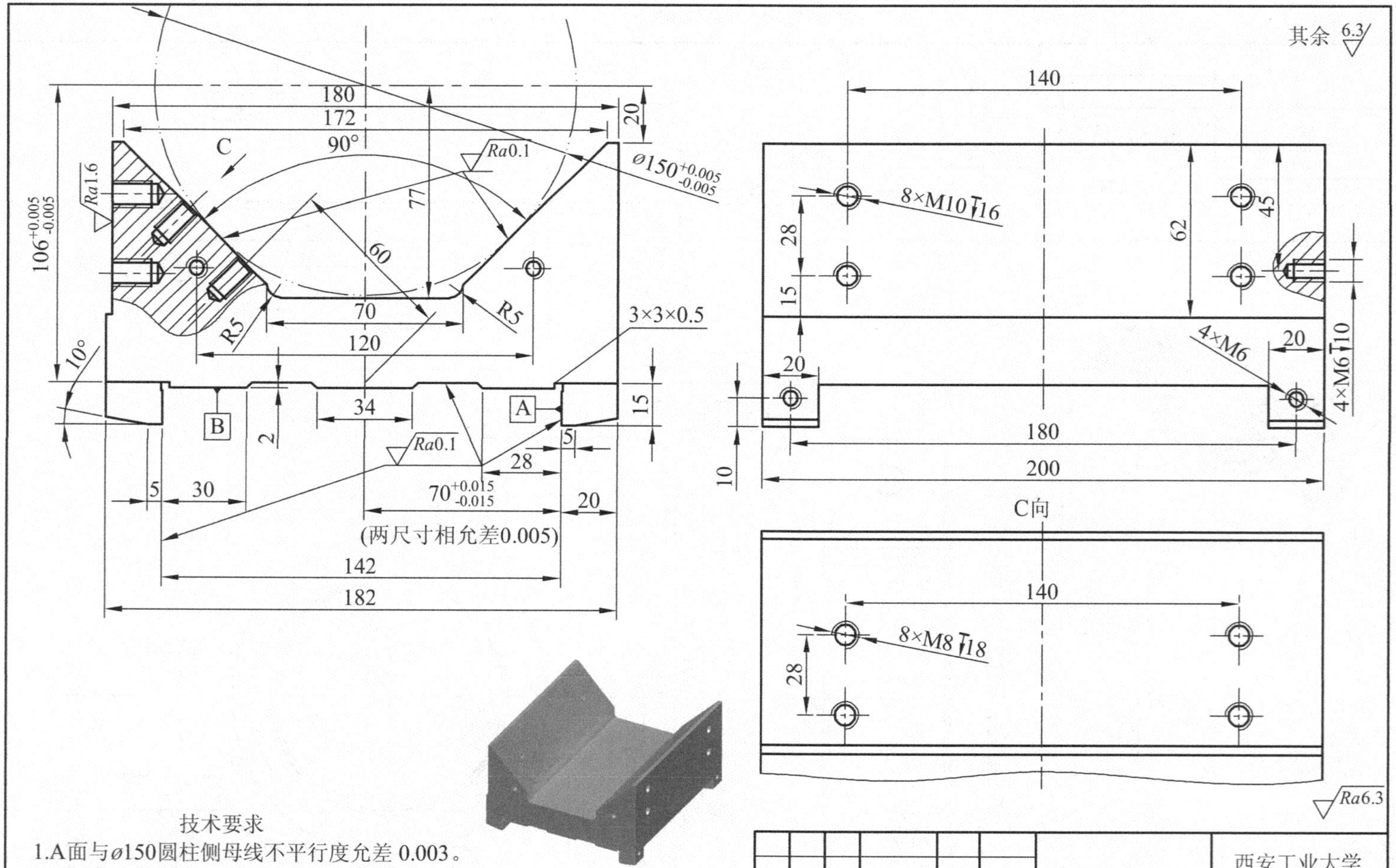

技术要求

1.A面与ø150圆柱侧母线不平行度允差 0.003。

2.B面与ø150圆柱上母线不平行度允差 0.003。

3.90°两面全长不垂直度允差 0.01，与30两侧面不垂直度允差0.01。

4.45°半角不对称允差 0.01/100。

5.热处理：淬火 HRC值为45~50。

						45				西安工业大学
标记	处数	分区	更改文件号	签名	年月日					
设计			标准化			阶段标记		质量	比例	V形座
									1:1	
审核										TF2-26
工艺			批准			共 张 第 张				

附图 2-26　V 形座

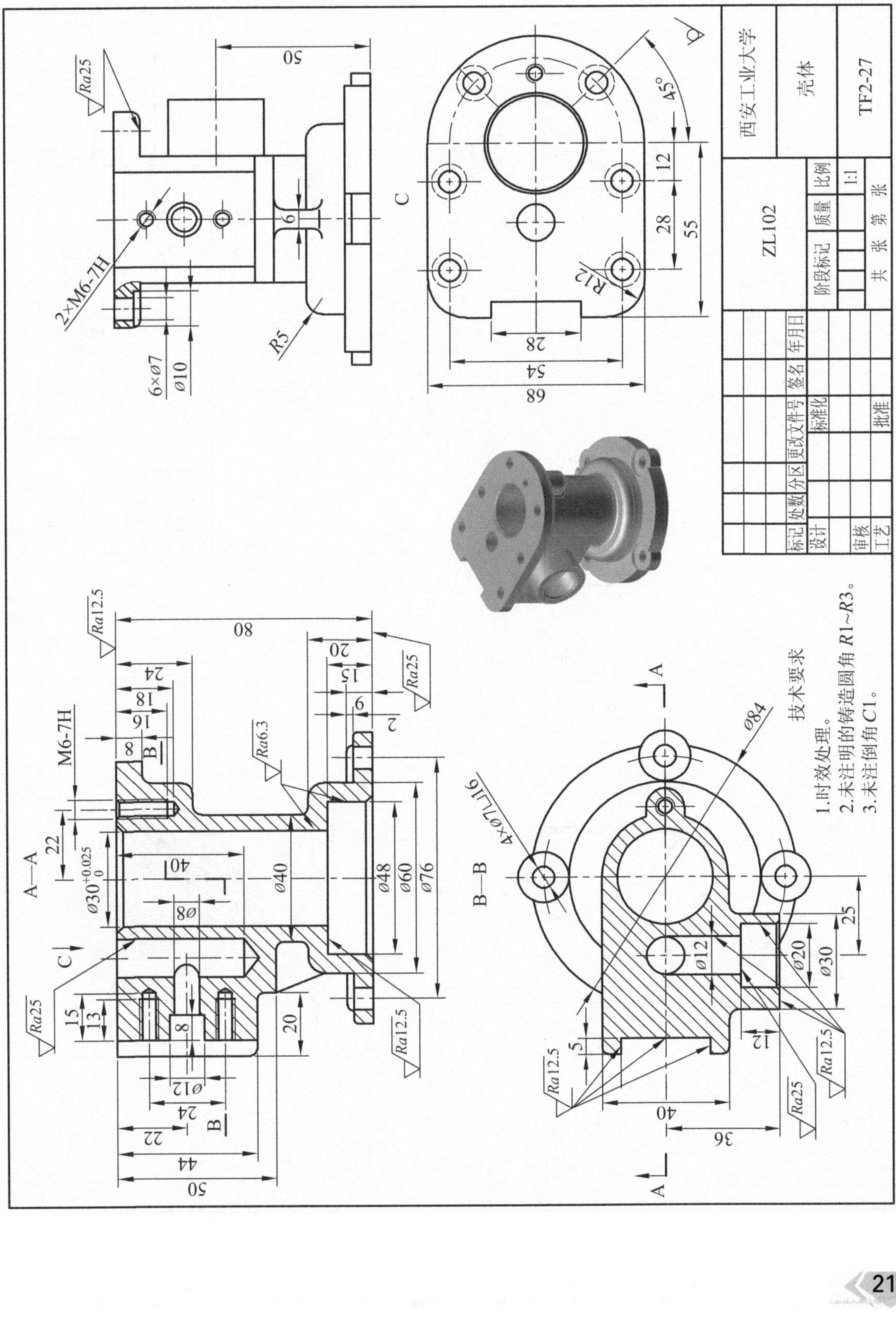
A—A
B—B
C
技术要求
1.时效处理。
2.未注明的铸造圆角 R1~R3。
3.未注倒角 C1。
ZL102
西安工业大学
壳体
TF2-27
1:1
标记 处数 分区 更改文件号 签名 年月日
设计 标准化 阶段标记 质量 比例
审核
工艺 批准 共 张 第 张
2×M6-7H
6×ø7
ø10
M6-7H
4×ø7⌴16
ø84
ø30$^{+0.025}_{0}$
ø40
ø48
ø60
ø76
ø12
ø20
ø30
ø8
R5
R12
45°
Ra25
Ra12.5
Ra6.3

附图 2-27 壳体

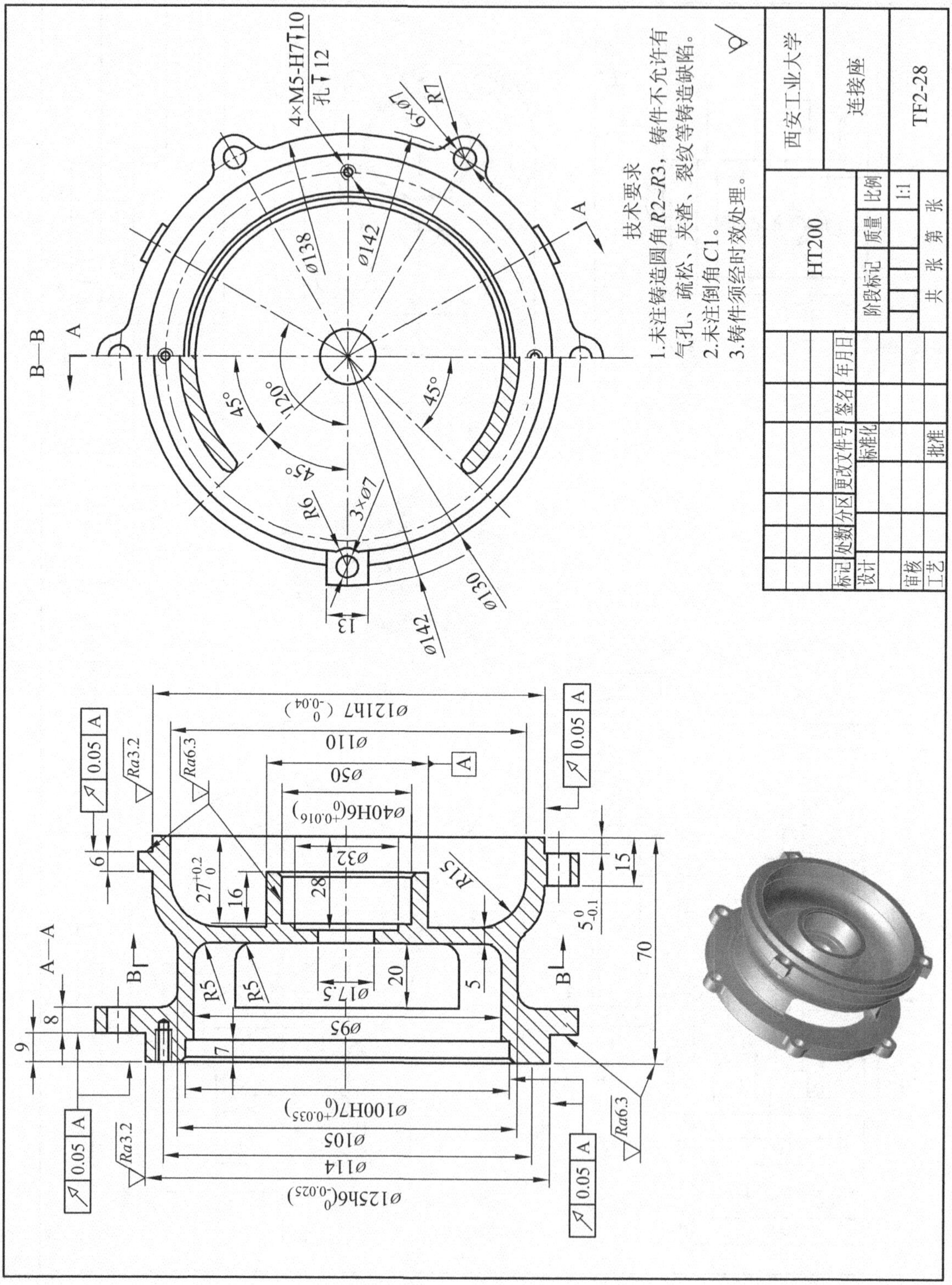
B—B
A—A
4×M5-H7↧10
孔↧12
6×ø7
R7
ø138
ø142
120°
45°
45°
45°
R6
3×ø7
13
ø142
ø130
技术要求
1.未注铸造圆角R2~R3，铸件不允许有气孔、疏松、夹渣、裂纹等铸造缺陷。
2.未注倒角C1。
3.铸件须经时效处理。
西安工业大学
连接座
TF2-28
HT200
标记 处数 分区 更改文件号 签名 年月日
设计 标准化 阶段标记 质量 比例
1:1
审核
工艺 批准 共 张 第 张
ø121h7
ø110
ø50
ø40H6
ø32
Ra3.2
Ra6.3
0.05 A
R15
ø17.5
ø95
ø100H7
ø105
ø114
ø125h6
70
15
20
28
16
R5
R5

附图2-28 连接座

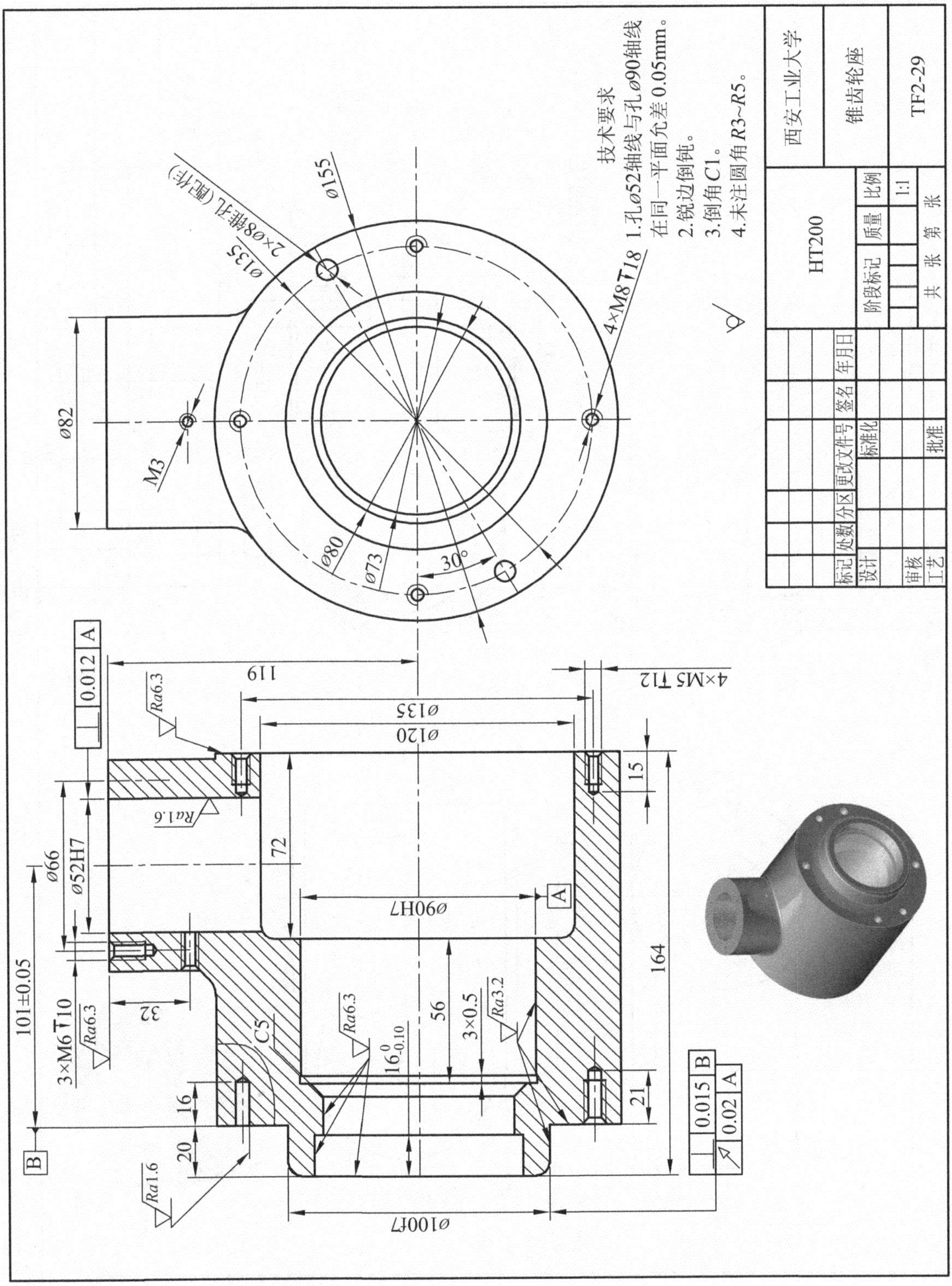
技术要求
1.孔ø52轴线与孔ø90轴线在同一平面允差0.05mm。
2.锐边倒钝。
3.倒角C1。
4.未注圆角R3~R5。
西安工业大学
锥齿轮座
TF2-29
HT200
阶段标记
质量
比例
1:1
共　张　第　张
标记
处数
分区
更改文件号
签名
年月日
设计
标准化
审核
工艺
批准
2×ø8锥孔(配作)
ø155
ø135
4×M8↧18
ø82
M3
ø80
ø73
30°
119
4×M5↧12
ø135
ø120
0.012
A
Ra6.3
Ra1.6
15
72
164
ø66
ø52H7
ø90H7
A
101±0.05
3×M6↧10
Ra6.3
32
C5
Ra6.3
16 0 -0.10
56
3×0.5
Ra3.2
16
20
21
0.015
B
0.02
A
B
Ra1.6
ø100f7

附图 2-29　锥齿轮座

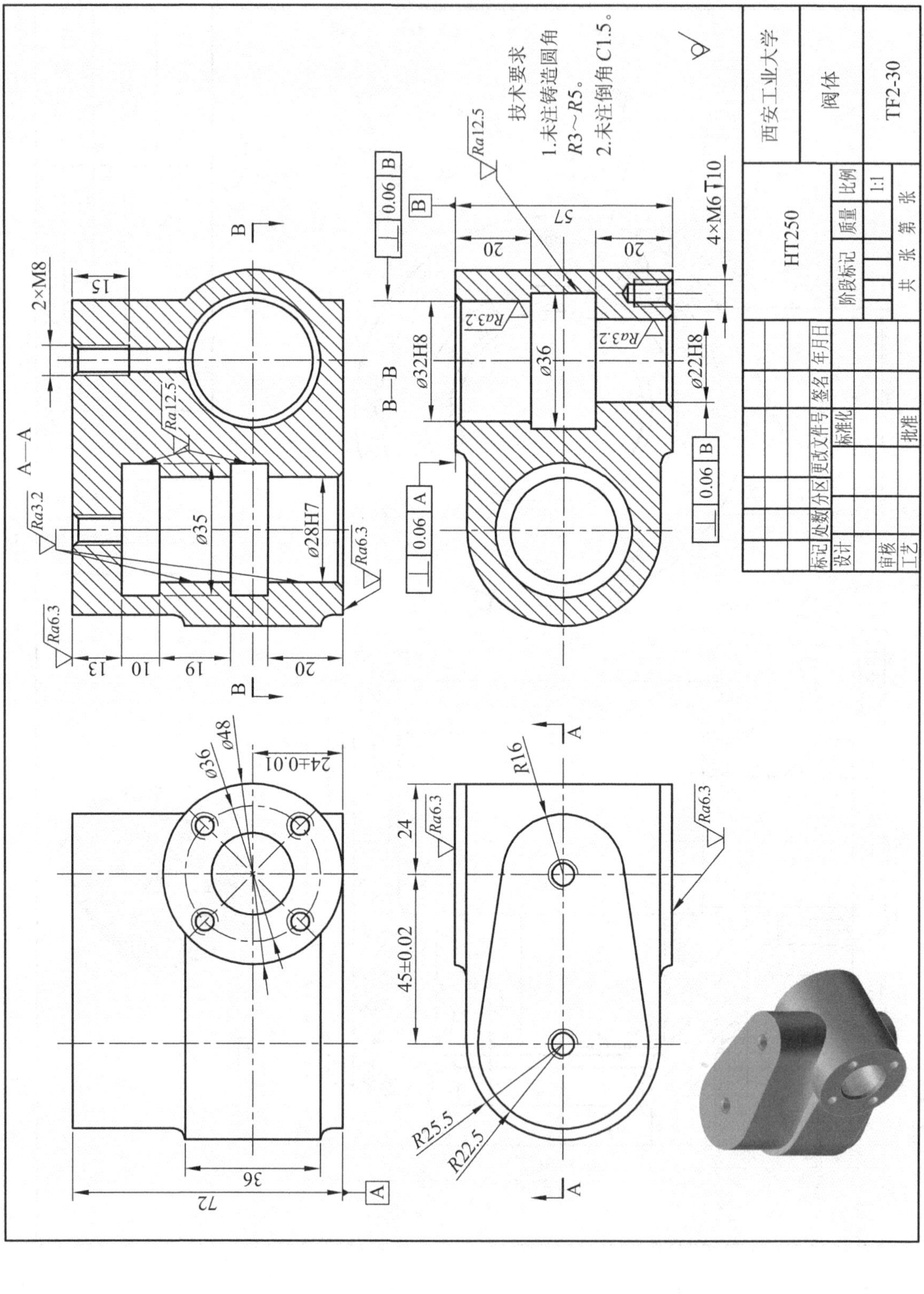
技术要求
1.未注铸造圆角 R3～R5。
2.未注倒角 C1.5。
西安工业大学
阀体
TF2-30
HT250
阶段标记 质量 比例
1:1
共 张 第 张
标记 处数 分区 更改文件号 签名 年月日
设计 标准化
审核
工艺 批准
A—A
B—B
2×M8
4×M6↧10
ø32H8
ø22H8
ø36
ø35
ø28H7
ø48
24±0.01
45±0.02
R16
R25.5
R22.5
72
36
57
Ra12.5
Ra6.3
Ra3.2
0.06 A
0.06 B

附图 2-30 阀体

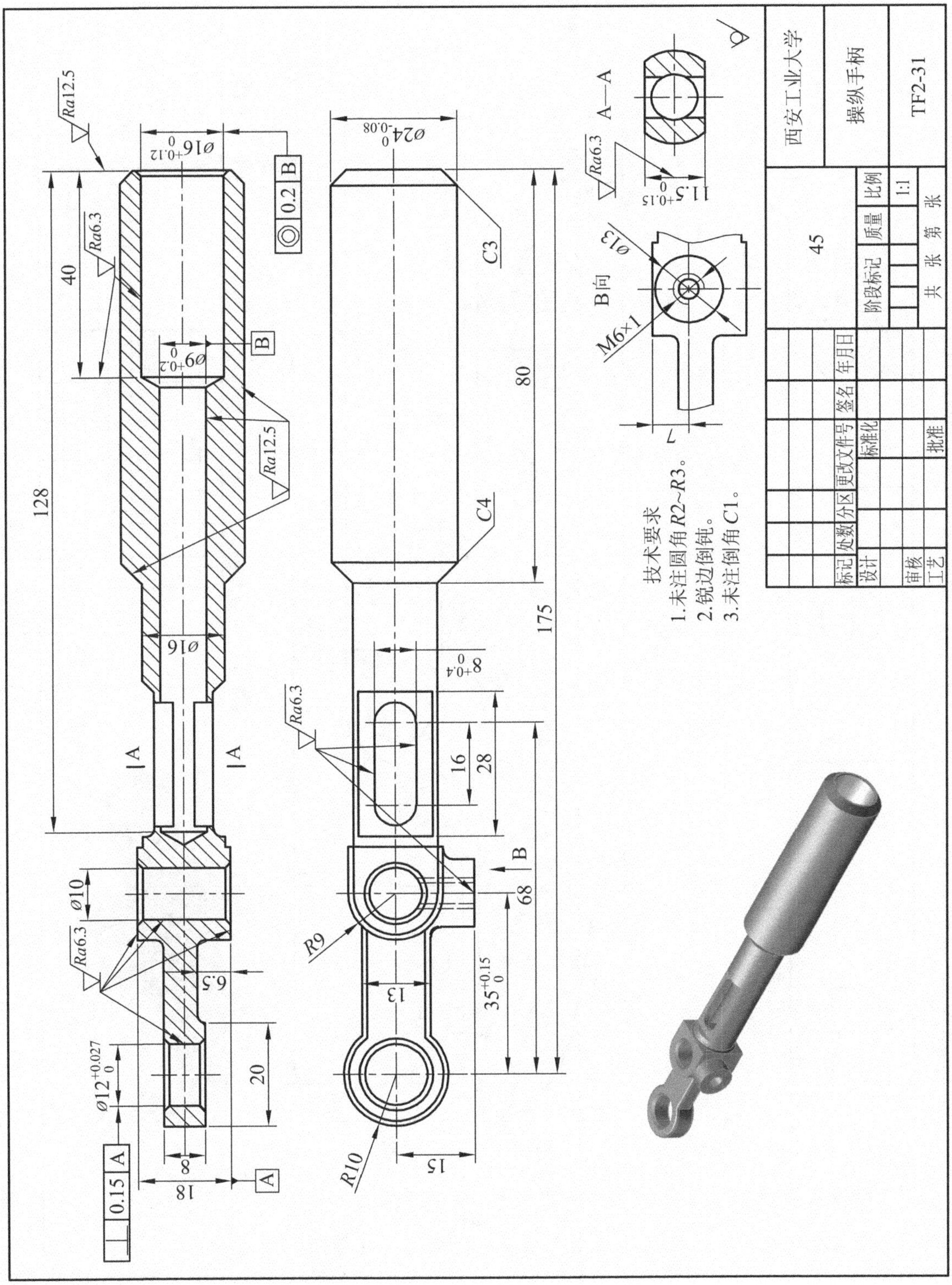
技术要求
1.未注圆角R2~R3。
2.锐边倒钝。
3.未注倒角C1。
西安工业大学
操纵手柄
TF2-31
45
1:1
A—A
B向
M6×1
C3
C4
R9
R10
128
175
80
68
40
18
20

附图2-31　操纵手柄

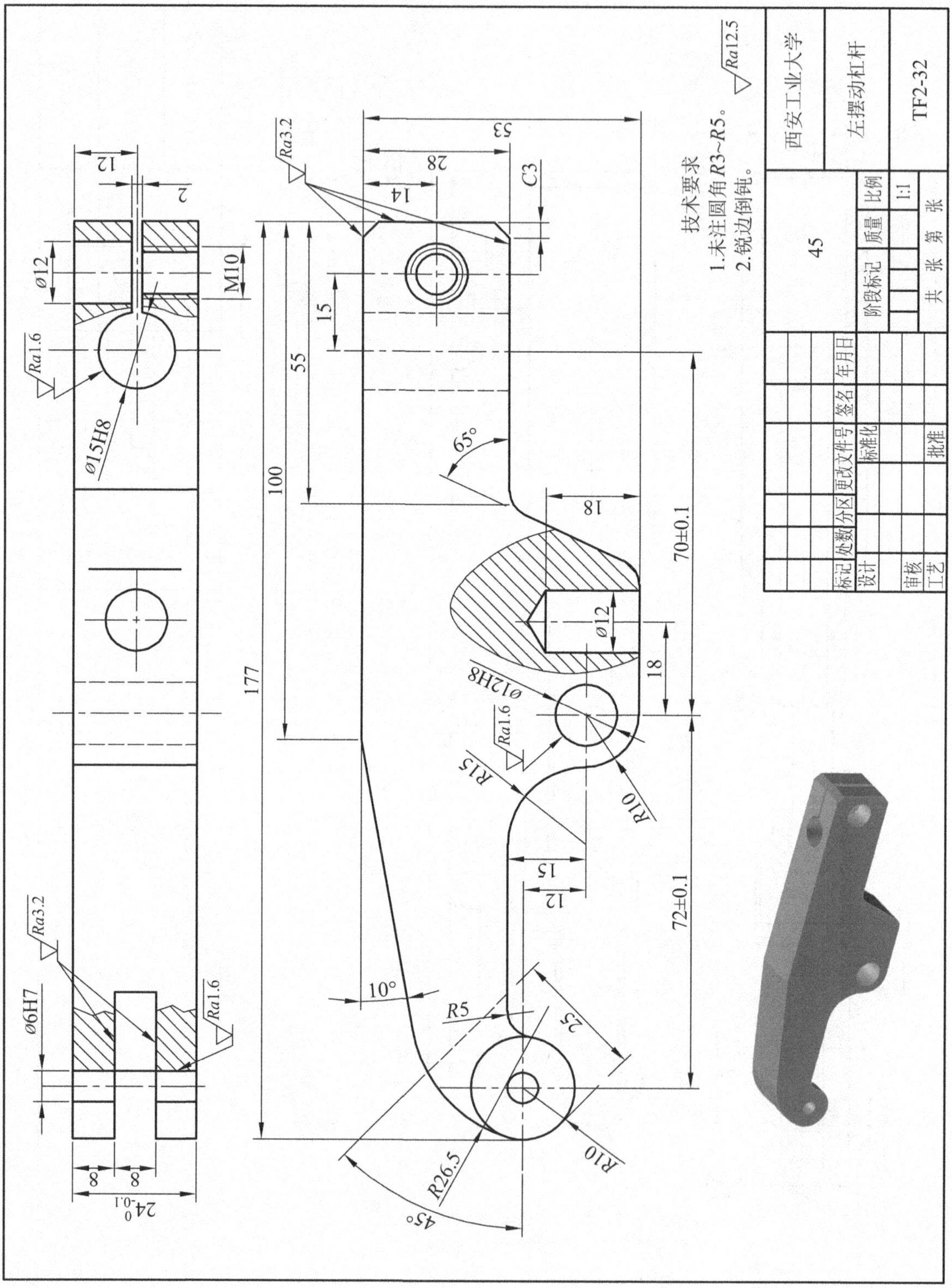
技术要求
1.未注圆角R3~R5。
2.锐边倒钝。
Ra12.5
西安工业大学
左摆动杠杆
TF2-32
45
阶段标记
质量
比例
1:1
共 张
第 张
标记
处数
分区
更改文件号
签名
年月日
设计
标准化
审核
工艺
批准
Ra3.2
Ra1.6
53
28
14
C3
12
2
M10
ø12
ø15H8
15
55
100
177
65°
18
70±0.1
ø12
18
ø12H8
R15
R10
15
12
72±0.1
10°
R5
25
R26.5
R10
45°
ø6H7
8
8
24⁰₋₀.₁

附图 2-32 左摆动杠杆

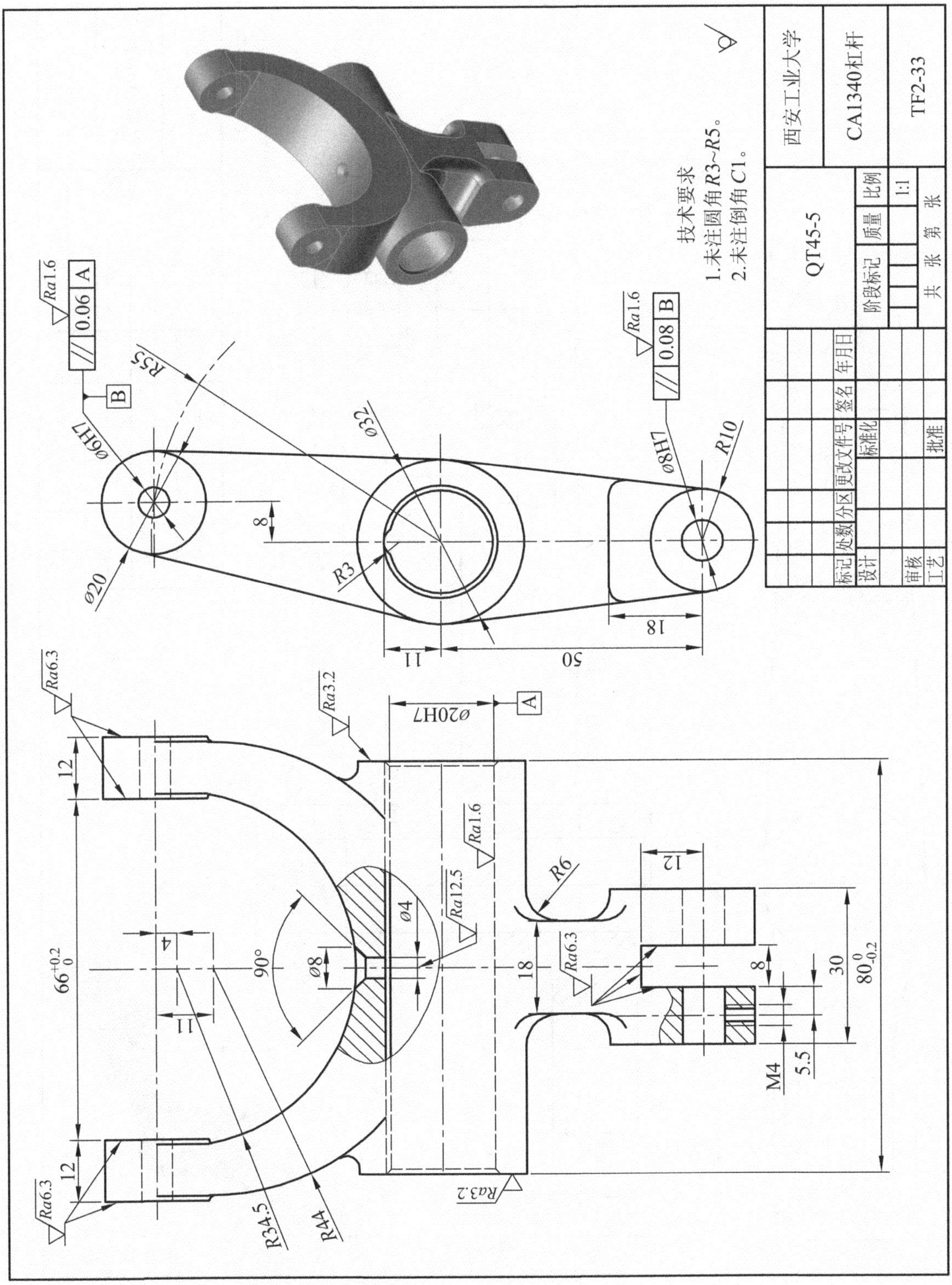

附图 2-33　CA1340杠杆

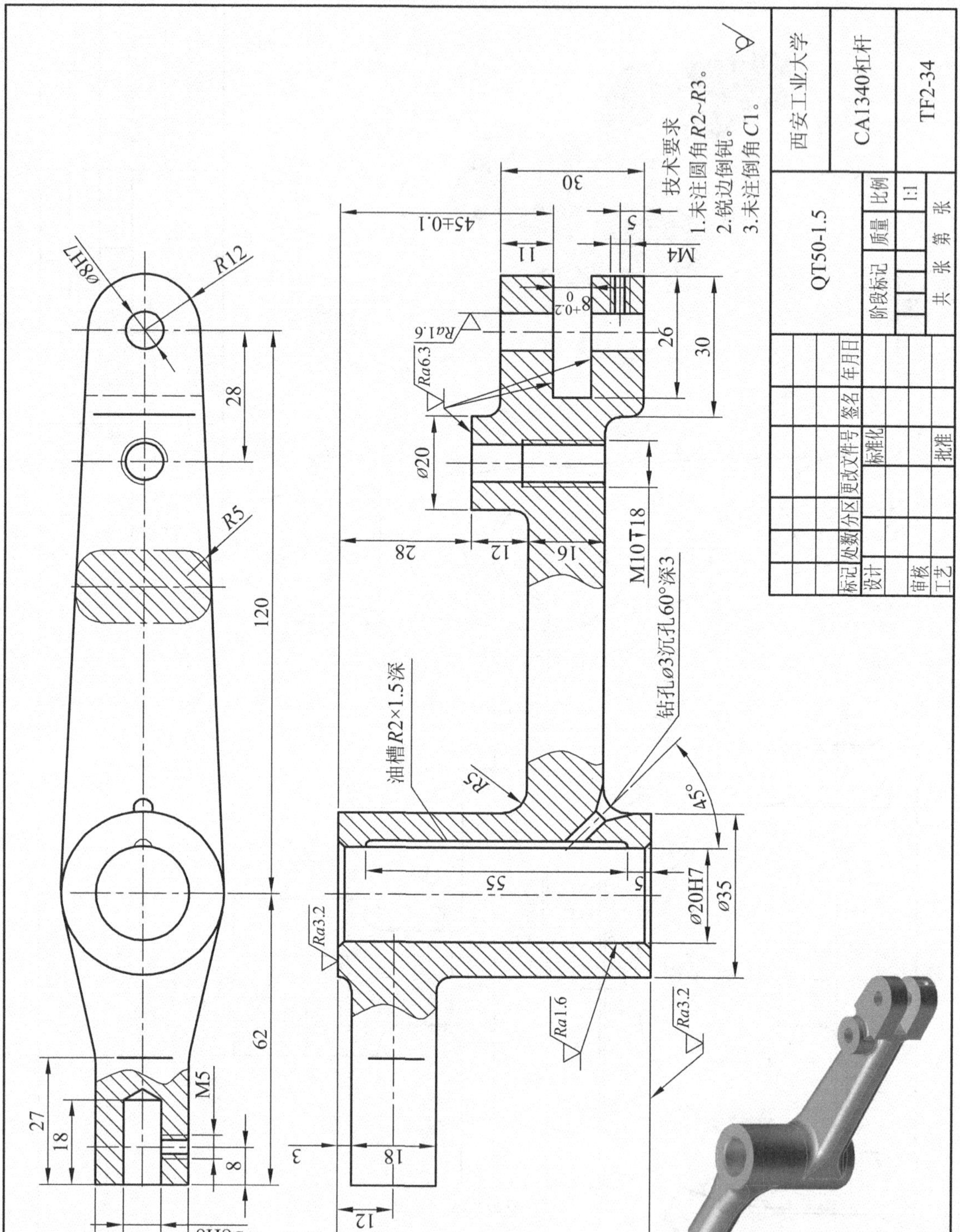

附图 2-34 CA1340 杠杆

参考文献

[1] 白婕静,万宏强.机械制造工程学课程设计[M].北京:兵器工业出版社,2008.

[2] 赵家齐.机械制造工艺学课程设计指导书[M].北京:机械工业出版社,2004.

[3] 孙丽媛.机械制造工艺及专用夹具设计指导[M].北京:冶金工业出版社,2002.

[4] 陈宏钧.实用机械加工工艺手册[M].机械工业出版社,2004.

[5] 倪森寿.机械制造工艺与装备习题集和课程设计指导书[M].北京:化学工业出版社,2003.

[6] 秦宝荣.机械制造工艺学与机床夹具设计学习指导及习题[M].北京:中国建材出版社,1998.

[7] 何祖舜,蔡君亮.机械设计与工艺手册[M].银川:宁夏人民出版社,1989.

[8] 李益民.机械制造工艺设计简明手册[M].北京:机械工业出版社,1994.

[9] 机械加工技术手册编写组.机械加工技术手册[M].北京:机械工业出版社,1989.

[10] 徐圣群.简明机械加工工艺手册[M].上海:上海科学技术出版社,1991.

[11] 孙本绪,熊万武.机械加工余量手册[M].北京:国防工业出版社,2004.

[12] 李洪.机械加工工艺手册[M].北京:机械工业出版社,1990.

[13] 曹岩.机床夹具手册与三维图库(Solid Works 版).北京:化学工业出版社,2010.

[14] 曹岩.机床夹具手册与三维图库(UG/NX 版).北京:化学工业出版社,2010.

[15] 曹岩.机床夹具手册与三维图库(Pro/E 版).北京:化学工业出版社,2010.

[16] 曹岩.机床夹具手册与三维图库(Catia 版).北京:化学工业出版社,2010.

[17] 曹岩.组合夹具手册与三维图库(Solid Works 版).北京:化学工业出版社,2013.

[18] 曹岩.组合夹具手册与三维图库(UG/NX 版).北京:化学工业出版社,2013.

[19] 曹岩.组合夹具手册与三维图库(Pro/E 版).北京:化学工业出版社,2013.

[20] 曹岩.组合夹具手册与三维图库(Catia 版).北京:化学工业出版社,2013.